Alexander Röhm
Dirk Fox
Rüdiger Grimm
Detlef Schoder (Hrsg.)

Sicherheit und Electronic Commerce

DuD-Fachbeiträge

herausgegeben von Andreas Pfitzmann, Helmut Reimer, Karl Rihaczek
und Alexander Roßnagel

Die Buchreihe DuD-Fachbeiträge ergänzt die Zeitschrift DuD – Datenschutz und
Datensicherheit in einem aktuellen und zukunftsträchtigen Gebiet, das für
Wirtschaft, öffentliche Verwaltung und Hochschulen gleichermaßen wichtig ist. Die
Thematik verbindet Informatik, Rechts-, Kommunikations- und Wirtschaftswissen-
schaften.

Den Lesern werden nicht nur fachlich ausgewiesene Beiträge der eigenen Disziplin
geboten, sondern auch immer wieder Gelegenheit, Blicke über den fachlichen Zaun
zu werfen. So steht die Buchreihe im Dienst eines interdisziplinären Dialogs, der die
Kompetenz hinsichtlich eines sicheren und verantwortungsvollen Umgangs mit der
Informationstechnik fördern möge.

Unter anderem sind erschienen:

Hans-Jürgen Seelos
Informationssysteme und Datenschutz
im Krankenhaus

Wilfried Dankmeier
Codierung

Heinrich Rust
Zuverlässigkeit und Verantwortung

*Albrecht Glade, Helmut Reimer
und Bruno Struif (Hrsg.)*
Digitale Signatur &
Sicherheitssensitive Anwendungen

Joachim Rieß
Regulierung und Datenschutz im
europäischen
Telekommunikationsrecht

Ulrich Seidel
Das Recht des elektronischen
Geschäftsverkehrs

Rolf Oppliger
IT-Sicherheit

Hans H. Brüggemann
Spezifikation von objektorientierten
Rechten

*Günter Müller, Kai Rannenberg,
Manfred Reitenspieß, Helmut Stiegler*
Verläßliche IT-Systeme

Kai Rannenberg
Zertifizierung mehrseitiger
IT-Sicherheit

*Alexander Roßnagel, Reinhold Haux,
Wolfgang Herzog (Hrsg.)*
Mobile und sichere Kommunikation
im Gesundheitswesen

Hannes Federrath
Sicherheit mobiler Kommunikation

Volker Hammer
Die 2. Dimension der IT-Sicherheit

Patrick Horster
Sicherheitsinfrastrukturen

Gunter Lepschies
E-Commerce und Hackerschutz

Patrick Horster, Dirk Fox (Hrsg.)
Datenschutz und Datensicherheit

Michael Sobirey
Datenschutzorientiertes
Intrusion Detection

*Rainer Baumgart, Kai Rannenberg,
Dieter Wähner und Gerhard Weck (Hrsg.)*
Verläßliche Informationssysteme

*Alexander Röhm, Dirk Fox,
Rüdiger Grimm und Detlef Schoder (Hrsg.)*
Sicherheit und Electronic Commerce

Alexander Röhm

Dirk Fox

Rüdiger Grimm

Detlef Schoder (Hrsg.)

Sicherheit und Electronic Commerce

Konzepte, Modelle, technische Möglichkeiten

ISBN-13: 978-3-528-03139-8   e-ISBN-13: 978-3-322-84901-4
DOI: 10.1007/978-3-322-84901-4

Editorial

Das vorliegende Buch ist nicht einfach ein weiteres in der rasch wachsenden Menge an Veröffentlichungen zu der „Mega-Herausforderung Electronic Commerce". Es ist von ganz anderer Art. Wir haben die Labors und Seminare deutschsprachiger Universitäten und Forschungseinrichtungen aufgefordert, aus ihrer aktuellen Arbeit über Electronic Commerce zu berichten. Es kam uns dabei nicht darauf an, fertige Lösungen zu dokumentieren, sondern vielmehr einen einsichtsreichen Überblick über die „Electronic Commerce"-Forschung in Deutschland zu erarbeiten.

Mathematische Grundlagen, theoretische Modelle, praktische Anwendungen, Risikoabschätzungen, technische Ideen, strukurierte Sichten auf den State-of-the-Art, erste Überlegungen oder Zwischenberichte aus laufenden Projekten oder fundierte Meinungen: Alles war willkommen, was ernsthaft und in guter wissenschaftlicher Qualtität zu diesem Symposium der Electronic Commerce-Forschung in Deutschland beitragen konnte. Anfang Oktober 1998 haben wir unter dem Dach der GI-Fachgruppe VIS – Verläßliche Informationssysteme in der Universität Essen einen Workshop durchgeführt, der sehr engagiert angenommen wurde. Die eingereichten Papiere wurden gemäß der Anregungen der Workshopteilnehmer neu überarbeitet. Im Ergebnis präsentieren Wissenschaftlerinnen und Wissenschaftler unterschiedlicher Disziplinen ein breites Spektrum technischer, soziotechnischer und mathematischer Probleme des Electronic Commerce. Die Beiträge identifizieren dabei Forschungsbedarf und Ansätze nicht nur für konkrete technische Lösungsmechanismen, zum Beispiel für die digitale Signatur, sondern insbesondere auch für ein grundlegendes Verständnis darüber, was Geschäftsprozesse informatorisch überhaupt ausmachen.

Wir werden diese Art der Bestandsaufnahme in einer Reihe weiterer Symposien fortsetzen, auf denen wir die aktuellen Probleme besprechen und in fortgeschrittener Form der Öffentlichkeit präsentieren werden. Der nächste Workshop ist in zwölf bis sechzehn Monaten ins Auge gefaßt. Bis dahin wünschen wir diesem Buch eine kritische und fruchtbare Aufnahme durch alle, die sich für die neuesten Forschungsideen für die „Mega-Herausforderung Electronic Commerce" interessieren.

Das Buch ist in Anlehnung an die Sitzungsblöcke auf dem Workshop in vier Themenbereiche gegliedert: Formale Ansätze und Modelle, Risikomanagement, Technische Ansätze und Internet, sowie Praktische Aspekte.

Alexander W. Röhm (*roehm@wi-inf.uni-essen.de*)
Dirk Fox (*fox@secorvo.de*)
Rüdiger Grimm (*grimm@darmstadt.gmd.de*)
Detlef Schoder (*schoder@telematik.iig.uni-freiburg.de*)

Formale Ansätze und Modelle

Risikomanagement

Technische Ansätze und Internet

Praktische Aspekte

Inhalt

Verbindliche Telekooperation – Ein Modell für Electronic Commerce auf der Basis formaler Sprachen

Rüdiger Grimm, Peter Ochsenschläger

Institut für Telekooperationstechnik, GMD
64201 Darmstadt

Zusammenfassung

Dieser Artikel erarbeitet eine formale Bestimmung der Begriffe „elektronischer Vertrag",
seine „Ziele", „Verpflichtungen" und seine „verbindliche Phase". Es wird in einem Theorem
der „Sog ins Ziel" durch einen geeignet gestalteten elektronischen Vertrag bewiesen. Die
Begriffe beruhen auf der Theorie der formalen Sprachen bzw. der Automaten. Sie werden an
einem einfachen Beispiel einer bilateralen Auftragskooperation demonstriert.

1 Zielsetzung des Modells

Menschliches Verhalten ist im allgemeinen nicht vollständig spezifizierbar. Das gilt auch
schon für zielgerichtete Kooperationen in eingeschränkten Anwendungskontexten, wie zum
Beispiel in verbindlichen Geschäftsvorgängen. Es ist das Ziel der Telekooperationstechnik,
den spezifizierbaren Anteil solcher Kooperationen zu implementieren und auf diese Weise die
Partner in ihrer Kooperation zu unterstützen.
Wir modellieren Geschäftsvorgänge als zielgerichtete Telekooperationen von Akteuren, die in
Rollen agieren. Rollen sind spezifizierte Handlungsmuster mit ausgewiesenen Zielzuständen.
Die Handlungsskripte enthalten nicht-deterministische Verzweigungspunkte, an denen
steuernde und verantwortliche Personen nach semantischen Gesichtspunkten Entscheidungen
im Rahmen vorgegebener Handlungsalternativen treffen. Unser Telekooperationsmodell ist in
[Gri94, 72 ff] genauer ausgeführt.
Ein Beispiel für ein kooperatives Handlungsmuster und seine Ziele ist der Austausch von
Ware und Geld. Der semantische Zweck der Kooperationsziele wird dabei nicht spezifiziert,
in unserem Beispiel könnte das die Befriedigung durch Gewinn sein. Wie bei einem Spiel ist
zwar für jede Telekooperation ein gemeinsames syntaktisches Ziel als ordentliche
Beendigung der Kooperation spezifiziert, nicht aber die semantische Ausgestaltung des Ziels,
wie zum Beispiel Sieg und Niederlage. Das Kooperations*ziel* ist allen gemeinsam, die *Zwecke*
können verschieden sein und sogar im Konflikt zueinander stehen.

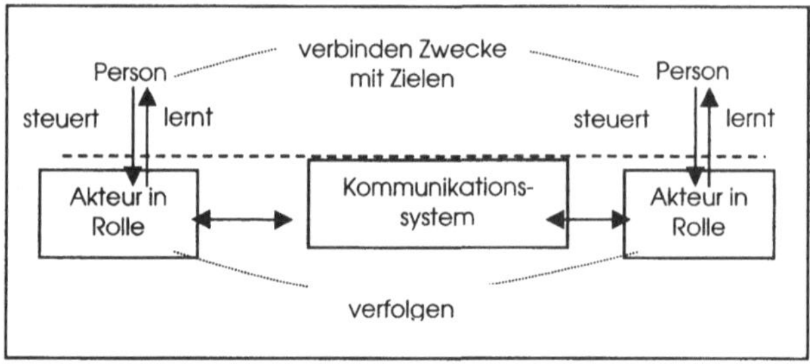

Abb.1: Autonome Personen handeln als Akteure nach spezifizierten Handlungsskripten, d.h. in Rollen. Der Bereich unter der gestrichelten Linie ist spezifiziert, und ggf. auch technisch implementiert.

Jeder Partner verfolgt sein eigenes spezifiziertes individuelles Ziel: der Käufer den Erhalt der Ware, der Verkäufer den Erhalt des Geldes. Unsere Telekooperationen sind grundsätzlich so gestaltet, daß entweder jeder Teilnehmer sein (syntaktisches) Ziel erreicht oder keiner. Diese Erfolgskopplung begründet das Kooperationsprinzip eines gemeinsamen Ziels. Es besagt nichts über den semantischen Zweck, den einer mit dem Erreichen seines Zieles verknüpfen mag.

2 Formale Sprachen, Automaten und Sprachhomomomorphismen

Das Verhalten L eines diskreten Systems läßt sich durch die Menge seiner möglichen Aktionsfolgen formal beschreiben. Es gilt also $L \subset \Phi^*$, wobei Φ die Menge aller Aktionen des Systems ist und Φ^* die Menge aller endlichen Folgen von Elementen von Φ, einschließlich der mit ε bezeichneten leeren Folge, darstellt. Diese Terminologie stammt aus der Theorie der formalen Sprachen, wo man Φ das Alphabet, die Elemente von Φ Buchstaben, die Elemente von Φ^* Worte und Teilmengen von Φ^* formale Sprachen nennt. Worte lassen sich zusammensetzen: sind u und v Worte, dann ist uv ebenfalls ein Wort. Diese Operation wird *Konkatenation* genannt; es gilt insbesondere $\varepsilon u = u \varepsilon = u$. Ein Wort u heißt *Präfix* eines Wortes v, wenn es ein Wort x gibt, so daß $v = ux$. Die Menge aller Präfixe eines Wortes u bezeichnen wir mit pre(u); es gilt $\varepsilon \in$ pre(u) für jedes Wort u. Formale Sprachen, welche Systemverhalten beschreiben, besitzen die Eigenschaft, daß für jedes Wort $u \in L$ auch $pre(u) \subset L$ gilt; diese Eigenschaft heißt *Präfixstabilität*. Systemverhalten wird also durch präfixstabile formale Sprachen beschrieben.

Formale Sprachen können durch Automaten, bestehend aus Zuständen (Kreisen) und Zustandsübergängen (gerichteten Kanten), dargestellt werden. Die Kanten sind mit Buchstaben beschriftet, welche Aktionen repräsentieren. Aktionen werden automatengerecht ausgeführt, indem den Pfeilen folgend die Wege durchlaufen werden. Die zugehörigen Buchstaben bilden ein Wort. Ein Automat akzeptiert ein Wort, indem er, ausgehend von einem ausgezeichneten Anfangszustand, die zu den Buchstaben gehörigen Aktionen abarbeitet und dabei einen Endzustand erreicht. Jeder Automat definiert auf diese Weise eine formale Sprache. Handelt es sich um eine präfixstabile Sprache, dann sind alle Zustände Endzustände. Da wir in diesem Papier nur präfixstabile Sprachen betrachten, werden wir deshalb im folgenden Endzustände nicht mehr explizit erwähnen.

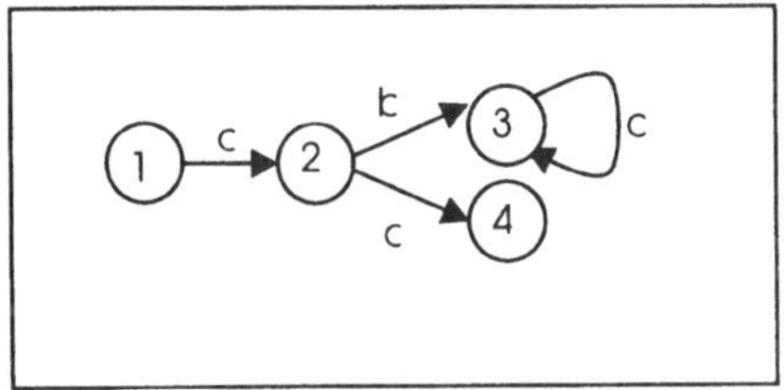

Abb. 2: Automat, der die Sprache aller Wörter
{ε, a, ac, ab, abd, abdd, ...} akzeptiert.
Zustand 1 ist der Anfangszustand.

Für den Zusammenhang zwischen Automaten und formalen Sprachen spielt die Menge der möglichen Fortsetzungen eines Wortes $x \in L$ in der Sprache L eine wichtige Rolle. Sie wird formal durch den *Linksquotienten* $x^{-1}(L)=\{y \in \Phi^* | xy \in L\}$ zum Ausdruck gebracht [Eil74]. Zum Beispiel ist in der Sprache L={ε, a, ac, ab, abd, abdd, abddd, ...} der Abb. 1 die Menge der Fortsetzungen von *ab* ebenso wie von *abd* gleich der Menge $\{d^n | n \geq 0\}$; es gilt also $(ab)^{-1}(L)=(abd)^{-1}(L)=\{d^n | n \geq 0\}$. Das Wort *ac* kann in L nur mit dem leeren Wort fortgesetzt werden: $(ac)^{-1}(L)=\{\varepsilon\}$. Solche Worte nennt man *maximal* in L; max(L) bezeichnet die Menge aller maximalen Worte in einer Sprache L, also max(L)=$\{y \in L | y^{-1}(L)=\{\varepsilon\}\}$.
Im Automaten der Abb. 1 entsprechen die Zustände in eindeutiger Weise den unterschiedlichen Linksquotienten der akzeptierten Sprache L; beispielsweise entspricht $\{d^n | n \geq 0\}$ dem Zustand 3. Mittels dieser Identifikation von Linksquotienten und Zuständen kann zu jeder formalen Sprache ein akzeptierender Automat konstruiert werden [Eil74]; Automaten und formale Sprachen entsprechen sich also.
Abbildungen f: $\Phi^* \to \Phi'^*$, welche mit der Konkatenation verträglich sind, für die also $f(u)f(v)=f(uv)$ und $f(\varepsilon)=\varepsilon$ gilt, nennt man *Sprachhomomorphismen*. Sprachhomomorphismen mit der Eigenschaft $f(\Phi) \subset \Phi' \cup \{\varepsilon\}$ nennt man *alphabetisch* (da sie einzelne Buchstaben auf einzelne Buchstaben oder auf das leere Wort abbilden). Mit alphabetischen Sprachhomomorphismen können Abstraktionen von Systemverhalten ausgedrückt werden, denn sie beschreiben das Ausblenden ($f(a)=\varepsilon$) und Identifizieren von Aktionen ($f(a)=f(b)$).
Besteht ein System aus mehreren Komponenten, die miteinander kommunizieren (verteiltes System), dann zerfällt das Alphabet seiner Aktionen in disjunkte Teilmengen. Im Falle von zwei Komponenten wird also sein Verhalten durch eine päfixstabile Sprache $L \subset (\Phi \cup \Gamma)^*$ beschrieben, wobei $\Phi \cap \Gamma = \emptyset$; die Aktionen der einen Komponente liegen in Φ und die der anderen in Γ. Aktionen sind eindeutig den sie ausführenden Komponenten zugeordnet. Mittels spezieller Homomorphismen (Projektionen genannt) π_Φ: $(\Phi \cup \Gamma)^* \to \Phi^*$ und π_Γ: $(\Phi \cup \Gamma)^* \to \Gamma^*$ läßt sich das lokale Verhalten $F \subset \Phi^*$ bzw. $G \subset \Gamma^*$ der einzelnen Systemkomponenten aus dem globalen Systemverhalten L extrahieren: $F=\pi_\Phi(L)$ und $G=\pi_\Gamma(L)$. Die Projektionen π_Φ und π_Γ sind dabei durch $\pi_\Phi(x)=x$ für $x \in \Phi$ und $\pi_\Phi(x)=\varepsilon$ für $x \in \Gamma$ sowie $\pi_\Gamma(x)=x$ für $x \in \Gamma$ und $\pi_\Gamma(x)=\varepsilon$ für $x \in \Phi$ definiert. In [Och96] ist die Sprachoperation *Kooperationsprodukt* definiert, die es erlaubt, das globale Systemverhalten L mittels der lokalen Systemverhalten F und G darzustellen; in diese Operation fließen natürlich die Eigenschaften des benutzten Kommunikationssystems sowie das Kommunikationsverhalten der Komponenten mit ein.

3 Beispiel Auftragskooperation und vereinfachende Annahmen

In einer einfachen Auftragskooperation tauschen ein Käufer und ein Verkäufer nach bestimmten Regeln eines Geschäftsvertrags Ware (result) und Geld (money) aus. Sie verwenden dabei ein Kommunikationssystem, das dafür sorgt, daß das Senden einer Nachricht von der einen Seite den Empfang der Nachricht auf der anderen Seite zur Folge hat. Zunächst erlaubt der Geschäftsvertrag den Austausch allgemeiner Nachrichten wie Bitte um Angebote, Reklame, Grüße, Anfragen und Unterhaltungssendungen, die für beide Seiten unverbindlich sind. Darüber hinaus schreibt der Geschäftsvertrag den verbindlichen Austausch von Ware und Geld in einer Reihe fest vorgegebener Kommunikationsschritte vor. Wir wählen in diesem Beispiel die Variante „erst die Ware, dann das Geld". Die zugehörigen Nachrichten sind Angebot (offer), Auftrag (order), Ware (result) und Geld (money).

Der Käufer verfolgt das Ziel, die Ware zu erhalten (r_result), der Verkäufer verfolgt das Ziel, das Geld zu erhalten (r_money). Um einen Kooperationsverlauf zu unterstützen, in dem entweder jeder Partner oder keiner sein Ziel erreicht, akzeptiert jeder der beiden Partner eine Verpflichtung, die den Partner im richtigen Moment ins Ziel führt. Der Verkäufer ist verpflichtet, die Aktionsfolge *s_offer r_order* auf seiner Seite mit dem Senden der Ware *s_result* fortzusetzen. Der Käufer ist verpflichtet, die Aktionsfolge *s_order r_result* auf seiner Seite mit dem Senden des Geldes *s_money* fortzusetzen.

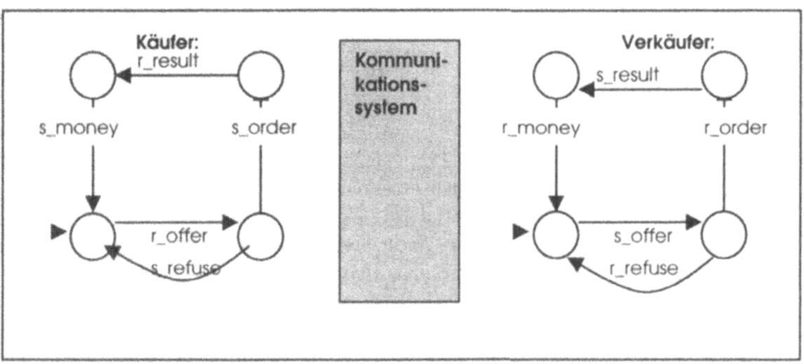

Abb. 3: Verbindliche Phase im elektronischen Vertrag der einfachen Auftragskooperation. Anfangszustände sind durch leere Pfeilspitzen markiert.
Man beachte den nicht-deterministischen Verzweigungspunkt hinter r_offer beim Käufer. Das Kommunikationssystem kann ebenfalls als Automat modelliert werden. Es funktioniert hier so, daß jede Nachricht, die ein Partner abschickt, beim anderen Partner abgeliefert wird.

In dem Zusammenspiel zwischen Verpflichtungen und Zielen ergibt sich der ideale Kooperationsdurchgang durch das globale Wort *s_offer r_offer s_order r_order s_result r_result s_money r_money*, in dem beide Partner ihr Ziel erreichen. Hingegen sind auch andere Kooperationsdurchgänge erlaubt, in denen der Käufer Angebote ablehnt oder ignoriert. Diese sind im Sinne der Geschäftsbedingungen geregelte Abbrüche. Im weiteren Verlauf modellieren wir für unsere Auftragskooperation der Einfachheit halber nur die explizite Zurückweisung eines Angebotes als geregelten Abbruch und verzichten auf das unbeantwortete Ignorieren eines Angebots als zweite Möglichkeit eines geregelten Abbruchs. Kooperationsschritte, die für beide Seiten unverbindlich sind, wie Bitte um Angebote, Reklame, Grüße usw., können durch den Geschäftsvertrag auch erlaubt sein, werden aber in der weiteren Verfolgung unseres Beispiels der Einfachheit halber nicht berücksichtigt. Das heißt, in unserem Beispiel sind alle Kooperationsschritte für mindestens einen der Partner verbindlich und gehören daher zur „verbindlichen Phase" des Geschäftsvertrags.

Zur Vereinfachung der weiteren Betrachtungen setzen wir hier voraus, daß das Kommunikationssystem sicher ist, d.h. daß das Senden einer Nachricht garantiert ihren Empfang auf der anderen Seite zur Folge hat, sowie daß der Empfang einer Nachricht garantiert auf ihr Absenden von der anderen Seite zurückgeht. Wir setzen weiter voraus, daß alle Aktionen unabstreitbar beweisbar sind. Es gibt technische Mechanismenen für diese Voraussetzungen, zum Beispiel die digitale Signatur (Unabstreitbarkeit des Ursprungs) und Quittungsverfahren (Unabstreitbarkeit des Empfangs), die hier nicht weiter diskutiert werden. Durch diese vereinfachenden Voraussetzungen werden globale Aktionsfolgen *s_offer r_offer s_order r_order s_result r_result ...* gewissermaßen reduzierbar auf *offer order result ...*, welche auf beiden Seiten in gleicher Weise sichtbar und unabstreitbar beweisbar sind.

Ausblick: Dieses Kommunikationsmodell wird verfeinert durch die Zwischenschaltung eines Kommunikationssystems, das die Sicherheitseigenschaften explizit realisiert. Ein solches explizites Verhalten des Kommunikationssystems muß bei der Beweisbarkeit von Aktionen auf der anderen Seite mit Hilfe sogenannter „Bewegungsausdrücke" einbezogen werden. Eine solche Verfeinerung dient dem Studium von Sicherheitseigenschaften eines Kommunikationssystems. Es wird aber nichts an den hier dargestellten Prinzipien verbindlicher Telekooperation ändern.

4 Elektronischer Vertrag

Ein *elektronischer Vertrag EC* zwischen zwei (idealen) Kooperationspartnern $F \subset \Phi^*$ und $G \subset \Gamma^*$ mit $\Phi \cap \Gamma = \emptyset$ wird definiert als eine päfixstabile Sprache $EC \subset (\Phi \cup \Gamma)^*$ mit der Eigenschaft $\pi_\Phi(EC) \subset F$ und $\pi_\Gamma(EC) \subset G$.

Ein elektronischer Vertrag ist also die Festlegung einer Menge globaler Aktionsfolgen mit Aktionen aus Φ und Γ, deren Projektionen auf die eine oder andere Seite Aktionsfolgen von F bzw. G darstellen. Das bedeutet: *F und G können sich gemäß EC verhalten.* Bei der Betrachtung von F und G wird man sich oft nur auf das Vertragsverhalten in EC beschränken, daher könnte man auch schärfer die Gleichheit fordern: $\pi_\Phi(EC)=F$ und $\pi_\Gamma(EC)=G$. Die etwas allgemeinere Formulierung der Inklusion erlaubt aber die Beschreibung allgemeinerer Partner F und G, die sich auch außerhalb eines Vertrags verhalten können, beispielsweise um mehrere Verträge abzuarbeiten.

Wir haben hier einen elektronischen Vertrag mit einem globalen Ansatz beschrieben, der das gesamte Verhalten aller Seiten einbezieht. Diese globale Sicht ist zur Spezifikation eines idealen Geschäftsablaufs, sozusagen zur Vertragsgestaltung, ausreichend.

Oft ist aber auch der umgekehrte, konstruktive Ansatz erforderlich. Dabei werden erst die lokalen Komponenten beschrieben, die dann zu einem stimmigen Ganzen, hier zu einer Beschreibung einer vertragskonformen Telekooperation zusammengesetzt werden. Das wird besonders bei der Implementierung der einzelnen Systemkomponenten, die eine vertragsgetreue Telekooperation unterstützen sollen, notwendig werden. Die konstruktive Beschreibung einer Telekooperation aufgrund ihrer Partnerkomponenten und eines vermittelnden Kommunikationssystems verwendet das formale Ausdrucksmittel des in [Och96] eingeführten *Kooperationsprodukts.* Wir werden dies in einer gesonderten Arbeit ausführen. Für die hier folgenden Überlegungen, die sich allein auf die ideale Vertragsformulierung beziehen, ist die globale Sichtweise vollkommen ausreichend.

5 Verbindlichkeit

5.1 Begriffsbestimmung

Verbindlichkeit ist die Verbindung zwischen einem Versprechen (Sprache) und seiner Erfüllung (Handlung). Mit dem Versprechen wird eine Verpflichtung eingegangen, die sozusagen als Spannungszustand erzeugt wird und solange erhalten bleibt, bis sie erfüllt und dadurch aufgelöst wird.

Da in offenen Kooperationsumgebungen wie z.B. auf einem offenen Markt autonomer Agenten Verpflichtungen nicht einfach durch zentral gesteuerte Automatismen erfüllt werden können, werden verbindliche Kooperationen mit Hilfe von *Verträgen* beschrieben. Verträge enthalten für jeden Partner seine *Ziele*, die er erreichen *will*, und seine (bedingten und unbedingten) *Pflichten*, die er ausführen *muß*. Durch eine geeignete Strukturierung von Zielen und Verpflichtungen (von Wollen und Müssen) ziehen sich die Geschäftspartner bei vertragskonformem Verhalten gegenseitig derart ins Ziel, daß am Ende beide Partner ihre Ziele erreichen. Dieser „Sog ins Ziel" ist für Kooperationsverträge charakteristisch.

Ein Durchsetzungsprinzip von Verpflichtungen in offenen Umgebungen beruht auf einer effektiven Gerichtsbarkeit, welche die unabstreitbare Beweisbarkeit von Verpflichtungen erfordert. Vertragskonforme Kooperationsprotokolle befolgen daher ein stetiges *Gleichgewicht zwischen Verpflichtungen und ihren Beweisen*.

Das Gleichgewichtsmodell ist ausführlich in [Gri94, 133 ff.] dargestellt.

5.2 Grundidee der Formalisierung

Die Grundidee der Formalisierung von Verbindlichkeit besteht in der Definition verbindlicher Phasen V in Verträgen $EC \subset (\Phi \cup \Gamma)^*$. *Verbindliche Phasen* $V \subset (\Phi \cup \Gamma)^*$ *innerhalb von EC* sind präfixstabile Sprachen, die dadurch gekennzeichnet sind, daß sie nur aus *endlich vielen Wörtern* bestehen (*Endlichkeit*), die, soweit sie nicht maximal in V sind, *innerhalb von V das gleiche Fortsetzungsverhalten wie innerhalb von EC* besitzen (*Abschluss*). Diese beiden Bedingungen einer verbindlichen Phase bedeuten, daß man, wenn man einmal in eine verbindlichen Phase eingetreten ist, innerhalb dieser zu einem Ende kommt.

Individuelle *Ziele* sind Mengen ausgezeichneter *Teilworte* innerhalb der verbindlichen Phase. Bei einem Vertrag, der das *Kooperationsprinzip* gemeinsamer Ziele unterstützt, sind die individuellen Ziele derart angelegt, daß jedes maximale Wort der verbindlichen Phase entweder die Ziele beider Partner oder kein Ziel erreicht (*Erfolgskopplung*). Die maximalen Wörter in V, die Ziele erreichen, repräsentieren die Kooperationsdurchgänge, die zum Erfolg führen (der Käufer hat die Ware und der Verkäufer das Geld). Die maximalen Wörter in V, die keine Ziele erreichen, repräsentieren die geregelten Abbrüche (der Käufer behält sein Geld, und der Verkäufer behält seine Ware, zum Beispiel weil man sich nicht über den Preis einig wurde).

Individuelle *Verpflichtungen* sind Paare aus Worten und ihren buchstabenweisen Forsetzungen in der verbindlichen Phase. Die Worte repräsentieren dabei Bedingungen, die Versprechen enthalten. Die buchstabenweise Fortsetzungen repräsentieren die Erfüllungen der Versprechen. Indem ein Wort einer individuellen Verpflichtung ausgeführt wird, wird die darin enthaltene bedingte Verpflichtung zu einer unbedingten Verpflichtung, und das Restwort (ein Buchstabe) *muß* nun ausgeführt werden, und dadurch wird die Verpflichtung erfüllt.

Bei einem Vertrag, der das Kooperationsprinzip gemeinsamer Ziele unterstützt, erfüllen die verbindlichen Phasen die Fortschrittsbedingung, daß sie *vollständig durch Verpflichtungen abgedeckt sind*.

Das Haupttheorem dieser Arbeit wird feststellen, daß *Endlichkeit, Abschluss, Erfolgskopplung* und *Abdeckungsbedingung* einer verbindlichen Phase für den *Sog ins Ziel* sorgen: Bei Eintritt in eine verbindliche Phase werden immer Verpflichtungen in endlich vielen Schritten ganz abgearbeitet. Dabei kommen aufgrund der Erfolgskopplung der verbindlichen Phase alle beteiligten Kooperationspartner entweder zu einem geregelten Abbruch der Kooperation, oder sie erreichen alle ihre individuellen Ziele.

5.3 Formale Definition einer „verbindlichen Phase"

Es sei $EC \subset (\Phi \cup \Gamma)^*$ ein elektronischer Vertrag. Eine präfixstabile Sprache $V \subset (\Phi \cup \Gamma)^*$ ist eine *verbindliche Phase in EC*, wenn gilt

(5.1) *Endlichkeit:* V ist endlich und $V \cap (\Phi \cup \Gamma) \neq \emptyset$

(5.2) *Abschluss:* $\forall x \in EC$ mit $x = yz$ und $z \in V \backslash (\max(V) \cup \{\varepsilon\})$ gilt: $x^{-1}(EC) \cap (\Phi \cup \Gamma) = z^{-1}(V) \cap (\Phi \cup \Gamma)$

In der „Abschluß"-Bedingung (2) ist y der (möglicherweise leere) unverbindliche Anteil und z der verbindliche Anteil von x. Die Bedingung (2) besagt nun, daß unabhängig von der Vorgeschichte y eines verbindlichen Anteils z eines Geschäftsvorgangs x innerhalb einer verbindlichen Phase immer gilt: was danach überhaupt noch gemacht werden kann ($x^{-1}(EC)$), muss innerhalb von V stattfinden: $z^{-1}(V)$. Das gilt rekursiv auch für jeden weiteren Schritt (Buchstaben), soweit noch kein maximales Wort erreicht ist. Bildlich gesprochen: Worte aus EC, die in V hineinragen, bleiben fortan und enden auch in V.

max(V) sind alle geregelten Beendigungen einer verbindlichen Phase. Zur Erinnerung: V besteht definitionsgemäß nur aus endlich vielen Wörtern, und deshalb gibt es für die Länge *aller* Wörter in V eine gemeinsame obere endliche Schranke: man weiß also immer schon vorab, wie viele Aktionsschritte einem nach Eintritt in V höchstens noch bevorstehen.

In der einfachen Auftragskooperation haben wir nur die Wörter der verbindlichen Phase dargestellt, indem wir allgemeine Nachrichten wie Bitte um Angebote *please_send_offer*, Grüße, Reklamesendungen, Unterhaltungssendungen usw., die im Rahmen einer Verkaufskommunikation möglich sind, fortgelassen haben. Wörter, die zum Geschäftsvertrag gehören, aber nur in ihren Endstücken in der verbindlichen Phase liegen, wären zum Beispiel alle Wörter *please_send_offer s_offer r_offer...*, da *please_send_offer* noch für beide Seiten unverbindlich ist.

max(V) besteht hier nur aus den beiden Wörtern s_offer r_offer s_order r_order s_result r_result s_money r_money und s_offer r_offer s_refuse r_refuse.

Man beachte, daß durch die zyklische Spezifikation von Käufer und Verkäufer in Abb. 3 die verbindliche Phase beliebig oft hintereinander durchlaufen werden kann.

6 Ziele

Der Erfolg einer Kooperation wird mit dem Erreichen von Zielen durch die Kooperationspartner verknüpft. Dafür definieren wir *individuelle Ziele* Z_F von F bzw. Z_G von G als Teilmengen von $(\Phi \cup \Gamma)^* \backslash \{\varepsilon\}$. Wir können dann die „Erfolgskopplung" so formulieren, daß die maximalen Pfade von V entweder Ziele beider Partner vollständig erreichen, oder gar keine Ziele, nicht einmal Teilziele eines der Partner. Wir verlangen von einer zielgerichteten Kooperation grundsätzlich, daß kein Partner das leere Wort als individuelles Ziel hat, damit jeder Partner immer auf eine Aktion zusteuern kann. Formal definieren wir:

„Individuelle Ziele" von F und G sind Teilmengen $Z_F, Z_G \subset (\Phi \cup \Gamma)^* \backslash \{\varepsilon\}$

Enthält ein Ziel mehr als ein Wort, so repräsentieren diese alternative Ziele („oder"). Oft wird ein Ziel nur ein einzelnes Wort enthalten. Enthält ein Zielwort mehr als einen Buchstaben, so repräsentieren diese mehrere Aktionen, die alle in der vorgegebenen Reihenfolge erreicht werden müssen („und" mit festgelegter Reihenfolge). Teilziele sind echte *subwords* von Zielen. Sollte ein Partner kein „eigenes" Ziel haben (wie zum Beispiel bei einer Auskunftspflicht), so kann man statt des verbotenen leeren Wortes sein Ziel mit dem des Partners identifizieren, denn wir verlangen ja von den individuellen Zielen der Partner keinen leeren Durchschnitt.

In der einfachen Auftragskooperation hat jeder Kooperationspartner ein einbuchstabiges Wort als Ziel: $Z_{Käufer}=\{r\_result\}$ und $Z_{Verkäufer}=\{r\_money\}$.

Das *Erreichen* von Zielen wird mit Hilfe der Projektionen $\pi_{\Phi Z} : (\Phi\cup\Gamma)^*\to\Phi Z^*$ und $\pi_{\Gamma Z} : (\Phi\cup\Gamma)^*\to\Gamma Z^*$ definiert, wobei $\Phi Z \subset \Phi\cup\Gamma$ bzw. $\Gamma Z \subset \Phi\cup\Gamma$ die Menge der Buchstaben aller Worte aus Z_F bzw. Z_G ist: Ein Wort $u\in V$ *erreicht* das Ziel Z_F bzw. Z_G falls $\pi_{\Phi Z}(u)\in Z_F$ bzw. $\pi_{\Gamma Z}(u)\in Z_G$, d.h. wenn es ein ganzes Wort (vollständiges Ziel) von Z_F bzw. Z_G als *subword* enthält.

Ein *individueller Zielpfad* von F ist ein solches maximales Wort von V, das Z_F erreicht, analog für G. Die Menge V_{ZF} bzw. V_{ZG} der individuellen Zielpfade von F bzw. G ist definiert durch

„Individuelle Zielpfade" $V_{ZF} := \pi_{\Phi Z}^{-1}(Z_F)\cap\max(V)$ bzw. $V_{ZG} := \pi_{\Gamma Z}^{-1}(Z_G)\cap\max(V)$

Ein *gemeinsamer Zielpfad* ist dadurch gekennzeichnet, daß er *sowohl* das Ziel Z_F, *als auch* das Ziel Z_G (vollständig) erreicht:

„Gemeinsame Zielpfade" $V_Z := V_{ZF} \cap V_{ZG}$ ($= \pi_{\Phi Z}^{-1}(Z_F)\cap\pi_{\Gamma Z}^{-1}(Z_G)\cap\max(V)$)

Streng komplementär dazu ist ein *geregelter Abbruch* dadurch gekennzeichnet, daß er keinen einzigen Buchstaben eines Zieles enthält, d.h. kein Teilziel von F oder G erreicht:

„Geregelte Abbrüche" $V_A = \pi_{\Phi Z}^{-1}(\varepsilon) \cap \pi_{\Gamma Z}^{-1}(\varepsilon) \cap \max(V)$

Es gilt nun

$V_A\cap V_Z =\emptyset$, denn wenn $x\in V_Z$, dann ist $\pi_{\Phi Z}(x)\in Z_F$ (und $\pi_{\Gamma Z}(x)\in Z_G$), und da $\varepsilon\notin Z_F$ (bzw. $\varepsilon\notin Z_G$), ist $\pi_{\Phi Z}(x)\neq\varepsilon$ (sowie $\pi_{\Gamma Z}(x)\neq\varepsilon$), also $x\notin V_A$.

Weiterhin gilt natürlich $V_A\cup V_Z \subset \max(V)$, und im allgemeinen ist diese Inklusion auch echt. Das heißt, im allgemeinen gibt es maximale Pfade, bei denen ein Partner sein Ziel erreicht, ohne daß der andere sein Ziel ebenfalls erreicht. Für die Erfolgskopplung wird nun die Gleichheit verlangt, das heißt, daß auch umgekehrt ein maximaler Pfad entweder in V_A liegt (dann erreicht er überhaupt kein Ziel, nicht einmal ein Teilziel) oder in V_Z (dann erreicht er Ziele aller Partner vollständig):

(6.1) *Erfolgskopplung:* $\quad V_A\cup V_Z =\max(V)$

In der einfachen Auftragskooperation enthält max(V) nur die beiden Wörter *s_offer r_offer s_order r_order s_result r_result s_money r_money* und *s_offer r_offer s_refuse r_refuse*. Das erste Wort erreicht sowohl das individuelle Ziel des Käufers {*r_result*}, als auch das individuelle Ziel des Verkäufers {*r_money*}, und deshalb gehört es zu $V_Z=V_{ZF}\cap V_{ZG}$. Das zweite Wort erreicht weder das eine noch das andere Ziel und gehört deshalb zu V_A. In diesem Beispiel gilt also die Erfolgskopplung.

Für erfolgsgekoppelte verbindliche Phasen gelten die beiden folgenden Sachverhalte:

(6.2) $V_A\cup V_Z =\max(V) \Rightarrow V_Z=V_{ZF}=V_{ZG}$ (die Umkehrung gilt i.a. nicht)

(6.3) $V_A\cup V_Z =\max(V) \Leftrightarrow V_A = \max(V) \setminus \pi_{\Phi Z}^{-1}(Z_F) = \max(V) \setminus \pi_{\Gamma Z}^{-1}(Z_G)$

Beweis für (6.2): Es gelte $V_A\cup V_Z =\max(V)$ und es sei $x\in V_{ZF}$. Wegen $\varepsilon \notin Z_F$ gilt $\pi_{\Phi Z}(x)\neq\varepsilon$, also $x\notin V_A$. Da aber $V_A\cup V_Z=\max(V)$, muss $x\in V_Z$, und da nach Definition $V_Z=V_{ZF}\cap V_{ZG}$, liegt damit auch $x\in V_{ZG}$, also liegt $V_{ZF}\subset V_{ZG}$. Die umgekehrte Inklusion ergibt sich analog.
Für Ziele der Länge 1 gilt in (6.2) sogar die Äquivalenz. Für Ziele größerer Länge hingegen, die echte Teilziele enthalten, gilt die Umkehrung von (6.2) im allgemeinen nicht, da die Übereinstimmung der maximalen Pfade, die indiduelle Ziele ganz erreichen, nicht ausschließt, daß es Pfade gibt, die zwar Teilziele, aber nicht vollständige Ziele erreichen.
(6.3) beweist man direkt mit Hilfe einfacher mengentheoretischer Überlegungen.
Eine Kooperation mit Erfolgskopplung hat nun diese erwünschten Eigenschaften: Erstens können maximale Worte von V Ziele erreichen. Zweitens gibt es kein maximales Wort, in dem ein Partner ein Teilziel erreicht, ohne daß sowohl er als auch sein Partner sein Ziel ganz erreichen; und wird kein Ziel erreicht, dann ist die Kooperation geregelt abgebrochen.

7 Verpflichtungen

Eine Verpflichtung von $F\subset\Phi^{*}$ ist eine bedingte Aussage: „wenn in F die-und-die Aktionen stattgefunden haben, dann muss F mit der-und-der Aktion fortfahren". Der erste Teil stellt die Voraussetzung einer bedingten Verpflichtung dar und repräsentiert das Versprechen, der zweite Teil repräsentiert seine Erfüllung.
Die Menge der Verpflichtungen von F ist eine Menge $O_F \subset \pi_\Phi(V) \times \wp(\Phi)$ mit den folgenden Eigenschaften (7.1)-(7.2), wobei $x\in\pi_\Phi(V)$ ein Versprechen und $M \subset \Phi$ die ge"oder"ten Erfüllungspflichten darstellen ($\wp(\Phi)$ bezeichnet die Potenzmenge von Φ). Begründet dieselbe Voraussetzung mehrere Pflichten („und"), so werden sie in mehreren Verpflichtungsausdrücken (x_1,M_1), (x_2,M_2), ... niedergelegt, wobei die folgenden Voraussetzungen x_2, ... jeweils um eine erfüllte Verpflichtung der vorherigen Verpflichtung erweitert werden. Analog werden Verpflichtungen O_G für G definiert. Formal:
Die *Menge der Verpflichtungen* von F ist eine Menge $O_F \subset \pi_\Phi(V) \times \wp(\Phi)$ mit den Eigenschaften

(7.1) $\forall(x,M)\in O_F$ und $\forall y\in\pi_\Phi^{-1}(x)\cap V$ gilt: $y^{-1}(V)\cap M = y^{-1}(V)\cap\Phi \neq \varnothing$.
Das bedeutet: alles, was überhaupt nach einem Versprechen x passieren kann, liegt (ggf. nach Zwischenschritten der anderen Seite) ganz in M („=„), und es gibt auch etwas in M zu tun („≠∅„).

(7.2) $\forall(x,M)\in O_F$ und $\forall m\in M$ $\exists y\in\pi_\Phi^{-1}(x)$ mit $ym\in V$.
Das bedeutet: jede Erfüllung m beruht auf einem Versprechen x, die gemeinsam zu einem gültigen Wort ym der verbindlichen Phase gehören; y enthält dabei möglicherweise Zwischenschritte der anderen Seite.

Aus (7.1) und (7.2) folgt übrigens, wie sich leicht beweisen lässt, die Eindeutigkeit der Verpflichtung M aufgrund eines Versprechens x: $(x,M)\in O_F$ und $(x,M')\in O_F \Rightarrow M=M'$.

Wir sagen: *F ist nach einer Aktionsfolge* $y \in V$ *in der Verpflichtung M,* wenn es ein $(x,M) \in O_F$ mit $\pi_\Phi(y)=x$ gibt. Wegen (7.1) gibt es dann ein $m \in M$ mit $ym \in V$; d. h. *F erfüllt seine Verpflichtung M mit der Aktionsfolge* $ym \in V$.

In der einfachen Auftragskooperation sei Φ das Aphabet des Käufers und Γ das Alphabet des Verkäufers. Käufer und Verkäufer haben jeweils eine Verpflichtung. Für den Verkäufer gilt: *Wenn* der Verkäufer ein Angebot macht *und wenn* er den zugehörigen Auftrag erhält, $x_1 = s\_offer\ r\_order \in \pi_\Gamma(V)$, *dann muss* er die zugehörige Ware liefern, $M_1 = \{s\_result\} \in \wp(\Gamma)$), d.h.

$$(x_1,M_1) = (s\_offer\ r\_order, \{s\_result\}) \in O_{\text{Verkäufer}} \subset \pi_\Gamma(V) \times \wp(\Gamma)$$

ist die einzige Verpflichtung des Verkäufers.

Für den Käufer gilt: *Wenn* der Käufer einen Auftrag erteilt *und wenn* er die zugehörige Ware erhält, $x_2 = s\_order\ r\_result \in \pi_\Phi(V)$), *dann muss* er sie bezahlen, $M_2 = \{s\_money\} \in \wp(\Phi)$, d.h.

$$(x_2,M_2) = (r\_offer\ s\_order\ r\_result, \{s\_money\}) \in O_{\text{Käufer}} \subset \pi_\Phi(V) \times \wp(\Phi)$$

ist die einzige Verpflichtung des Käufers.

8 Abdeckung der verbindlichen Phase durch Verpflichtungen

Damit innerhalb einer verbindlichen Phase Verpflichtungen nicht ignoriert werden können, muss die Fortschrittsbedingung erfüllt sein, daß die Verpflichtungen O_F und O_G der Partner F und G die verbindliche Phase V *vollständig abdecken*.

Wir definieren die Abdeckungsbedingung zunächst vorläufig. Die Verpflichtungen O_F und O_G der Partner F und G decken die verbindliche Phase V ab, wenn gilt:

Nach jeder Aktionsfolge $v \in V \setminus (\text{pre}(V_A) \cup \text{max}(V))$ ist F oder G in einer Verpflichtung. Das heißt formal ausgeschrieben: $\forall v \in V \setminus (\text{pre}(V_A) \cup \text{max}(V))$ gilt: $(\exists(x,M) \in O_F$ mit $\pi_\Phi(v)=x) \vee (\exists(x,M) \in O_G$ mit $\pi_\Gamma(v)=x)$

Das bedeutet, daß in V *hinter* der „Abzweigung von geregelten Abbrüchen", aber *vor* dem Ende $(V \setminus (\text{pre}(V_A) \cup \text{max}(V)))$ immer einer der beiden Partner eine unbedingte Verpflichtung hat, weil die Voraussetzung seines Verpflichtungsausdrucks x erfüllt ist; v enthält dabei möglicherweise Zwischenschritte der anderen Seite. Deshalb erfolgt nach der Verpflichtungsbedingung (7.1) als nächster Schritt auf jeden Fall die Erfüllung $m \in M$ einer Verpflichtung.

In der einfachen Auftragskooperation liegt die letzte „Abzweigung zu einem geregelten Abbruch" vor dem Senden eines Auftrags vom Käufer an den Verkäufer (*s_order*: das impliziert *r_order* beim Verkäufer). Danach ist zuerst der Verkäufer verpflichtet, die Ware zu liefern (*s_result*: das impliziert *r_result* beim Käufer), und daraufhin ist der Käufer verpflichtet, das Geld zu senden (*s_money*: das impliziert *r_money* beim Verkäufer). Das einzige Wort in $V_Z = \{s\_offer\ r\_offer\ s\_order\ r\_order\ s\_result\ r\_result\ s\_money\ r\_money\}$ ist bis auf die Annahme, daß eine Sendeaktion eine entsprechende Empfangsaktion impliziert, ab *s_order* durch die beiden Verpflichtungen von Käufer und Verkäufer abgedeckt, die sich wechselseitig durch die verbindliche Phase ziehen.

Das Beispiel offenbart eine Lücke in der formalen Abdeckungsbedingung einer verbindlichen Phase. Der Übergang vom Senden zum Empfangen einer Nachricht, bei der das Kommunikationssystem explizit in Erscheinung tritt, ist nämlich nicht formal durch unsere

Abdeckungsbedingung erfasst. Es hilft nichts: an dieser Stelle muss das Kommunikationssystem explizit in die formale Beschreibung aufgenommen werden. Das geschieht an zwei Stellen.

Erstens lockern wir die Abdeckungsbedingung auf, indem wir diejenigen Aktionen aus der Abdeckung herausnehmen, die in der Initiative des Kommunikationssystems liegen. Das sind typischerweise die Empfangsaktionen als Folge von Sendeaktionen. Zweitens werden wir die Abdeckung durch eine *Verpflichtung des Kommunikationssystems*, jede entgegengenommene Nachricht sicher abzuliefern, erweitern. Das heißt, daß das Kommunikationssystem verpflichtet wird, Worte mit einer Sendeaktion am Ende durch die zugehörige Empfangssaktion fortzusetzen. In unserem Beispiel setzt das Kommunikationsystem Worte mit dem Wortende *s_offer* durch die Aktion *r_offer* fort, sowie Worte mit dem Wortende *s_order* durch *r_order* usw. Auf diesem Wege würde die Fortsetzung eines Wortes von der Sende- zur Empfangsaktion durch eine Verpflichtung des Kommunkationssystems abgedeckt.

An dieser Stelle tritt erstmals das Kommunikationsystem semantisch in Erscheinung. Wir sprechen zum ersten Mal von einer „Verpflichtung des Kommunikationssystems", und wir heben zum ersten Mal Aktionen hervor, die „in der Initiative des Kommunikationssystems" liegen. Wir können das hier nur andeuten. Um das vollständig auszuführen, und insbesondere um die Unabhängigkeit dieser Verpflichtungen von speziellen Nachrichteninhalten ausdrücken zu können, muss der formale Begriff eines Kooperationsproduktes [Och96] eingeführt und auf den elektronischen Vertrag angewendet werden. Das wird in einer gesonderten Arbeit geschehen.

Formal wird das so aussehen:

Wir zerlegen die Alphabete Φ und Γ der beiden Vertragsparteien $F \subset \Phi^*$ und $G \subset \Gamma^*$ in jeweils zwei disjunkte Bestandteile $\Phi = \Phi^\wedge \cup \Phi^0$ und $\Gamma = \Gamma^\wedge \cup \Gamma^0$, wobei $\Phi^\wedge$ und $\Gamma^\wedge$ in der Initiative von F bzw. G liegen (typischerweise Sendeaktionen von F oder G), während Φ^0 und Γ^0 beide in der Initiative des Kommunikationssystems liegen (typischerweise Empfangsaktionen von F oder G). Für die Verpflichtungen von F und G gilt dann $O_F \subset \pi_\Phi(V) \times \wp(\Phi^\wedge)$ sowie $O_G \subset \pi_\Gamma(V) \times \wp(\Gamma^\wedge)$.

In unserem Beispiel der einfachen Auftragskooperation sind
$\Phi^\wedge = \{s\_refuse, s\_order, s\_money\}$, $\Phi^0 = \{r\_offer, r\_result\}$, $\Gamma^\wedge = \{s\_offer, s\_result\}$, $\Gamma^0 = \{r\_refuse, r\_order, r\_money\}$.

Wir verlangen als zusätzliche Voraussetzung, daß das Kommunikationssystem alle Aktionen, die in seiner Initiative liegen, auch zuverlässig ausführt. In Anlehnung an die in Abschnitt 7 eingeführten Sprechweise sagen wir:

(8.2) Das Kommunikationssystem ist nach einer Aktionsfolge $y \in V$ in der Verpflichtung $\Phi^0 \cup \Gamma^0$, wenn $y^{-1}(V) \cap (\Phi^0 \cup \Gamma^0) \neq \emptyset$. Damit existiert ein $r \in \Phi^0 \cup \Gamma^0$ mit $yr \in V$; d. h. das Kommunikationssystem erfüllt seine Verpflichtung $\Phi^0 \cup \Gamma^0$ mit der Aktionsfolge $yr \in V$.

Damit lautet die allgemeine Abdeckungsbedingung wie folgt. Die Verpflichtungen O_F und O_G der Partner $F \subset (\Phi^\wedge \cup \Phi^0)^*$ und $G \subset (\Gamma^\wedge \cup \Gamma^0)^*$ *decken die verbindliche Phase V vollständig ab*, wenn gilt:

(8.3) Verallgemeinerte *Abdeckung* (Vereinigung von (8.1) und (8.2)): Nach jeder Aktionsfolge $v \in V \setminus (pre(V_A) \cup max(V))$ ist *F, G oder das Kommunikationssystem* in einer Verpflichtung

9 Der „Sog ins Ziel"

Das Haupttheorem dieser Arbeit besagt, daß in einer verbindlichen Phase, in der die Erfolgskopplung und Fortschrittsbedingung gelten, das Kooperationsprinzip gilt, daß entweder keiner oder jeder der beteiligten Partner sein Ziel erreicht. Sie unterliegen in der verbindlichen Phase einem „Sog ins Ziel".

Theorem des Kooperationsprinzips:
Gelten für eine verbindliche Phase V eines elektronischen Vertrags EC (die ja durch *Endlichkeit* (5.1) und *Abschluss* (5.2) gekennzeichnet ist) zusätzlich die *Erfolgskopplung* (6.1) sowie die *Abdeckungsbedingung* (8.3 mit 7.1-2) und werden alle Verpflichtungen erfüllt, dann gilt auch das Kooperationsprinzip: entweder bricht die Kooperation nach endlich vielen Schritten ab, ohne daß irgendein Partner sein Ziel erreicht hat, oder die Kooperation endet nach endlich vielen Schritten erfolgreich damit, daß *jeder* Partner sein Ziel ganz erreicht hat.

Beweis:
Es sei $x \in V$. Wenn es in *max(V)* liegt, dann gehört es entweder zu V_A oder zu V_Z, und wegen der Erfolgskopplung (6.1) ist dann für x die Aussage bereits erfüllt.

Ist $x \in V \backslash max(V)$, dann gehört es entweder zu *pre(V_A)* oder nicht. Wenn es zu *pre(V_A)* gehört, dann ist in x nach Definition von V_A noch kein Ziel erreicht. Alle folgenden Fortsetzungsüberlegungen für x sind wegen der Endlichkeit der Wörter in V (5.1) nach endlich vielen Wiederholungen beendet. Jede einbuchstabige Fortsetzung von x gehört wegen der Abgeschlossenheit von V (5.2) wiederum zu V, und daher gehört sie wiederum entweder zu *pre(V_A)* oder nicht. Wenn die Fortsetzungen jedesmal in *pre(V_A)* verbleiben, bis ein Wort in V_A erreicht ist, ist nach Definition von V_A nach wie vor kein Ziel erreicht und die Aussage des Theorems erfüllt. Wenn aber für eine einbuchstabige Fortsetzung $a \in x^{-1}(EC)$ das Wort x'=xa nicht mehr in *pre(V_A)* liegt, dann gilt $x' \in V \backslash pre(V_A)$.

Ist x' außerdem in *max(V)*, dann liegt es auch in V_Z. Wegen der Erfolgskopplung sind dann in x' alle Ziele erreicht und damit die Aussage des Theorems erfüllt. Andernfalls gilt $x' \in V \backslash (pre(V_A) \cup max(V))$, und damit gilt für x' die Abdeckungsbedingung 8.3. Wiederum sind wegen der Endlichkeit der Wörter in V (5.1) alle folgenden Fortsetzungsüberlegungen für x' nach endlich vielen Wiederholungen beendet. Und wegen der Abgeschlossenheit von V (5.2) verbleiben alle Fortsetzungen in V.

x' liege also in V hinter der Abzweigung geregelter Abbrüche ($V \backslash pre(V_A)$), aber vor dem Ende von V ($V \backslash max(V)$), und daher gilt die Abdeckungsbedingung (8.3). Es ist also F, G oder das Kommunikationssystem in einer Verpflichtung. Wird eine dieser Verpflichtungen erfüllt, dann existiert ein $m \in \Phi \cup \Gamma$ mit x'm $\in V$. Entweder ist das Wort dann zu Ende, d.h. es gilt $x'm \in V_Z$, dann hat es nach der Erfolgskopplung (6.1) alle Ziele erreicht, oder es ist noch nicht zu Ende. Falls es noch nicht zu Ende ist, liegt es wiederum in $V \backslash (pre(V_A) \cup max(V))$, und daßelbe Argument wird rekursiv wiederholt. Wegen der Endlichkeit (5.1) und Abgeschlossenheit (5.2) von V endet das Wort nach endlich vielen Fortsetzungen in V_Z. Nach der Erfolgskopplung (6.1) werden die Ziele beider Partner vollständig erreicht, und damit ist die Aussage des Theorems erfüllt.

Ende des Beweises.

Im Beispiel der einfachen Auftragskooperation verpflichtet das Wort *s_offer r_offer s_order r_order* den Verkäufer wegen seiner Verpflichtung (*s_offer r_order, {s_result}*) zum nächsten Schritt *s_result*. Das Kommunikationssystem sorgt als nächsten Schritt für *r_result* auf Seiten des Käufers. Damit hat der Käufer sein Ziel erreicht. Inzwischen ist nun aber das Wort *s_offer r_offer s_order r_order s_result r_result* erreicht, und das verpflichtet den Käufer wegen seiner Verpflichtung (*s_order r_result, {s_money}*) zum nächsten Schritt *s_money*. Das Kommunikationssystem sorgt als nächsten Schritt für *r_money* auf Seiten des Verkäufers. Damit hat auch der Verkäufer sein Ziel erreicht.

Vor der Abzweigung *s_order* zum „Erfolgspfad" könnte noch das Wort aus V_A= *{s_offer r_offer s_refuse r_refuse }* erreicht werden, welches einen geregelte Abbruch darstellt, bei dem weder Käufer noch Verkäufer sein Ziel erreicht. Falls der elektronische Vertrag dem Käufer erlauben würde, ein Angebot unbeantwortet zu ignorieren, läge auch dieser zweite mögliche geregelte Abbruch *s_offer offer_ignored* $\in V_A$ vor der Abzweigung *s_order*.

Bei den Bedingungen (7.1) und (7.2) ist nicht die allgemeinste Form gewählt worden; es wurde vielmehr darauf geachtet, daß die Grundidee deutlich wird. Wenn im Beispiel die strikte Sequentialisierung „erst die Ware, dann das Geld" aufgelockert wird zu „Ware und Geld in beliebiger Reihenfolge", dann ist die gewählte Formalisierung nicht mehr anwendbar. Für derartige Kooperationen mit mehr Nebenläufigkeit müssen die Bedingungen (7.1) und (7.2) in einer Weise aufgelockert werden, daß nicht nur Zwischenschritte der jeweils anderen Seite, sondern auch solche, die in der Initiative des Kommunikationssystems liegen, zugelassen werden. Diese Verallgemeinerung erfolgt in einer Nachfolgearbeit.

10 Das Gleichgewicht aus Beweisen und Verpflichtungen

Alle bisherigen Aussagen beruhen auf einer globalen Sichtweise. Die Partner ihrerseits haben aber nur eine eingeschränkte Sicht auf die Kooperation: Sie sehen ihre eigenen Aktionen direkt, aber die Aktionen ihres Partners sehen sie nur vermittelt über das Kommunikationssystem. Um Verpflichtungen ihrer Partner einfordern zu können, müssen sie daher die Erfüllung aller Voraussetzungen beweisen können, die ihre Partner nun in den Zustand einer unbedingten Verpflichtung versetzt haben. Um umgekehrt die falsche Behauptung abwehren zu können, sie hätten ihre Verpflichtung nicht erfüllt, brauchen sie selbst Beweise über die Erfüllung ihrer Verpflichtungen.

Deshalb muss man erstens den Begriff des Beweises definieren und schließlich die Gleichgewichtsregel formulieren, nach der jede Veränderung eines Verpflichtungszustandes durch einen Beweis für den begünstigten Partner kompensiert werden muß.

Das soll allgemein in nachfolgenden Arbeiten geschehen.

Mit der vereinfachenden Voraussetzung des vorliegenden Artikels, daß jede Aktion global auf allen Seiten in gleicher Weise sichtbar und beweisbar ist, ist jede globale Sichtweise gleichzeitig auch eine lokale Sichtweise und die Gleichgewichtsbedingung daher automatisch erfüllt.

11 Ausblick

In diesem Beitrag haben wir die Begriffe für eine zielorientierte Telekooperation, ihre verbindliche Phase und deren Abdeckung durch Verpflichtungen formuliert. Damit konnten wir *Prinzipien für ein ideales Vertragsprotokoll* aufstellen und formal beweisen, daß sie den „Sog ins Ziel" gewährleisten. Die formale Beschreibung erlaubt es, anhand einer Anforderungsspezifikation eines konkreten Geschäftsprotokolls zu beweisen oder zu widerlegen, daß es diese prinzipiellen Eigenschaften besitzt. Das Ziel ist mit diesem Beitrag erreicht.

Im nächsten Schritt werden wir uns der Realisierung der einzelnen Komponenten zuwenden und Konformitätsbedingungen dafür formulieren, daß sie in ihrem telekooperativen Zusammenspiel einen prinzipientreuen elektronischen Vertrag erfüllen können. Wir wollen damit für konkrete Geschäftsprotokolle die formale Zusicherung ermöglichen, daß *spezifikationstreue Implementierungen bei vertragskonformem Verhalten einen Sog ins Ziel garantieren.* Die Zusicherung bezieht sich auf die formalen Spezifikationen eines konkreten prinzipientreuen Geschäftsprotokolls sowie der Komponenten seiner Realisierung als Telekooperation.

Ein noch weitergehendes Ziel unserer Arbeit streben wir in einem dritten Schritt an. Da man über ein offenes und unsicheres Netz mit entfernten Geschäftspartnern verbindlich telekooperieren will, ohne zu wissen, ob diese sich überhaupt vertragskonform verhalten können oder wollen, brauchen wir *globale Zusicherungen, die allein auf der Korrektheit der eigenen lokalen Komponenten beruhen.* Zu diesem Zweck werden wir den in [Gri94] eingeführten Begriff des Gleichgewichts von Verpflichtungen und ihren Beweisen formalisieren. Man kann dann einem lokalen Partner formal zusichern, daß das Kooperationsprinzip gemeinsamer Ziele (notfalls mit einem Beweis einer offenen Verpflichtung des entfernten Partner) global immer eingehalten wird, auch wenn man sich auf das korrekte Verhalten des entfernten Partners nicht verlassen kann.

Außerdem lassen sich die Definitionen, Bedingungen und Aussagen auf mehr als zweiseitige Kooperationen, auf mehr als einen Vertrag und auf mehr Nebenläufigkeit in den Verpflichtungen verallgemeinern. Eine besondere Aufgabe besteht darin, realistische Telekooperationen mit den hier erarbeiteten Hilfsmitteln zu spezifizieren und dadurch ihre globale Sicherheit zu gewährleisten.

Die oben skizzierten Schritte, sowie ihre Verallgemeinerungen und Anwendungen auf konkrete Geschäftsabläufe werden in nachfolgenden Arbeiten ausgeführt.

12 Literatur

[Eil74]   Eilenberg, Samuel: Automata, Languages and Machines, Vol. A. Academic Press, New York, 1974, 451 S.

[Gri94]   Grimm, Rüdiger: Sicherheit für offene Kommunikation – Verbindliche Telekooperation. B.I. Wissenschaftsverlag, Mannheim, 1994, 274 S.

[Och96]   Ochsenschläger, Peter: Kooperationsprodukte formaler Sprachen und schlichte Homomorphismen. Arbeitspapiere der GMD 1029. Sankt Augustin, November 1996, 52 S.

Eine korrekte Authentifikationslogik zur Analyse von Electronic-Commerce-Protokollen

Volker Kessler*, Heike Neumann**

* Siemens AG, ZT IK 3, 81370 München, Volker.Kessler@mchp.siemens.de
** Universität Gießen, Math. Institut, Heike.B.Neumann@math.uni-giessen.de

1 Einleitung[1]

Kryptographische Protokolle enthalten häufig subtile Fehler, die manchmal erst Jahre nach dem Design festgestellt werden. Deswegen hat es sich als günstig erwiesen, diese Protokolle bereits im Designprozeß formal zu analysieren. Eine formale Methode zwingt einen Protokolldesigner dazu, genau aufzuschreiben, welche Voraussetzungen er benötigt und welche Sicherheitsziele er erreichen will.

Authentifikationslogiken haben sich zu einer der attraktivsten Methode zur formalen Analyse von kryptographischen Protokollen entwickelt, weil sie relativ schnell anzuwenden sind. Typischerweise beweisen BAN-Logik [BAN89] und die verschiedenen Dialekte Eigenschaften wie *A believes B says „It's me"*, wobei *A* und *B* Kommunikationspartner sind. BAN-Logiken zeigen, wie der Glauben der Kommunikationspartner sich durch den Nachrichtenaustausch entwickelt. Dabei ist vorausgesetzt, daß die Partner ehrlich zueinander sind. In ECommerce-Protokollen kann man dies aber nicht voraussetzen, weil die Partner (Kunde, Händler, Bank) konfligierende Interessen haben, der Händler möchte möglichst viel Geld bekommen, der Kunde möglichst wenig Geld bezahlen etc., und sich deshalb nicht völlig vertrauen. Deswegen muß in diesen Szenarien Verbindlichkeit erreicht werden. Im nicht-digitalen Leben erreicht man Verbindlichkeit dadurch, daß man den einzelnen Beteiligten „Beweise" für die Verbindlichkeiten der anderen Teilnehmer gibt wie zum Beispiel die Unterschrift unter einem Vertrag. Es ist also zu analysieren, was die einzelnen Teilnehmer eines Protokolls beweisen können, um daraus auf die Verbindlichkeiten der anderen zu schließen.

In letzter Zeit erschienen einige Publikationen zur formalen Analyse von ECommerce-Protokollen, siehe etwa [Boli97, Kail96, MeSy98]. Kailar [Kail96] präsentiert ebenfalls eine Authentifikationslogik, welche er mit einem zusätzlichen Prädikat *A canprove φ to B* versieht. Er gibt aber keine formale Semantik an, um sein Kalkül zu rechtfertigen. Fehler in früheren BAN-Logiken, z.B. Original-BAN-Logik [BAN89] und GNY-Logik [GNY90], zeigen die Notwendigkeit auf, die benutzte Logik durch eine zusätzliche formale Semantik abzusichern, um so zum Beispiel die Konsistenz der Regeln untereinander zu garantieren. Die bisherigen Arbeiten zur formalen Semantik von Authentifikationslogiken [AbTu91, SyVO94, WeKe96, BlMe97] behandeln allerdings nicht das Problem der Verbindlichkeit. Wir haben deshalb eine Authentifikationslogik entwickelt, die beweisbar korrekt ist <u>und</u> Verbindlichkeit modellieren

---

[1] Das vorliegende Papier ist eine erweiterte Fassung von [KeNe98], insbesondere ergänzt um die Analyse von 3KP.

kann. Wir analysieren konkret, ob die vorgelegten Beweisstücke (Signaturen etc.) genügend Evidenzcharakter haben, daß die Beteiligten sich damit zufrieden geben können. Dabei setzen wir auf die früher entwickelte Logik AUTLOG und deren Semantik [WeKe96] auf.

2 Beschreibung von Autlog

2.1 Syntax

Grundbausteine der Sprache unserer Logik sind:
- eine Menge der Agenten $P = \{P, Q, R, S, ..\}$, die an einem Protokoll teilnehmen;
- eine Menge der Public-key-Schemata $K = \{ K_P, K_Q, .. \}$, wobei K_P^+ den öffentlichen und K_P^- den privaten Schlüssel des Teilnehmers P bezeichnen bezeichnen;
- eine Menge der einfachen Nachrichten und Schlüssel für symmetrische Kryptoverfahren $M_0 = \{M, data, K_{PQ}, ..\}$;
- eine Menge von Funktionen $F = \{encr, h, \sigma \}$, wobei *encr* für Verschlüsselungen und Signaturen mit message recovery verwendet wird, *h* steht für eine Hashfunktion, σ für Signaturen ohne message recovery. Die Verschlüsselung einer Nachricht *m* unter einem Schlüssel *k* bezeichnen wir mit *encr(k,m)* (manchmal der Konvention entsprechend auch mit $\{m\}_k$ bezeichnet).

Die Menge $P \cup M_0 \cup K \cup F$ bezeichnen wir mit Σ.

Die Menge der Nachrichten M ist die kleinste Menge, die die Namen der Agenten, einfache Nachrichten und symmetrische Schlüssel aus M_0, die Komponenten K_P^+ und K_P^- der Public-key-Schemata $K_P \in K$, Listen von Nachrichten und berechnete Nachrichten $F(M)$, wobei $F \in F$ und $M \in M$ ist, enthält.

Weiterhin führen wir sogenannte *lokalisierte* Nachrichten ein. Eine lokalisierte Nachricht wird durch M_P gekennzeichnet und steht für die Nachricht M, so wie P sie versteht. Ein Teilnehmer versteht eine Nachricht, falls es sich um einen redundanten Klartext handelt, oder um eine Nachricht, deren Struktur der Agent kennt. So versteht ein Teilnehmer einen Chiffretext, wenn er den passenden Schlüssel kennt und damit einen verständlichen Klartext entschlüsselt, oder einen Hashwert, dessen Urbild er kennt.

Wir definieren weiterhin die Menge der *generalisierten* Nachrichten M_P, die ähnlich aufgebaut ist wie M, aber zusätzlich abgeschlossen ist bezüglich der Lokalisierung, d.h. M_P ist die kleinste Menge, die folgende Elemente enthält:
- Agenten und einfache Nachrichten aus $P \cup M_0$,
- Komponenten K_P^+ und K_P^- von $K_P \in K$,
- Listen von generalisierten Nachrichten $(M_1, M_2, .., M_n)$, wobei alle $M_i \in M_P$ sind,
- Funktionswerte $F(M)$ mit $F \in F$ und $M \in M_P$,
- lokalisierten Nachrichten M_P, wobei P ein Agent aus P ist und M aus M_P.

Man beachte, daß hier im Unterschied zu [BAN89] keine Formeln als Nachrichten zugelassen sind.

2.2 Protokolläufe

Ein Protokollauf *r* ist eine unendliche Kette von Zuständen, wobei die Folge zu einem bestimmten Zeitpunkt t_r beginnt, t_0 bezeichnet den Beginn des aktuellen Protokolldurchlaufs. Zum Zeitpunkt *t* kann ein Zustand durch eine der folgenden Aktionen $H^{(r,t)}$ verändert werden:

- $send_P(M,Q)$: P schickt eine Nachricht M an einen Agenten Q.
- $receive_P(M)$: P empfängt eine Nachricht M.
- $generate_P(M)$: P erzeugt eine neue Nachricht M.
- $name_P(M,N)$: P gibt einer empfangenen Nachricht M einen neuen Namen, nämlich N.

Wir beschreiben die Zeit als eine vollständig geordnete Menge T. Wir nehmen an, daß jeder Agent in der Lage ist, Zeitpunkte zu vergleichen, das heißt zu bestimmen, ob ein Zeitpunkt t_1 vor oder nach einem zweiten Zeitpunkt t_2 liegt. Formal bedeutet das, daß jeder Teilnehmer $t_1 \leq t_2$ nur dann glaubt, wenn tatsächlich $t_1 \leq t_2$ gilt. Es genügt, daß die Teilnehmer Zeitpunkte vergleichen können, sie benötigen keine synchronisierten Uhren.

Weiterhin besitzt jeder Agent einen Speicher, in dem alle Nachrichten enthalten sind, die der Agent selbst erzeugt, empfangen oder umbenannt hat. Formal definieren wir:

$$S_P^{(r,t)} := \{M \in \mathrm{M} \mid \exists\, t' \in [t_r, t],\ \exists\, N: H^{(r,t)} \in \{generate_P(M),\ receive_P(M),\ name_P(N,M)\}\}$$

und den Abschluß des Speichers $\overline{S_P^{(r,t)}}$ als die kleinste Menge, die $S_P^{(r,t)}$ enthält und unter Listenbildung, Projektionen, Berechnungen mit Funktionen aus F und Entschlüsselung abgeschlossen ist. Die Entschlüsselung wird hier nicht formal definiert. Aus der Regel SE4 ergibt sich, daß wenn jemand K und $encr(K,X)$ besitzt, er auch X hat.

Formal definieren wir einen Protokollauf $r = (H^{(r,t)})_{t \geq t_r}$ als eine Folge von Aktionen

$$H^{(r,t)} \in \{send_P(M,Q),\ receive_P(M),\ generate_P(M),\ name_P(M,N) \text{ mit } M, N \in \mathrm{M},\ P, Q \in \mathrm{P}\}$$

mit folgenden Eigenschaften:

1. Nur berechenbare Nachrichten können geschickt werden:

$$H^{(r,t)} = send_P(M,Q) \Rightarrow M \in \overline{S_P^{(r,t)}}$$

2. Nur gesendete Nachrichten können empfangen werden:

$$H^{(r,t)} = receive_P(M) \Rightarrow \exists\, t' < t,\ Q, S \in \mathrm{P}: H^{(r,t')} = send_Q(M, S)$$

3. Nur Basisnachrichten können generiert werden:

$$H^{(r,t)} = generate_P(M) \Rightarrow M \in \Sigma$$

4. Nur bekannte Nachrichten können mit Basisnamen benannt werden:

$$H^{(r,t)} = name_P(M,N) \Rightarrow M \in \overline{S_P^{(r,t)}} \wedge N \in \Sigma$$

Die Aktionen eines Protokollaufs können von verschiedenen Agenten ausgeführt werden.
Als Beispiel möge das nebenstehende Challenge-Response-Protokoll dienen. In diesem Protokollauf werden vier Aktionen ausgeführt:

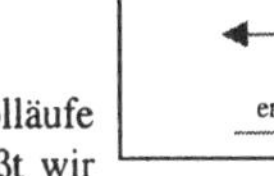

1. $send_B(r,A)$
2. $receive_A(r)$
3. $send_A(encr(K,r), B)$
4. $receive_B(encr(K,r))$.

Die Menge aller Welten ist die Menge aller Protokolläufe zu allen Zeitpunkten in diesen Durchläufen, das heißt wir definieren $\mathrm{W} := \{(r,t) \mid r \text{ ist ein Protokollauf und } t \geq t_r\}$. Unsere Logik baut auf dem Modell der *möglichen Welten*[2] auf. Um diesen Begriff zu veranschaulichen, betrachten wir zunächst ein Beispiel: Ein Agent P besitzt einen symmetrischen Schlüssel, den er sich mit dem Teilnehmer Q teilt. P weiß nicht genau, ob dieser Schlüssel nicht bereits kompromittiert ist, das heißt er hält grundsätzlich zwei Welten für möglich:

- Der Schlüssel ist nur ihm selbst und Q bekannt.
- Der Schlüssel ist außer ihm selbst und Q noch mindestens einem Dritten bekannt.

P ist sich natürlich bewußt, daß nur eine von beiden Welten real sein kann. Er kann nur nicht entscheiden, welche von beiden das ist.

Jeder Teilnehmer hat bestimmte grundsätzliche Annahmen, so daß er nur gewisse Welten aus W überhaupt für möglich hält. Solche Annahmen können zum Beispiel sein, daß Paßwörter oder Schlüssel gut, das heißt nicht kompromittiert, sind. Auf diese Weise ordnen wir jedem Teilnehmer P eine Teilmenge $W_P \subset W$ zu, das ist die „Menge der aus P's Sicht guten Welten", das sind jene Welten, die P grundsätzlich für möglich hält, in denen z.B. alle Annahmen von P erfüllt sind.

Wir sagen, daß eine Welt (r',t') für P in einer Welt (r,t) *erreichbar* oder *möglich* ist, wenn in (r',t') P's Grundannahmen erfüllt sind und P nicht entscheiden kann, in welcher der beiden Welten er sich befindet. Um dies zu formalisieren, definieren wir *Instanzen* von generalisierten Nachrichten.

Eine Nachricht M ist eine *Instanz* einer generalisierten Nachricht X (in Zeichen: $M \prec X$), wenn M und X identisch sind bis auf die lokalisierten Teilnachrichten von X. Formal heißt das:

- Jede Nachricht ist ihre eigene Instanz:
$$\forall M \in M \text{ ist } M \prec M.$$

- Ist M eine Instanz von X, dann ist $F(M)$ eine Instanz von $F(X)$:
$$M \prec X \Rightarrow F(M) \prec F(X))$$

- Eine Liste ist eine Instanz einer Liste von lokalisierten Nachrichten, falls alle Komponenten Instanzen sind:
$$(\forall i \in \{1, .., n\}\ M_i \prec X_i) \Leftrightarrow (M_1, .., M_n) \prec (X_1, .., X_n)$$

- Sei $X \in M_P$. Dann ist jede Nachricht M eine Instanz der lokalisierten Nachricht X_Q:
$$\forall X \in M_P\ \forall M \in M\ \forall Q \in P\!: M \prec X_Q$$

Die Funktion $sight_P^{(r,t)}$ bildet jede Nachricht $M \in M_P \cup \{*\}$ in die Menge $M \cup \{*\}$ ab, wobei $*$ alle Teilnachrichten von M ersetzt, die für P nicht verifizierbar sind, das heißt die er nicht versteht und deren Struktur er nicht kennt:

- Für eine elementare Komponente $M \in \Sigma$ ist $sight_P^{(r,t)}(M) = M$, wenn P die Nachricht M selbst erzeugt hat, das heißt wenn bis zum Zeitpunkt t die Aktion $generate_P(M)$ oder $name_P(N,M)$ stattgefunden hat.

- $$sight_P^{(r,t)}(encr(K,X)) := \begin{cases} encr(K, sight_P^{(r,t)}(X)), & \text{falls } K^{-1} \in \overline{S_P^{(r,t)}},\ sight_P^{(r,t)}(X) \neq * \\ *, & \text{sonst.} \end{cases}$$

- $$sight_P^{(r,t)}(h(X)) := \begin{cases} h(sight_P^{(r,t)}(X)), & \text{falls } \exists M \in \overline{S_P^{(r,t)}}: M \prec X \\ *, & \text{sonst.} \end{cases}$$

- $$sight_P^{(r,t)}(\sigma(K^-,X)) := \begin{cases} \sigma(K^-, sight_P^{(r,t)}(X)), & \text{falls } K^+ \in \overline{S_P^{(r,t)}},\ \exists M \in \overline{S_P^{(r,t)}}: M \prec X \\ *, & \text{sonst.} \end{cases}$$

- $$sight_P^{(r,t)}((X_1, .., X_n)) := \begin{cases} (sight_P^{(r,t)}(X_1), ..., sight_P^{(r,t)}(X_n)), & \text{falls } \exists i: sight_P^{(r,t)}(X_i) \neq * \\ *, & \text{sonst.} \end{cases}$$

- $sight_P^{(r,t)}(X_Q) := sight_P^{(r,t)}(sight_Q^{(r,t)}(X))$

- $sight_P^{(r,t)}(*) := *$

Um beliebige generalisierte Nachrichten miteinander vergleichen zu können, wird die Funktion $sight^{(r,t)} : M_P \to M \cup \{*\}$ definiert, die alle lokalisierten Teilnachrichten X_P durch den Funktionswert $sight_P^{(r,t)}(X_P)$ ersetzt.

Die Ununterscheidbarkeit von Welten läßt sich damit so formalisieren: Sei $H^{(r,t)}$ eine Folge von Aktionen $(H^{(r,t_0)},..,H^{(r,t_k)})$. Diese „globale Geschichte" wird nun eingeschränkt auf die „lokale Geschichte" $H_P^{(r,t)}$, in der nur jene Aktionen aus $H^{(r,t)}$ vorkommen, die P selbst ausgeführt hat, d.h. $send_P(M,Q)$, $receive_P(N)$ etc. Diese lokale Geschichte wird nun betrachtet aus P's Sicht, indem man die Funktion $sight_P$ in kanonischer Weise von Nachrichten auf Folgen von Aktionen fortsetzt, d.h. alle Nachrichten X werden durch $sight_P^{(r,t)}(X)$ ersetzt. Wir schreiben $(r,t) \sim_P (r',t')$ um auszudrücken, daß ein Teilnehmer P in (r,t) die Welt (r',t') für möglich hält. Dies ist dann der Fall, wenn er sie *grundsätzlich* für möglich hält, d.h. $(r',t') \in W_P$, und wenn die Aktionen in (r',t') für ihn ununterscheidbar sind von denen, die er in (r,t) sieht, d.h. die lokalen Geschichten aus seiner Sicht gleich sind:

$$(r,t) \sim_P (r',t') : \stackrel{Def}{\Leftrightarrow} (r',t') \in W_P \wedge sight_P^{(r',t')}(H_P^{(r',t')}) = sight_P^{(r,t)}(H_P^{(r,t)})$$

Diese Relation ist transitiv und euklidisch, im allgemeinen aber wegen der Konstruktion der Menge W_P weder reflexiv noch symmetrisch. Ein Agent P könnte beispielsweise falsche Grundannahmen haben. Dann würde er die Welt, in der er sich befindet, gar nicht für möglich halten, d.h. es ist $(r,t) \notin W_P$ und somit gilt nicht $(r,t) \sim_P (r,t)$.

2.3 Semantik der Formeln

Im folgenden seien $M, N \in M$ Nachrichten, $X, Y \in M_P$ generalisierte Nachrichten und $F \in F$ Funktionen.

$P\,has\,X$ $\quad (r,t) \models P\,has\,X : \stackrel{Def}{\Leftrightarrow} \exists\, M \prec X$ mit $M \in \overline{S_P^{(r,t)}}$

$P\,sees\,X$ $\quad (r,t) \models P\,sees\,X : \stackrel{Def}{\Leftrightarrow} \exists\, M \prec X,\ \exists\, t' \leq t,\ \exists\, N \in M : H^{(r,t')} = receive_P(N)$ und
$$M \in seensub_{S_P^{(r,t)}}(N)$$

Die Menge $seensub_S(M)$ ist die kleinste Menge, die die Nachricht M selbst enthält und abgeschlossen unter Projektionen und Entschlüsselungen ist, wenn der für die Entschlüsselung nötige Schlüssel in S enthalten ist. Daher ist $seensub_S(M)$ eine Teilmenge aller syntaktischen Teilnachrichten von M, die im folgenden mit $submsgs(M)$ bezeichnet wird.

$P\,said/says/said_t\,X$ Sei $saidsub_S(M)$ die kleinste Menge, die M enthält und abgeschlossen unter Projektionen und Entschlüsselungen ist, und die mit $F(N)$ auch stets das Urbild N enthält, wenn N ein Element des Wissensspeichers S ist.

$$(r,t) \models P\,said\,X : \stackrel{Def}{\Leftrightarrow} \exists\, M \prec X,\ \exists\, t' \leq t,\ \exists\, N \in M,\ \exists\, Q \in P :\ H^{(r,t')} = send_P(N,Q)\ \text{und}$$
$$M \in saidsub_{S_P^{(r,t')}}(N)$$

$$(r,t) \models P\,says\,X \stackrel{Def}{\Leftrightarrow} \exists\, M \prec X,\ \exists\, t' \in [t_0, t],\ \exists\, N \in M,\ \exists\, Q \in P :$$
$$H^{(r,t')} = send_P(N,Q)\ \text{und}\ M \in saidsub_{S_P^{(r,t')}}(N)$$

$$(r,t) \models P\,said_t\cdot X \stackrel{Def}{\Leftrightarrow} \exists\, M \prec X,\ \exists\, t'' \leq t' \leq t,\ \exists\, N \in M,\ \exists\, Q \in P :$$
$$H^{(r,t'')} = send_P(N,Q)\ \text{und}\ M \in saidsub_{S_P^{(r,t'')}}(N)$$

P recognizes X $(r,t) \models P$ recognizes X: $\overset{Def}{\Leftrightarrow}$ $sight_P^{(r,t)}(X) \neq *$

$fresh(X)$ $(r,t) \models fresh(X)$: $\overset{Def}{\Leftrightarrow}$ $\forall M \prec X$:
$$M \notin \bigcup \{submsgs(N) \mid \exists P \in \mathrm{P}, \ t \leq t_0: H^{(r,t)} = send_P(N)\}$$

$old(t,X)$ ist das Gegenstück zu $fresh(X)$. $old(t,X)$ ist wahr in einer Welt (r,t'), wenn es einen Teilnehmer P gibt, der X vor dem Zeitpunkt t geschickt hat.

$$(r,t) \models old(t',X): \overset{Def}{\Leftrightarrow} \exists P \in \ \mathrm{P}: (r,t) \models P \ said_{t'} X$$

$P \overset{K}{\leftrightarrow}_{t'} Q$ K ist bzw. war ein guter gemeinsamer Schlüssel zwischen P und Q bis zum Zeitpunkt t'

$$(r,t) \models P \overset{K}{\leftrightarrow}_{t'} Q : \overset{Def}{\Leftrightarrow} \quad \forall R \in \mathrm{P}, \ \forall \ t'' \leq t': \text{Gilt } (r,t') \models R \ said \ F(K,M), \text{ dann ist}$$
$$(r,t'') \models R \ sees \ F(K,M) \text{ oder } R \in \{P,Q\}$$

Ist $t' = t$, dann schreiben wir $P \overset{K}{\leftrightarrow} Q$.

$\varepsilon \overset{K_P}{\mapsto}_{t'} P$ K_P ist bzw. war ein guter öffentlicher Schlüssel für P bis zum Zeitpunkt t':

$$(r,t) \models \varepsilon \overset{K_P}{\mapsto}_{t'} P : \overset{Def}{\Leftrightarrow} \quad \forall \ t'' \leq t': \text{Gilt } [\forall X: (r,t'') \models Q \ sees \ \{X\}_{K_P^+} \text{ impliziert}$$
$$(r,t'') \models Q \ sees \ X], \text{ dann ist } Q = P.$$

Ist $t' = t$, so schreiben wir $\varepsilon \overset{K_P}{\mapsto} P$.

$\sigma \overset{K_P}{\mapsto}_{t'} P$ K_P ist bzw. war ein guter Signaturschlüssel für P bis zum Zeitpunkt t':

$$(r,t) \models \sigma \overset{K_P}{\mapsto}_{t'} P : \overset{Def}{\Leftrightarrow} \forall \ t'' \ \leq \ t': \text{Gilt } (r,t'') \models Q \ said \ F(K,M), \text{ dann ist } Q = P$$
$$\text{oder } (r,t'') \models Q \ sees \ F(K,M).$$

Ist $t' = t$, so schreiben wir $\sigma \overset{K_P}{\mapsto} P$.

$X \equiv Y$ $(r,t) \models X \equiv Y \overset{Def}{\Leftrightarrow} sight^{(r,t)}(X) = sight^{(r,t)}(Y)$

P believes φ P glaubt eine Aussage φ genau dann, wenn φ in allen Welten gilt, die P für möglich hält:

$$(r,t) \models P \ believes \ \varphi \overset{Def}{\Leftrightarrow} \forall \ r',t' \text{ mit } (r,t) \sim_P (r',t') \text{ gilt: } (r',t') \models \varphi$$

$Cert(P, K_P^+, \sigma, t)$ bezeichnet ein Zertifikat, das heißt eine Liste, die den Namen eines Teilnehmers, seinen öffentlichen Signaturverifikationsschlüssel und einen Gültigkeitszeitraum enthält und die von einer Certification Authority signiert ist.

2.4 Kalkül

AUTLOG ist eine Modallogik mit zwei Ableitungsregeln:
Modes ponens: Aus φ und $\varphi \rightarrow \psi$ läßt sich ψ ableiten.

Modalregel: Wenn φ ein Theorem ist, dann ist auch *P believes* φ ein Theorem.

Dabei sind Theoreme Formeln, die sich rein aus den Axiomen ableiten lassen. Die Modalregel besagt, daß jeder Teilnehmer die Theoreme glaubt. Aufgrund der Eigenschaften der Erreichbarkeitsrelation $\sim_P$ ist AUTLOG eine sogenannte K45-Logik, d.h. es gelten insbesondere die Axiome

K   *P believes* $\varphi \wedge$ *P believes* $(\varphi{\rightarrow}\psi) \rightarrow$ *P believes* ψ
   (Jeder Teilnehmer ist ein rationaler Schlußfolgerer.)

4   *P believes* $\varphi \rightarrow$ *P believes P believes* φ
   (Jeder Teilnehmer ist sich seines Glaubens bewußt.)

5 $\neg$*P believes* $\varphi \rightarrow$ *P believes* $\neg$*P believes* φ
   (Jeder Teilnehmer ist sich seines Nichtglaubens bewußt.)

Man beachte, daß die Regel **T** *P believes* $\varphi \rightarrow \varphi$ wegen der fehlenden Reflexivität von $\sim_P$ nicht gilt, d.h. Teilnehmer können sich in ihrem Glauben irren, sie könnten zum Beispiel einer Person vertrauen, die nicht vertrauenswürdig ist, oder Schlüssel für gut halten, die längst kompromittiert sind. Weitere Axiome sind Instanzen von Tautologien der Aussagenlogik und die $\leq$-Relation auf T.

Folgende Regeln lassen sich aufgrund des semantischen Modells beweisen[3]:

Besitz.
H1 *P sees X* $\rightarrow$ *P has X*
H2 *P has $X_1 \wedge \ldots \wedge$ P has $X_n \rightarrow$ P has $(X_1, \ldots, X_n)$*
H3 *P has X* $\rightarrow$ *P has F(X)*

Erkennbarkeit.
R1 *P recognizes $X_i \rightarrow$ P recognizes $(X_1, \ldots, X_n)$*
R2 *P recognizes X $\wedge$ P has $K^{-1} \rightarrow$ P recognizes encr(K, X)*
R3 *P has X* $\rightarrow$ *P recognizes h(X)*
R4 *P has $(K^+, X) \rightarrow$ P recognizes $\sigma(K^-, X)$*

Frische.
F1 *fresh(X_i) $\rightarrow$ fresh$((X_1, \ldots, X_n))$*
F2 *fresh(X) $\rightarrow$ fresh(F(X))*

Alter.
O1 *old(t, $X_1, \ldots, X_n$) $\rightarrow$ old(t, X_i)*
O2 *old(t, F(X)) $\rightarrow$ old(t, X)*
O3 *old(t, X) $\wedge$ t < t´ $\rightarrow$ old(t´, X)*

Empfangen.
SE1 *P sees $(X_1, \ldots, X_n) \rightarrow$ P sees X_i*
SE2 *P sees $\{X\}_K \wedge$ P has $K^{-1} \rightarrow$ P sees X*

Senden.
NV *P said X $\wedge$ fresh(X) $\rightarrow$ P says X*
SA1 *P said $(X_1, \ldots, X_n) \rightarrow$ P said X_i*
SA2 *P says $(X_1, \ldots, X_n) \rightarrow$ P says X_i*

---

3   Der Übersichtlichkeit wegen haben wir die Regeln, die ausschließlich für Schlüsselaustauschprotokolle gebraucht werden, weggelassen.

SA3 $P \; said \; h(X) \wedge \neg \, P \; sees \; h(X) \rightarrow P \; said \; X$

SA4 $P \; says \; h(X) \wedge \neg \, P \; sees \; h(X) \rightarrow P \; says \; X$

Authentifikation.

A1 $R \; sees \; F(K, X) \wedge P \overset{K}{\leftrightarrow} Q \wedge \neg \, P \; said \; F(K, X) \rightarrow Q \; said \; (K, X)$

A2 $R \; sees \; F(K^-, X) \wedge \sigma \overset{K_Q}{\mapsto} Q \rightarrow Q \; said \; (K^-, X)$

A3 $R \; sees \; F(K^-, X) \wedge \sigma \overset{K_Q}{\mapsto}_t Q \wedge old(t, F(K^-, X)) \rightarrow Q \; said_t (K^-, X)$

Verständnis.

C $P \; sees \; X \wedge X_P \equiv Y \rightarrow P \; believes \; P \; sees \; Y$

C1 $P \; recognizes \; X_i \rightarrow (X_1, ..., X_n)_P \equiv ((X_1)_P, ..., (X_n)_P)$

C2 $P \; recognizes \; X \wedge P \; has \; K^- \rightarrow (encr(K, X))_P \equiv encr(K, X_P)$

C3 $P \; has \; X \rightarrow (h(X))_P \equiv h(X_P)$

C5 $P \; has \; (K^+, X) \rightarrow (\sigma(K^-, X))_P \equiv \sigma(K^-, X_P)$

Äquivalenzen.

E1 $X \equiv X$

E2 $X \equiv Y \wedge Y \equiv Z \rightarrow X \equiv Z$

E3 $X \equiv Y \rightarrow F(X) \equiv F(Y)$

E4 $X_1 \equiv Y_1 \wedge .. \wedge X_n \equiv Y_n \rightarrow (X_1, ..., X_n) \equiv (Y_1, ..., Y_n)$

Symmetrische Schlüssel.

S $P \overset{K}{\leftrightarrow} Q \rightarrow Q \overset{K}{\leftrightarrow} P$

3 Modellierung von Verbindlichkeit

Die wesentliche Erweiterung von AUTLOG [WeKe96] für ECommerce-Protokolle besteht in der Modellierung von $P \; canprove \; \varphi \; to \; R$, wobei φ eine beliebige Aussage sein kann. Im Alltagsleben bedeutet die Formulierung, daß P eine Aussage φ gegenüber einer Person R beweisen kann, daß P genügend Beweismittel zur Verfügung hat, die, sobald er sie R vorlegt, R glauben lassen, daß die Aussage φ der Wahrheit entspricht. Im Kontext von Kommunikationssystemen bedeutet dies, daß P einige Nachrichten hat, die er zu R senden kann, so daß nach Erhalt dieser Nachrichten gilt: $R \; believes \; \varphi$. Durch diese Definition können wir das neue Prädikat *canprove* durch die übliche Aktion $send_P(M, R)$ in der bisherigen Semantik von [WeKe96] ausdrücken, ohne das semantische Modell verändern zu müssen. Es ergeben sich unmittelbar drei Konsequenzen:

1. Es gilt $P \; believes \; \varphi$ genau dann, wenn gilt $P \; canprove \; \varphi \; to \; P$.
2. Wenn P etwas glaubt, bedeutet dies nicht, daß P dies irgendjemandem beweisen kann, d.h. $P \; believes \; \varphi$ impliziert nicht $P \; canprove \; \varphi \; to \; R$ für irgendein $R \neq P$.
3. $P \; canprove \; \varphi \; to \; R$ für $R \neq P$ impliziert nicht notwendigerweise $P \; believes \; \varphi$. Ein Angeklagter könnte einen Richter von seiner Unschuld überzeugen, obwohl er selbst weiß, daß er schuldig ist.

In einigen Fällen muß bei *canprove* eine zeitliche Begrenzung eingeführt werden, weil manche Beweismittel wie zum Beispiel Zertifikate nur eine begrenzte Gültigkeit haben. *P canprove φ to R until t* bedeutet, daß *P* Nachrichten hat, die, falls er sie vor dem Zeitpunkt *t* an *R* sendet, *R* glauben lassen, φ sei wahr. Formal läßt sich das so fassen:

P canprove φ to R until t$'$[4]

$$(r,t) \models P \textit{ canprove } \varphi \textit{ to R until } t' :\overset{Def}{\Leftrightarrow} \exists\, M_1, .. ,M_n \in \overline{S_P^{(r,t)}} : \forall\, t'' \in [t,t']:$$
$$\text{Gilt } (r,t'') \models (R \textit{ sees } M_1) \wedge ... \wedge (R \textit{ sees } M_n),$$
$$\text{dann ist } (r,t'') \models R \textit{ believes } \varphi.$$

Gibt es keine zeitliche Einschränkung, das heißt ist $t= \infty$, so schreiben wir einfach *P canprove φ to R*.

Auf Grund dieser Definition lassen sich die folgenden Regeln beweisen:

P1. *P canprove ($\varphi \to \psi$) to R until t $\to$*

[P canprove φ to R until t $\to$ P canprove ψ to R until t]

Wenn *P* gegenüber *R* die Richtigkeit einer Implikation beweisen kann und daß die Voraussetzung dieser Implikation erfüllt ist, dann kann er gegenüber *R* auch beweisen, daß die Schlußfolgerung erfüllt ist. Dies ist eine unmittelbare Konsequenz der Definition und des Axioms K.

P2. *P has X $\wedge$ (R sees X $\to$ R believes φ) $\to$ P canprove φ to R*

Ist *P* in Besitz einer Nachricht *X*, und gilt, daß *R* die Richtigkeit einer Aussage φ glaubt, wenn er *X* sieht, so kann *P* die Richtigkeit von φ dem Teilnehmer *R* gegenüber beweisen. Dies ist eine unmittelbare Konsequenz der Definition.

Man denke etwa an den Fall, daß *X* ein Zertifikat von *Q*'s Schlüssel ist und φ die Aussage ist, daß der Schlüssel *K* der öffentliche Schlüssel von *Q* ist.

P3. *P has $\sigma(K_Q^-,X) \wedge P$ has $(K_Q^+,X) \wedge P$ canprove $\{\sigma \overset{K_Q}{\mapsto}_t Q\}$ to R $\wedge X_R \equiv Y$*

$\qquad \to$ *P canprove (Q said Y) to R until t*

Ist *P* in Besitz einer signierten Nachricht *X* und dem passenden Verifikationsschlüssel, kann er bis zum Zeitpunkt *t* beweisen, daß dieser Verifikationsschlüssel dem Teilnehmer *Q* gehört und ist die Nachricht *X* in der Sicht von *R* äquivalent zu *Y*, so kann *P* gegenüber *R* beweisen, daß *Y* vom Teilnehmer *Q* stammt.

Die vierte Bedingung $X_R \equiv Y$ ist wichtig für den Fall, daß *R* nicht alle Teile von *X* verstehen kann, wie es zum Beispiel bei den von SET verwendeten dualen Signaturen der Fall ist.

P4. *P has $\sigma(K_Q^-,X) \wedge P$ has $(K_Q^+,X) \wedge P$ canprove $\{\sigma \overset{K_Q}{\mapsto}_t Q\}$ to R $\wedge X_R \equiv Y \wedge$*

P canprove old(t, $\sigma(K, X)$) to R $\to$ P canprove (Q said Y) to R

Gilt unter den Voraussetzungen von P3 zusätzlich, daß *P* sogar beweisen kann, daß die Nachricht *X* vor dem Zeitpunkt *t* signiert worden ist, so entfällt in der Schlußfolgerung die zeitliche Einschränkung.

P5. *P canprove (Q said h(X)) to R until t $\wedge$ R believes ($\neg$ Q sees h(X)) $\to$*

P canprove (Q said X) to R until t

Kann *P* gegenüber *R* beweisen, daß der Teilnehmer *Q* einen Hashwert *h(X)* gesendet hat und glaubt *R*, daß *Q* diesen Wert selbst berechnet hat, so kann *P* beweisen, daß das Urbild *X* von *Q* stammt.

P6. *P canprove (Q said ($X_1, ... , X_n$)) to R until t $\to$ P canprove (Q said X_i) to R until t*

---

4 Diese Definition läßt sich leicht auf die Situation übertragen, daß eine Gruppe eine Tatsache gegenüber einer dritten Partei beweisen will. Nicht erfaßt sind mit dieser Definition Zero-Knowledge-Beweise.

Kann P beweisen, daß eine Liste von Nachrichten von Q stammt, dann kann er auch beweisen, daß eine Komponente der Liste von Q gesendet worden ist.

Die Beweise der Regeln P3-P6 sind deutlich komplexer als die der ersten beiden Regeln; sie finden sich in [KeNe98].

4 Beispielanalysen

Wir wenden unsere Analysemethode auf drei elektronische Bezahlprotokollen an. Zwei von ihnen basieren auf Kreditkarten, nämlich SET und 3KP, das dritte Protokoll ist ein Micropayment System, das Hashwertketten verwendet.

4.1 SET

Jeder Teilnehmer P des Systems besitzt einen öffentlichen Verifikationsschlüssel K_P^+, einen geheimen Signierschlüssel K_P^- und das passende Zertifikat $Cert(P, K_P^+, \sigma, t)$, signiert von einer Zertifizierungsinstanz. Wir nehmen an, daß sich Kunde und Händler bereits auf die Ware und den Preis geeinigt haben.

Im folgenden bezeichne OI die Bestellinformation (engl. order information), das heißt Details über die Ware und den Preis. PI bezeichnet die Zahlungsinstruktionen (engl. payment instructions), die den Betrag, die Kreditkartennummer des Kunden, den Gültigkeitszeitraum und die PIN umfaßt. PI ist ein redundanter Datensatz, dessen Bedeutung von jedem verstanden wird, dem der Datensatz vorliegt.

Die Bank erhält durch den Händler die folgende Nachricht des Kunden C:

$$Cert(P, K_P^+, \sigma, t), \ \{K_{CB}\}_{K_B^+}, \ \{h(OI), PI\}_{K_{CB}}, \ \sigma(K_C^-, (h(OI), h(PI)))$$

Hierbei bezeichnet K_B^+ den öffentlichen Schlüssel der Bank, K_{CB} ist ein vom Kunde gewählter Sessionkey für symmetrische Verschlüsselung.

Ziel der Analyse
Nach diesen Protokollschritten sollte die Bank glauben, daß sie einem Richter R gegenüber beweisen kann, daß der Kunde tatsächlich die Zahlung autorisiert hat. Das Ziel lautet formalisiert also: *B believes B canprove (C said PI) to R until t*
Die zeitliche Eingrenzung „*until t*" rührt daher, daß das Zertifikat des Kunden nur bis zum Zeitpunkt t gültig ist. Trägt die Signatur keinen Zeitstempel, so ist sie nur bis zum Zeitpunkt t ein Beweisstück.

Voraussetzungen
Für die Analyse werden folgende Annahmen benötigt:

(V1)   Die Bank besitzt ihren eigenen geheimen Schlüssel: *B has K_B^-*.

(V2)   Die Bank vertraut der Zertifizierungsinstanz und glaubt, daß insbesondere der Richter dieses Vertrauen teilt:

$$B \ sees \ Cert(Q, \ K_Q^+, \ \sigma, \ t) \rightarrow B \ believes \ \{\sigma \overset{K_Q}{\mapsto}_t Q\}$$

$$B \ believes \ (R \ sees \ Cert(Q, \ K_Q^+, \ \sigma, \ t) \rightarrow R \ believes \ \{\sigma \overset{K_Q}{\mapsto}_t Q\})$$

(V3)   Zertifikate werden von den Teilnehmern $P \in \mathrm{P}$ vollständig verstanden:

$$Cert(Q, K_Q^+, \sigma, t)_P \equiv Cert(Q, K_Q^+, \sigma, t)$$

$$B \ believes \ (\ Cert(Q, K_Q^+, \sigma, t)\ )_P \equiv Cert(Q, K_Q^+, \sigma, t).$$

(V4) Die Bank versteht die Zahlungsinstruktion PI und glaubt, daß auch der Richter sie versteht:

$(PI)_B \equiv PI$ und B *recognizes* PI,

B *believes* $(PI)_R \equiv PI$

Weder die Bank noch der Richter müssen den Hashwert der Bestellinformationen OI verstehen. Es reicht aus, daß wir voraussetzen:

B *believes* $((h(OI))_B)_R \equiv (h(OI))_B$.

(V5) Die Bank glaubt, daß der Kunde keine Nachrichten unterschreibt, deren Inhalt er nicht kennt. Weiterhin glaubt sie, daß der Richter derselben Meinung ist:

B *believes* $\neg\, C$ *sees* $h(PI)$

B *believes* R *believes* $\neg\, C$ *sees* $h(PI)$.

Beweisskizze. Die Bank glaubt, daß die Regel P3 korrekt ist, das heißt es gilt:

B *believes* B *has* $\sigma\,(\,K_C^-,\,((h(OI)_B\,),\,h(PI))) \wedge B$ *believes* B *has* $(\,K_C^+,\,((h(OI))_B\,,\,h(PI))) \wedge$

B *believes* B *canprove* $\{\sigma \overset{K_C}{\mapsto}_t C\}$ *to* $R \wedge B$ *believes* $((h(OI))_B,\,h(PI)\,)_R \equiv ((h(OI))_B\,,\,h(PI)\,) \rightarrow$

B *believes* B *canprove* $\{C$ *said* $((h(OI))_B,\,h(PI))\}$ *to* R *until* t.

Die Anwendung von P6 auf die Schlußfolgerung liefert:

B *believes* B *canprove* $\{C$ *said* $h(PI)\}$ *to* R *until* t

Zusammen mit der Voraussetzung (V5) führt das unter Anwendung von P5 und K zum Ziel:

$$\boxed{B \text{ } believes \text{ } B \text{ } canprove \text{ } (C \text{ } said \text{ } PI) \text{ } to \text{ } R \text{ } until \text{ } t}$$

Für die Analyse müssen wir also untersuchen, ob die Voraussetzungen der obigen Implikation erfüllt sind.

Entschlüsselung. Dem Zertifikat entnimmt die Bank als erstes den öffentlichen Verifikationsschlüssel des Kunden. Zusammen mit Voraussetzung (V3) folgen daraus unter anderem durch Anwenden der Regeln C und P2:

(1) B *believes* B *has* K_C^+

(2) B *believes* B *canprove* $\{\sigma \overset{K_C}{\mapsto}_t C\}$ *to* R

Da die Bank nach Voraussetzung (V1) ihren eigenen privaten Schlüssel hat, kann sie den symmetrischen Schlüssel K_{CB} entschlüsseln und damit $\{h(OI), PI\}_{K_{CB}}$

Verständnis der Nachrichten. Einer der wichtigsten Punkte der Analyse ist die Frage, wieviel die Beteiligten von den Nachrichten verstehen, die sie empfangen haben. Da die Bank die Zahlungsinstruktionen PI entschlüsseln kann und glaubt, daß es sich dabei um eine für einen Richter verständliche Nachricht handelt, erhalten wir durch Anwenden der Regeln C, C1-C3 und E2-E4 folgendes:

(3) B *believes* $((h(OI))_B,\,h(PI)\,)_R \equiv ((h(OI))_B\,,\,h(PI)\,)$

(4) B *believes* B *has* $((h(OI))_B\,,\,h(PI)\,)$

Die Signatur. Die Bank hat den öffentlichen Verifikationsschlüssel des Kunden. Mit Hilfe der bisherigen Ergebnisse zum Verständnis der Nachrichten und der Regeln C, E2-E4 können wir ableiten:

(5) B *believes* B *has* $\sigma\,(\,K_C^-,\,((h(OI))_B,h(PI)\,))$

Verbindlichkeit. Die Formeln (1) bis (5) sind gerade die Voraussetzungen, um die Regel P3 anzuwenden. Damit haben wir dann, wie in der Beweisskizze erläutert, das Protokollziel erreicht.

4.2 3KP

Wie bei SET besitzen die einzelnen Teilnehmer des Systems öffentliche Schlüssel und die passenden Zertifikate, signiert von einer Zertifizierungsinstanz. Wir nehmen auch hier an, daß sich Kunde und Händler bereits auf die Ware und den Preis geeinigt haben.

Wie bei SET bezeichnen *OI* die Bestellinformationen und *PI* die Zahlungsinstruktionen. Von den Datensätzen *OI* und *PI* nehmen wir auch diesmal an, daß sie hinreichend Redundanz besitzen, um von jedem verstanden zu werden.
Der Kunde schickt die folgende Nachricht über den Händler an die Bank:

$$Cert(C, K_C^+, \sigma, t), \{h(OI), PI\}_{K_B^+}, \; \sigma(K_C^-, (h(OI), \{h(OI), PI\}_{K_B^+}))$$

Ziel der Analyse
Wie bei SET lautet das Protokollziel: *B believes B canprove (C said PI) to R until t*
Auch hier geht die zeitliche Eingrenzung „*until t*" auf das Zertifikat des Kunden zurück.

Skizze der Analyse
Zwar lassen sich unter ähnlichen Voraussetzungen wie bei SET die gleichen Teilergebnisse erreichen, dennoch läßt sich das Protokollziel als ganzes nicht ableiten. Etwas zugespitzt formuliert liegt das daran, daß es keine Regel gibt, die besagt, daß eine Signatur zu einer verschlüsselten Nachricht darauf schließen läßt, daß der Signierer die Klartextnachricht kennt oder daß er sie bewußt verschickt hat, d.h. es gibt keine Analogon zu A2 der Form:

$$R \; sees \; \sigma(K, \; encr(K',X)) \wedge \sigma \overset{K_Q}{\mapsto} Q \rightarrow Q \; said \; X$$

Es darf auch keine solche Regel geben, denn sie wäre falsch: Tatsächlich kann die Nachricht *X* vom Teilnehmer *P* stammen, der sie verschlüsselt, anschließend signiert und dann verschickt hat. Der Teilnehmer *Q* hat diesen Datensatz abgefangen, die Signatur von *P* entfernt und dann selbst das Chiffrat signiert. Damit kann *Q* die Klartextnachricht nicht ausgesprochen haben, denn er kennt sie nicht einmal.
Bereits in [BAN89] geben die Autoren einen Angriff auf ein Protokoll an, das ebenfalls signierte verschlüsselte Nachrichten verwendet, nämlich das X.509 Protokoll. Dies könnte ein Hinweis darauf sein, daß auch 3KP angreifbar ist.

4.3 Micropayment-Systeme mit Hashwertketten

Hashwertkettenbasierte Micropayments wie das Pedersen-Schema [Pede96] und Payword [RiSa96] vermeiden häufige Signaturen. Sie sind dadurch deutlich effizienter als SET oder 3KP. Alle Beteiligten besitzen einen geheimen Signaturschlüssel, den passenden öffentlichen Verifikationsschlüssel und ein Zertifikat zum öffentlichen Schlüssel.
Bevor der Kunde eine Bezahlung beginnt, schätzt er die Anzahl und den Wert der Bezahlungen ab. Er wählt eine Zufallszahl x_n und wendet auf diese Zufalls die Hashfunktion so oft an, wie er die Anzahl der Bezahlungen schätzt: $x_i := h(x_{i+1})$ für $i = n-1, ..,0$. Er speichert die einzelnen Hashwerte. Der letzten Hashwert dieser Kette heißt die *Wurzel* der Kette. Dann berechnet der Kunde ein Commitment, das ihn auf diese Urbildkette festlegt. Dieses Commitment ist weiterhin kunden- und händlerspezifisch, so daß dieses Commitment für niemanden sonst von Wert ist. Das Commitment besteht aus der Identifikationsnummer des Händlers, dem Zertifikat des Kunden, der Wurzel der Kette und dem Datum. Der Kunde

signiert dieses Commitment mit seinem privaten Schlüssel. Das Commitment, die Signatur, seinen öffentlichen Schlüssel und das Zertifikat des Schlüssels schickt er an den Händler.

Der Händler prüft das Zertifikat für den öffentlichen Schlüssel und die Signatur. Sind diese Angaben korrekt, so akzeptiert der Händler das Commitment, andernfalls lehnt er ab. Er sendet seine Entscheidung an den Kunden und speichert das Commitment.

Die Bezahlung muß sich nicht unmittelbar an das Commitment anschließen, sondern kann zu jedem späteren Zeitpunkt stattfinden (bis das Zertifikat des Kunden ungültig wird). Die erste Bezahlung erfolgt dadurch, daß der Kunde dem Händler seine Identifikationsnummer und das Urbild der Wurzel unter der Hashfunktion zuschickt. Unter der Annahme, daß die Hashfunktion kryptographisch sicher ist, kann niemand anders als der Kunde, der das Commitment erzeugt hat, dieses Urbild kennen oder bestimmen.

Der Kunde bezahlt also zuerst mit x_1, bei der nächsten Bezahlung mit x_2 und so weiter. Der Händler kann mit Hilfe der Identifikationsnummer das Commitment aus seiner Datenbank heraussuchen und prüfen, ob der gesendete Wert tatsächlich das Urbild der Wurzel ist, indem er einfach die Hashfunktion einmal anwendet. Ist der Wert der richtige, so löscht er die Wurzel und speichert den neuen Wert an deren Stelle. Außerdem schickt der die gewünschte Ware an den Kunden.

Zur Verrechnung schickt der Händler das Commitment des Kunden und das letzte Urbild, das er erhalten hat, an die Bank. Die Bank prüft die Zertifikate und das Commitment. Auf das letzte Urbild wendet sie die Hashfunktion so lange an, bis sie als Wert die im Commitment angegebene Wurzel erhält. Die Anzahl der angewendeten Hashfunktionen liefert den Geldbetrag, den der Kunde an den Händler gezahlt hat. Sie bestätigt dem Händler die Verrechnung.

Bei einer Bezahlung erhält die Bank über den Händler also die folgenden Datensätze:

$$Cert(C, K_C^+, \sigma, t), \ \sigma(K_C^-, x_0), \ x_1$$

Ziel des Protokollschrittes

B believes B canprove (C said x_1) to R

Skizze der Analyse

Ebenso wie bei 3KP ist das Ziel <u>nicht</u> ableitbar. Der Grund liegt darin, daß der Wert x_1 keine Redundanz enthält und für B und R unverständlich bleibt. Sie erkennen nicht einmal die Struktur des Wertes, weil sie nicht wissen, ob es sich bei x_1 um die vom Kunden gewählte Zufallszahl oder wiederum um einen Hashwert handelt. Eine Voraussetzung der Form, wie wir sie bei SET gemacht haben, nämlich $(x_1)_{B/R} \equiv x_1$, ist daher nicht sinnvoll. Daß die Bank und der Richter das Urbild „nicht verstehen" bedeutet gemäß der Definition der Funktion *sight*: $sight_B(x_1) = *$ bzw. $sight_R(x_1) = *$. Insbesondere folgt daraus, daß <u>*nicht*</u> gilt: *B recognizes x_1* bzw. *R recognizes x_1*. Mit anderen Worten: Ließe sich das Ziel ableiten, so wäre implizit die Regel *P has hash(M)* $\rightarrow$ *P recognizes M* verwendet worden. In [WeKe96] wurde aber gezeigt, daß diese Regel ungültig ist und zu Widersprüchen führt, obwohl sie von manchen BAN-Logiken, z.B. [GNY90], benutzt wird.

Somit zeigt die formale Analyse, warum hashwertkettenbasierte Micropaymentprotokolle weniger vertrauenswürdig sind als andere Bezahlmethoden und wirklich nur für <u>Micropayments</u> eingesetzt werden sollten.

5 Fazit

Mit AUTLOG steht eine beweisbar korrekte formale Analysemethode für Ecommerce-Protokolle zur Verfügung. Diese hilft, die Wirkungsweise der eingesetzten Protokolle zu verstehen, und Sicherheitsschwächen aufzudecken. Gerade bei Bezahlvorgängen, wo jeder erfolgreiche Angriff Geldverlust bedeutet, wäre es sinnvoll, die einzusetzenden Protokolle formal zu evaluieren.

6 Literatur

[AbTu91]   M. Abadi, M. Tuttle, „A Semantics for a Logic of Authentication," *Proc. of the ACM Symp. of Principles of Distributed Computing}*, 1991, 201-216.

[BlMa97]   A. Bleeker, L. Meertens, „A Semantics for BAN-logic," *Proc. of the DIMACS Workshop on Design and Formal Verification of Security Protocols,* 1997.

[BAN89]   M. Burrows, M. Abadi, R. Needham, *A Logic of Authentication,* Report 39 Digital Systems Research Center, Pao Alto, California, 1989.

[Boli97]   D. Bolignano, „Towards the Formal Verification of Electronic Commerce Protocols," *Proc. of the 10th Computer Security Foundations Workshop,* Rockport, IEEE Computer Society, 133-146.

[Chel80]   B. Chellas, *Modal Logic,* Cambridge University Press, Cambridge, England, 1980.

[DMLP79]   R.A. DeMillo, R.J. Lipton, and A.J. Perlis, „Social Processes and Proofs of Theorems and Programs," *Comm. ACM,* vol. 22, no. 5, 1979.

[FHMV95]   R. Fagin, J. Halpern, Y. Moses, M. Vardi, *Reasoning About Knowledge,* MIT Press, Cambridge, Mass., 1995.

[GNY90]   L. Gong, R. Needham, R. Yahalom, „Reasoning about Belief in Cryptographic Protocols," *Proc. of the 1990 IEEE Symp. on Research in Security and Privacy,* 234-248.

[HuAuᶜ7]   A. Huima, T. Aura, „Using a Multimodal Logic Express Conflicting Interests in Security Protocols," *Proc. of the DIMACS Workshop on Design and Formal Verification of Security Protocols,* 1997.

[Kail96]   R. Kailar, „Accountability in Electronic Commerce Protocols," *IEEE Trans. on Software Engineering,* Vol. 22, No. 5, 1996, 313-328.

[KeNe98]   V. Kessler, H. Neumann, „A Sound Logic for Analysing Electronic Commerce Protocols," *Computer Security – ESORICS 98,* Louvain, Springer LNCS to appear.

[MaVI97]   MasterCard and VISA Corporations, „Secure Electronic Transaction (SET)," http://www.mastercard.com/set und http://www.visa.com/

[MeSy98]   C. Meadows, P. Syverson, „A Formal Specification of Requirements for Payment Transactions in the SET Protocol," *Preproceedings of Financial Cryptography,* 1998.

[Pede96]   T. Pedersen, „Electronic Payments of Small Amounts," *Proc. Security Protocols 1996,* Springer LNCS 1189, 59-68.

[PfWa96]   B. Pfitzmann, M. Waidner, *Properties of Payment Systems: General Definition Sketch and Classification,* IBM Research Report RZ 2823 05/06/1996, IBM Research Division, Zürich.

[RiSa96]   R. Rivest, A. Shamir, „Payword and Micromint: Two simple micropayment protocols," *Proc. Security Protocols 1996,* Springer LNCS 1189, 69-88.

[StWr96]   S. Stubblebine, R. Wright, „An Authentication Logic Supporting Synchronization, Revocation, and Receny," *Proc. Third ACM Conference on Computer and Communiations Security,* New Delhi, 1996, 95-105.

[SyVO94]   P. Syverson, P. van Oorschot, „On Unifying Some Cryptographic Protocol Logics," *Proc. of the IEEE Computer Society Symp. on Security and Privacy 1994*, 14-28.

[Wede95]   G. Wedel, *Formale Semantik für Authentifikationslogiken*, Diplomarbeit FB Mathematik der RWTH Aachen, Nov. 1995.

[WeKe96]   G. Wedel, V. Kessler, „Formal Semantics for Authentication Logics," *Computer Security – ESORICS 96*, Rome, Springer LNCS 1146, 1996, 219-241.

Generische, attributierte Aktionsklassen für mehrseitig sichere, verteilte Anwendungen[5]

Gritta Wolf
TU Dresden, IBDR, 01062 Dresden
g.wolf@inf.tu-dresden.de

1 Zusammenfassung

Das vorliegende Papier diskutiert Ideen zur Definition von attributierten Aktionsklassen für Kommunikationssicherheit. Auf der Basis verschiedener Beispiele werden sicherheitsbezogen attributierte Aktionsklassen erarbeitet, die die Schutzzielkonfigurierung sowohl für Anwendungsentwickler als auch Endbenutzer vereinfachen sollen. Es wird untersucht, inwiefern die gefundenen Aktionsklassen für verteilte Anwendungen wie Teleshopping oder Telewahl verwendbar sind. Anstoß für die Arbeiten gab die SSONET-Architektur für mehrseitige Sicherheit.
Schlagworte: mehrseitige Sicherheit, Konfigurierung, attributierte Aktionsklassen, Sicherheitsattribute, Schutzziele.

2 Einführung und Ziele

Das Projekt SSONET [SSONET, PSWW_98] konzipiert und implementiert eine Sicherheitsplattform für mehrseitige Sicherheit in verteilten Anwendungen, die den Nutzer in die Lage versetzen soll, seine Sicherheitsinteressen zu formulieren und in einer Verhandlungsphase zu vertreten, um mit einem potentiellen Kommunikationspartner eine gemeinsame Basis für gesicherte Kommunikation zu ermitteln.

Dabei ist es ein besonderes Teilziel des Projektes, auch Nicht-Experten im Bereich Sicherheitsdienste und -mechanismen an deren Nutzung heranzuführen und ihnen den Einstieg in das Sicherheitsmanagement zu erleichtern. Aus diesem Grund wurden für die Nutzungsschnittstelle zur Konfigurierung der Sicherheitsmechanismen mehrere Abstraktionsebenen implementiert.

Zur detaillierten anwendungsspezifischen Konfigurierung werden die Anwendungen in ihre Einzelaktionen unterteilt. Für ein Teleshoppingsystem sind z.B. auf Kundenseite die Aktionen „Katalog anfordern" oder „Bestellung absenden" zu unterscheiden. Jede Aktion hat dabei bestimmte Schutzanforderungen. Die attributierten Aktionsklassen sollen hier zur Verringerung des Konfigurierungsaufwandes für den Endbenutzer verteilter Anwendungen verschiedenartige Unterstützung bieten: Einerseits soll eine Vorgabe von adäquaten

---

[5] Diese Arbeit wurde finanziell unterstützt vom Bundesministerium für Bildung, Wissenschaft, Forschung und Technologie (BMBF).

Schutzzielen für alle Aktionen gegeben sein, so daß Nutzer nicht gezwungen sind, die Aktionen selbst zu konfigurieren. Ferner sollen geeignete Aktionsklassen, in die die einzelnen Aktionen entsprechend ihren Sicherheitsanforderungen zusammenfaßbar sind, verhindern, daß Nutzer jede Aktion einzeln konfigurieren müssen. Die attributierten Aktionsklassen sind gleichzeitig eine Hilfestellung für den Anwendungsprogrammierer, der die Vorgaben für Sicherheitseigenschaften mittels Standardvorgaben einfach in die Anwendung integrieren kann. Diskussionen zu solchen, mit Sicherheitsattributen versehenen und auch auf andere verteilte Anwendungen anwendbaren Aktionsklassen sind Gegenstand des vorliegenden Papiers.

3 Vorgehensweise

Im folgenden Abschnitt wird kurz die Vorgehensweise zur Lösung der Zielstellung dargestellt und anhand der Abbildung 1 illustriert.

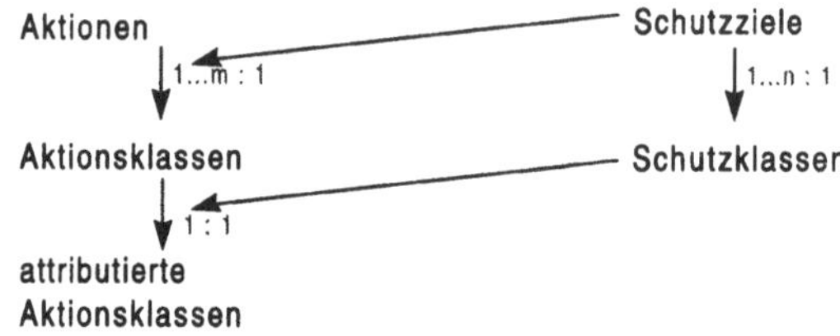

Abbildung 1. Vorgehen zur Konzeption von attributierten Aktionsklassen

Zunächst werden für verschiedene verteilte Anwendungen die einzelnen *Aktionen* des Kommunikationsablaufes identifiziert. Als Aktionen werden einzelne Kommunikations-schritte zwischen zwei oder mehreren Endbenutzern bezeichnet[6]. Zur Identifikation einer Anzahl von Aktionen werden Beispiele aus SEMPER [ScWa_97], von Grimm [Grim_94] und dem Teleshopping-Szenario des Projektes SSONET diskutiert. Auf Basis dieser Aktionen werden Aktionsklassen gebildet (siehe Definition I).

Def I: **Aktionsklasse K$_A$**

Eine Aktionsklasse K$_A$ beinhaltet die Menge aller Aktionen, die bezüglich *aller* Schutzziele *immer* gleich behandelt werden. Dabei ist zu diesem Zeitpunkt noch offen, welche Schutzziele das sind.

Parallel zur Bildung von Aktionsklassen werden die kommunikationsbezogenen Schutzziele Vertraulichkeit, Anonymität, Unbeobachtbarkeit, Integrität und Zurechenbarkeit untersucht und diskutiert, wie sie sinnvoll zu Schutzklassen kombiniert werden können (siehe Definition II).

Def II: **Schutzklasse K$_S$**

Eine Schutzklasse K$_S$ ist eine Kombination von Schutzzielen und deren Gewichtung. Die Gewichtung ist die Belegung eines Schutzziels mit einer Bewertung.

Der minimale Satz von Gewichtungen enthält die Werte *ja* als Angabe, daß ein Schutzziel umgesetzt werden soll, und *nein* als Angabe dafür, daß ein Schutzziel nicht umgesetzt werden soll.

Durch die Belegung von Aktionen bzw. Aktionsklassen mit Sicherheitsattributen bzw. Schutzzielen werden nun *attributierte Aktionsklassen* gebildet.

---

6   Aktionen sind nicht immer gleich Transaktionen. Die Problematik der Transaktionssicherheit wird nicht betrachtet.

> *Def III:*   **Attributierte Aktionsklasse K_{SA}**
>
> Eine attributierte Aktionsklasse ist die Zuordnung von Kombinationen von Schutzzielen (d.h einer Schutzklasse K_S) zu Mengen von Aktionen (Aktionsklassen K_A).

Zur Überprüfung der Sinnfälligkeit und Wiederverwendbarkeit der attributierten Aktionsklassen werden sie anschließend anhand von Beispielszenarien getestet. Die so gebildeten attributierten Aktionsklassen stehen Anwendungsentwicklern und Endbenutzern bei der Nutzung von Sicherheitsfunktionen unterstützend zur Verfügung.

4 Beispielanwendungen und Aktionsklassen

Arbeiten im Bereich Electronic Commerce oder anderen Anwendungsbezügen befassen sich u.a. mit der Klassifikation von Aktionen [SEMPER] und mit differenzierten Verbindlichkeitsanforderungen für verschiedene Kooperations- und Nachrichtentypen [Grim_94].

4.1 Beispielanwendungen

4.1.1 Transfers und fair Exchanges in SEMPER

Das Ziel des ACTS Projekts SEMPER (Secure Electronic Marketplace for Europe) ist die Erstellung der ersten offenen und umfassenden Lösung für sicheren Handel über das Internet und andere öffentliche Informationsnetze. Das zugrundeliegende Modell für Electronic Commerce sieht ein Geschäftsszenario als eine Sequenz von Übertragungen (*transfers*) und fairen Austauschen (*fair exchanges*) von Geschäftsgegenständen [ScWa_97].

Transfer/ Autausch von → für ↓	Geld	Credential	Information
nichts (Transfer)	Zahlung	Zertifikats-transfer, etc.	Informations-transfer
Geld	fairer Geldaustausch	faire Zahlung mit Quittung	fairer Erwerb
Credential	wie ...	faires Unterschreiben von Verträgen	fairer bedingter Zugriff
Information	... rechts ...	... oben	fairer Informations-austausch

Tabelle 1. Transfers und Austausche in SEMPER [ScWa_97]

Beim Transfer sendet ein Partner ein Paket von Geschäftsgegenständen an einen oder mehrere andere Teilnehmer. Der Sender kann Sicherheitsanforderungen definieren. Ein fairer Austausch ist ein Austausch von Paketen von Geschäftsgegenständen zwischen zwei Teilnehmern mit der Zusicherung, daß entweder beide Pakete empfangen werden oder keines. Wenn kein fairer Austausch gefordert ist, wird ein Austausch aus 2 Transfers zusammengesetzt. Die primitiven Datentypen, die transferiert oder gegenseitig ausgetauscht werden können, sind Geld, Credentials und Informationen. Tabelle 1 gibt einen Überblick über die Transfers und Austausche. Sie sind mit ihren Datentypen und Sicherheitsattributen fest vorgegeben.

4.1.2 Kooperationsaktivitäten bei Grimm

R. Grimm beschreibt ein Gleichgewichtsmodell für Verpflichtungszustände kooperierender Partner für verbindliche Telekooperation [Grim_94].

Als eine Klasse verbindlicher Kooperationen werden beispielhaft vertragsbasierte Kooperationsaktivitäten vorgestellt, die den korrekten Austausch von Anträgen, Verträgen und den Nachweis des Austauschs unter den Beteiligten und Betroffenen behandeln.

Kooperations- typ	Vertrags- kooperation	Transfer- kooperation	Auftrags- kooperation
Nachrichtentyp	Antrag, Vertrag, Beglaubigung, Empfangs- bestätigung, Zurückweisung	Dokument,[7] Auskunft	Angebot, Auftrag, Ergebnis, Scheck

Tabelle 2. Kooperations- und Nachrichtentypen bei Grimm [Grim_94, S.127]

Es werden die in Tabelle 2 dargestellten Kooperations- und Nachrichtentypen unterschieden. Dabei werden Transaktionen rechtsverbindlicher Telekooperation, die Rechtspflichten *begründen*, *verändern*, *erfüllen* oder *beenden* [Grim_94, S. 128ff], unterschieden.

Die Untersuchungen beschränken sich auf Betrachtungen zum Schutzziel Verbindlichkeit. Unter Verbindlichkeit wird in [Grim_94] mehr verstanden, als im vorliegenden Artikel unter Zurechenbarkeit (vgl. Tabelle 4); sie verbindet ein Versprechen (z.B. sprachlich) mit einer Erfüllungshandlung. Solche Änderungen von Verpflichtungszuständen müssen mit Beweisen kompensiert werden (Zurechenbarkeit). Neben der Verbindlichkeit werden keine anderen Sicherheitsanforderungen betrachtet. Die erarbeiteten Beispielaktionen (siehe Tabelle 2) dienen im Rahmen dieses Papiers als Grundlage für die weitere Erarbeitung und Einordnung von attributierten Aktionen.

4.1.3 Ein Teleshopping-Szenario

Als Beispiel einer verteilten Anwendung wurde ein Teleshopping-Szenario untersucht. Die in der Abbildung 2 dargestellten charakteristischen Einzelaktionen ermöglichen Angebots-einholung, Warenaustausch und Bezahlung zwischen Kunden und Händlern. Die Aktionen A_{4a} Lieferbestätigung, A_{4b} Ware und A_{4c} Rechnung können sowohl einzeln als auch als gemeinsame Aktion ausgeführt werden; gleiches trifft auf die Aktionen A_{5a} Empfangs-bestätigung und A_{5b} Zahlung zu.

---

[7] Auch freie, informelle Mitteilungen sind möglich, aber nicht Gegenstand der Betrachtungen zu verbindlicher Telekooperation bei [Grim_94].

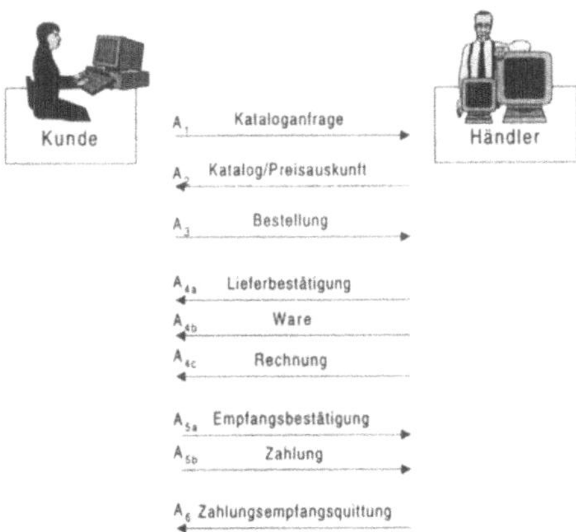

Abbildung 2. Charakteristische Aktionen beim Teleshopping

4.2 Die Bildung von Aktionsklassen

Entsprechend der in Abschnitt 2 beschriebenen Vorgehensweise wurde versucht, die aus den obigen Beispielen gewonnenen Aktionen in Aktionsklassen einzuordnen. Der Klassenbildung wurde eine ablaufbezogene Frage/Antwort-Struktur zugrunde gelegt. Es wurden die in Tabelle 3 dargestellten 4 Klassen gebildet, wobei die *Aufforderung zur Ausführung einer Aktion* als Frage und die *Bestätigung über einen Transfer* als Antwort gesehen wird. Informations- und Wertetransfers können sowohl Frage als auch Antwort sein. Jeder Wertetransfer ist gleichzeitig ein Informationstransfer.

K_A1: Aufforderung zur Ausführung einer Aktion an den Empfänger der Nachricht	K_A2: Informationstransfer an einzelne Person oder Personengruppe	K_A3: Wertetransfer	K_A4: Bestätigung über den Transfer eines Wertes oder einer Information
Anfrage, Antrag, Auftrag, Bestellung	Angebot, Ankündigung, Auskunft	Ware, Geld, Scheck, Gutschein, Erlaubnis, Verpflichtung	Quittung, Bestätigung, Zertifikat

Tabelle 3. Aktionsklassen

Der Versuch der Zuordnung gleicher Schutzziele zu diesen Aktionsklassen scheitert daran, daß zum Beispiel die unter K_A1 gefaßten Aktionen nicht die gleichen Anforderungen an Zurechenbarkeit stellen: Anfragen können sowohl zurechenbaren als auch nicht zurechenbaren Charakter besitzen; Aufträge und Bestellungen sollten zurechenbar durchgeführt werden. Ähnliches trifft auch für andere Schutzziele in den anderen Klassen zu.

5 Schutzziele und Schutzklassen

Im Abschnitt 3.2 wird deutlich, daß auf Basis dieser Klasseneinteilung keine ausreichenden Aussagen über abzuleitende Sicherheitseigenschaften gemacht werden können. Deshalb wird nachfolgend nach Entscheidungskriterien für Sicherheitseigenschaften und nach einer Einordnung der Kriterien gesucht.

5.1 Schutzklassen für Kommunikationssicherheit

In der Literatur wie z.B. in [RDLM_95] und [RaPM_97] werden verschiedene Definitionen von Schutzzielen für mehrseitige Sicherheit angegeben. In Anlehnung an [RaPM_97] werden in diesem Artikel die folgenden Schutzziele (siehe Tabelle 4) in die Betrachtung einbezogen, die insbesondere für die Kommunikationssicherheit anwendbar sind.

Kommunikationsinhalte	Kommunikationsumstände
Vertraulichkeit Kommunikationsinhalte darf niemand außer den Kommunikationspartnern erfahren	**Anonymität** Identität darf selbst der Kommunikationspartner nicht erfahren
	Unbeobachtbarkeit Kommunikationsumstände darf niemand außer den Kommunikationspartnern erfahren
Integrität Kommunikationsinhalte sollen richtig sein (oder zumindest erkennbar falsch)	**Zurechenbarkeit** Kommunikationsumstände sollen nachweisbar geschehen

Tabelle 4. Schutzziele zur Sicherung der Kommunikation

Fragen der Verfügbarkeit, des Schutzes vor Lokalisierung des Aufenthaltsortes mobiler Teilnehmer und der Abrechnung werden im vorliegenden Artikel nicht diskutiert.

Bildet man aus diesen Schutzzielen alle möglichen Schutzklassen K_S, d.h. alle Kombinationen von Schutzzielen mit ihren Gewichten {ja, nein}, erhält man insgesamt 2^5=32 resultierende Schutzklassen. Diese große Anzahl ist nicht geeignet, um Sicherheitslaien auf dieser Basis ihre Anforderungen konfigurieren zu lassen. Darüber hinaus sind nicht alle Kombinationen von Schutzzielen sinnvoll. Aus diesem Grunde müssen wenig sinnvolle Schutzklassen eliminiert und für die sinnvollen Schutzklassen eine geeignete Darstellung gegenüber Nutzern (Anwendungsentwicklern und Endbenutzern) gefunden werden.

5.2 Abhängigkeiten zwischen Schutzzielen

Für die richtige Auswahl der Schutzklassen sind also die Wechselwirkungen zwischen Schutzzielen von Bedeutung. Welche Schutzziele können gleichzeitig im Interesse eines Teilnehmers stehen (Kombinationen von Schutzzielen)? Welche Schutzziele schließen sich gegenseitig aus? Welche Mechanismen bieten eine schwache Form der Erfüllung eines anderen Schutzzieles? Diesen Fragestellungen sind die folgenden Ausführungen gewidmet.

Vertraulichkeitseigenschaften:

Zeile 1 der Tabelle 4 faßt die Vertraulichkeitseigenschaften für Kommunikationsinhalte *(Vertraulichkeit)* und für Kommunikationsumstände *(Anonymität und Unbeobachtbarkeit)* zusammen. Sie sind nicht voneinander abhängig, erfüllen voneinander trennbare Sicherheitsinteressen und sind deshalb unabhängig voneinander realisierbare Schutzziele. Trotzdem können sie sich in geeigneter Form ergänzen. Außerdem kann Vertraulichkeit eine schwache Form von Unbeobachtbarkeit bieten, wenn den Beteiligten die sonst für Unbeobachtbarkeit vorhandenen Mechanismen etwa zu teuer sind: durch Verschlüsselung der Kommunikations-inhalte wäre zwar erkennbar, daß bzw. welche Teilnehmer kommunizieren, aber wenigstens nicht, worüber. Weiterhin ist es ohnehin für die Umsetzung der Schutzziele Anonymität und Unbeobachtbarkeit zu empfehlen, die Nachrichteninhalte vertraulich zu halten, um die Identifizierbarkeit eines oder aller Beteiligten aus den Dateninhalten (wie Anreden oder Adressdaten) zu verhindern.

Integritätseigenschaften:

Unter Integritätseigenschaften sind die *Integrität von Kommunikationsinhalten* und *Zurechenbarkeit des Senders und Empfängers zu einer Nachricht* zusammengefaßt. Integrität bezieht sich auf das korrekte Vorliegen (Übertragung) von Daten; Zurechenbarkeit bezieht sich auf den nachweisbaren Zusammenhang zwischen Daten und Personen. Integrität ist demzufolge Voraussetzung für Zurechenbarkeit.

Integrität ist keine schwache Form von Zurechenbarkeit, da Zurechenbarkeit noch den speziellen Aspekt der Beziehung der Daten zu einer Person beinhaltet. Zurechenbarkeit kann aber als ein starker Mechanismus genutzt werden, um Integrität zu erreichen.

Vertraulichkeits- und Integritätseigenschaften:

Vertraulichkeit und *Integrität* sind nebeneinander realisierbare Schutzziele. Vertraulichkeit schützt einerseits nicht vor Integritätsverletzungen. Andererseits kann es trotz eines Bitfehlers noch wichtig sein, die „restlichen integren" Daten vertraulich zu halten.

Vertraulichkeit und *Zurechenbarkeit*[8] sind nicht voneinander abhängig und deshalb unabhängig voneinander realisierbare Schutzziele (wenn ignoriert wird, daß bei Nachweis der Zurechnung Dritte den Inhalt erfahren; siehe auch *Unbeobachtbarkeit* und *Zurechenbarkeit*).

Anonymität und *Integrität* sind nicht voneinander abhängig und deshalb unabhängig voneinander realisierbare Schutzziele.

Bei der Umsetzung der Schutzziele *Anonymität und Zurechenbarkeit* verwendet man den speziellen Mechanismus der Pseudonyme, d.h. man ist pseudo-anonym und gibt die ursprüngliche Qualität der Anonymität auf. Insofern beeinflußt das Schutzziel Zurechen-barkeit die Anonymität. Die höchste Qualität der Anonymität ist vollständige Anonymität und Unverkettbarkeit[9]. Durch Pseudonyme wird die Unverkettbarkeit aufgegeben, um eine Balance zwischen Anonymität und Zurechenbarkeit zu gewährleisten. Es gibt verschiedene Grade von Pseudonymen, die jeweils unterschiedlich gute Äquivalente zur Anonymität bieten [PfWP_90].

Unbeobachtbarkeit und *Integrität* sind nicht voneinander abhängig und deshalb unabhängig voneinander realisierbare Schutzziele.

Unbeobachtbarkeit und *Zurechenbarkeit* lassen sich durch geeignete Einbeziehung von Dritten nebeneinander (oder miteinander) realisieren. Sie können dann zum Zeitpunkt der Kommunikation als unabhängige Schutzziele verfolgt werden. Im Streitfall aber wird nach der Kommunikation eine dritte Partei eingeschaltet, die erfährt, wer miteinander kommuniziert hat (nachträgliche „Aufgabe" der Schutzeigenschaft Unbeobachtbarkeit).

5.3 Entscheidungskriterien für Schutzziele

Entscheidend für das Finden der relevanten Schutzklassen sind die Kriterien, aufgrund derer entschieden werden kann, ob ein Schutzziel angewendet werden soll oder nicht.

Dateninhalte können mindestens in zwei *Vertraulichkeitsstufen* (vertraulich, öffentlich) eingeordnet werden. Das Kriterium dafür, ob Daten verschlüsselt werden sollten, ist also der Grad ihrer Öffentlichkeit. Nichtöffentliche (also private oder organisationsinterne und

---

8   Mit Zurechenbarkeit ist nicht die Zurechnung von in einer Nachricht enthaltenen Information zu einer bestimmten Person (die Gegenstand der Nachrichtinhalte ist), sondern die Zurechnung einer Nachricht zu einem Sender und einem Empfänger gemeint.

9   Unverkettbarkeit besagt, es gibt keine Möglichkeit der Verkettung mehrerer Aktionen und ihres Ausführenden.

insofern vertrauliche) Daten sollten unbedingt verschlüsselt werden; öffentliche Daten müssen nicht zwingend verschlüsselt werden.

Abhängig vom Vertrauen in den Kommunikationspartner ist, ob man vor ihm anonym bleiben will. *Anonymität* ist demzufolge sehr individuell von der gegebenen Situation abhängig. Entscheidend für das Schutzziel Anonymität kann auch sein, in welcher Rolle sich die Beteiligten in der Kommunikationsbeziehung sehen. Behörden, Beratungsstellen oder Händler, die der Umwelt gegenüber als vertrauenswürdig gelten wollen, verzichten meist darauf, anonym zu sein. Für individuelle Beteiligte, die unverbindliche Informationen einholen wollen, spielt Vertrauenswürdigkeit weniger eine Rolle, so daß sie durchaus ohne Schaden anonym bleiben können. Um einen möglichst hohen Grad an Privatheit (Privacy) zu erreichen, sollten Endbenutzer wenn nicht immer, so zumindest so oft wie möglich anonym kommunizieren.

Gleiches gilt für das Schutzziel *Unbeobachtbarkeit*. Sollen Außenstehende z.B. nicht überwachen können, mit welchen Versandhäusern ein Teilnehmer wann kommuniziert, dann sollte man Unbeobachtbarkeitsmechanismen einsetzen. Dies sollte zumindest dann geschehen, wenn ein Angreifer im Netz als wahrscheinlich angesehen werden muß.

Integrität nimmt eine besondere Rolle ein; sie bildet die Grundlage der korrekten Datenübertragung und damit der Kommunikation an sich. Da die technische Integrität der heutigen Netze ohnehin sehr hoch ist und somit als Kommunikationsgrundlage immer als gegeben vorausgesetzt werden sollte, ist sie nicht abwählbar im Sinne mehrseitiger Sicherheit. Es kann nur darüber entschieden werden, ob zusätzliche Mittel zur Erreichung von Integrität trotz intelligenter Angreifer eingesetzt werden sollen.

Der Wunsch nach *Zurechenbarkeit* ist abhängig vom Anwendungskontext. Beispiele für Aktionen, die Rechtspflichten begründen, verändern, erfüllen oder beenden, werden in [Grim_94] aufgeführt. Solche Aktionen verschieben das bestehende rechtliche Gleichgewicht und müssen deshalb zurechenbar geschehen, um einerseits die Authentizität der Nachrichten überprüfbar zu machen und andererseits Vertragspartnern bei Nichterfüllung des Vertrags eine Grundlage zur rechtlichen Einbeziehung von Dritten zu geben.

5.4 Einordnung der Kriterien in Bezugsebenen

Kriterien zur Anwendung von Schutzzielen wurden auf verschiedenen Ebenen gefunden. Für deren Ordnung lassen sich die folgenden Bezugsebenen finden:

Schutzzielbezug: Die Ebene „Schutzzielbezug" beinhaltet eine nach Meinung von Sicherheitsexperten sinnvolle Grundeinstellung von Schutzzielen. Diese Grundeinstellungen sind so gewählt, daß durch ihre Beibehaltung den Teilnehmern aus Sicherheitssicht kein Schaden entsteht. Unberücksichtigt blieben dabei Aspekte wie Verfügbarkeit und Performance von Sicherheitsmechanismen sowie Kosten bzw. Aufwände, die zu ihrem Einsatz notwendig sind. Auf allen tieferen Bezugsebenen können zu dieser Ebene Ausnahmen oder zusätzliche Anforderungen definiert werden.

Anwendungsbezug: Anforderungen, die durch die Anwendung implizit aufgestellt werden. Spezielle Anwendungen können einzuhaltende Schutzziele bzw. anzuwendende Mechanismen fest vorgeben (protokollimmanente Mechanismen).

Rollenbezug: Anforderungen, die durch die Rolle, die Nutzer innerhalb der Anwendung inne haben, entstehen.

Partnerbezug: Anforderungen bzw. Ausnahmen, die das Verhältnis oder das Vertrauen zu einem Kommunikationspartner mit sich bringt. Das Verhältnis zum Partner kann grundsätzlich auf allen Bezugsebenen konkretisiert werden, wovon hier zunächst abgesehen wird.

Aktionsbezug: Anforderungen und Ausnahmen, die durch die Ausführung einer Aktion bzw. den Zweck der Ausführung einer Aktion entstehen.

Nachrichtenbezug: Anforderungen und Ausnahmen, die durch die Nachrichteninhalte entstehen. Der Nachrichtenbezug kann weiter aufgeteilt werden in sende- bzw. empfangsbezogen, was aber für die Betrachtungen vernachlässigbar ist, da sich die Schutzziele auf dieser Ebene nicht mehr verändern.

Weiterhin können die Verfügbarkeit und Performance von Mechanismen und Kosten ihrer Anwendung und Wartung eine Rolle spielen. Diese Kriterien werden im vorliegenden Artikel lediglich sekundär betrachtet.

Auf Basis dieser Bezugsebenen wurde versucht, die Enscheidungskriterien für die ausgewählten Schutzziele einzuordnen. In Tabelle 5 sind die Ergebnisse dargestellt. Es sind – ausgehend von der Grundeinstellung in Zeile 2 – auf den jeweiligen Bezugsebenen mindestens folgende Ausnahmen möglich:

Bezogen auf die Rolle, die ein Teilnehmer innerhalb einer Anwendung inne haben kann, kann eine Ausnahme von der Grundeinstellung „immer anonym" notwendig werden, wenn ein Teilnehmer eine *öffentliche* bzw. *vertrauenswürdige Rolle* (oder Server-Rolle als Diensteoder Informationsanbieter) inne hat und vertrauenswürdig wirken will. Somit identifiziert er sich gegenüber den Kommunikationspartnern. Eine öffentliche Rolle sollte aber nicht dazu führen, daß der Diensteanbieter ständig zurechenbar sendet; dies muß für den Fall der Einzelaktionen entschieden werden.

Zur Aufgabe der Anonymität kann auch das partnerbezogene Kriterium des *Vertrauens in den Kommunikationspartner* beitragen. Vertraut man seinem Kommunikationspartner (z.B. weil man ihn privat kennt oder weil er bei Geschäftstransaktionen noch nie enttäuscht hat oder weil man seine personenbezogenen Rabatte und Sonderleistungen ausschöpfen will[10]), gibt man seine Identität bzw. einen Teil davon preis. Dieses Kriterium kann auch dazu verleiten, eventuell notwendigerweise zurechenbar zu gestaltende Aktionen unzurechenbar durchzuführen; davor wird gewarnt.

Auf der Aktionsebene wird anhand des Kriteriums, ob eine Aktion einen *rechtlichen Gleichgewichtszustand ändert* (einen Verpflichtungszustand begründet, verändert oder erfüllt) darüber entschieden, ob eine Aktion zurechenbar durchgeführt wird. Meist hat mindestens der Sender einer gleichgewichtsverschiebenden Nachricht ein Interesse daran, diese zurechenbar durchzuführen, um im Streitfall später nachweisen zu können, daß er seine Pflicht erfüllt und – im Idealfall – daß der Empfänger seine Leistungen auch erhalten hat.

Als weiteres bzw. untergeordnetes Kriterium auf Aktionsebene kann überprüft werden, ob eine Aktion eine *Folgeaktion erforderlich* macht. Dies ist dann der Fall, wenn ein Gleichgewichtszustand geändert wird; die Aktion muß also (aus den gleichen Gründen wie oben) zurechenbar ausgeführt werden. Die erforderliche Folgeaktion auf eine Auftragserteilung ist zum Beispiel die Lieferung einer Ware, auf eine Zahlung eine Quittung. Auch diese erforderliche Folgeaktion muß zurechenbar gestaltet sein, da durch sie ein Gleichgewichtszustand geändert wird. Ist für sie keine Folgeaktion mehr erforderlich, ist sie die abschließende Aktion einer verbindlichen Phase (z.B. Quittung).

Öffentliche Nachrichteninhalte können sinnvollerweise die Aufgabe der Vertraulichkeit zur Folge haben. Das ist insbesondere dann der Fall, wenn entweder ein (sehr) großer bzw. unbeschränkter Personenkreis erreicht werden soll bzw. das Bekanntwerden der Nachrichteninhalte keinen Schaden verursachen kann und wenn Schlüsselverteilung etc. einen sehr hohen Aufwand bedeuten würde.

---

[10] Letzteres fällt nicht unter „ich vertraue dem Kommunikationspartner", sondern „ich bekomme bessere Leistungen, wenn ich einen Teil oder meine ganze Identität preisgebe".

	Vertraulichkeit	Anonymität	Unbeobacht-barkeit	Integrität	Zurechen-barkeit
Schutzziel-bezug = Grund-einstellung	immer vertraulich	immer anonym	immer unbeobachtbar	immer integer	nie zurechenbar
Anwendungs-bezug[11]	-	-[12]	-	-	-[8]
Rollenbezug	-	vertrauenswür-dige Rolle	-	-	[vertrauenswür-dige Rolle: in Erwägung ziehen]
Partnerbezug	-	Partner ist ver-trauenswürdig	-	-	-
Aktionsbezug	-	[Zurechenbar-keit: Pseudony-me nötig]	-	-	Verschiebung rechtl. Gleich-gewicht
Nachrichten-bezug	öffentliche Daten	-	-	-	-

Legende: -   keine Ausnahme machen
            [...]   Querbezüge innerhalb einer Ebene

Tabelle 5. Grundeinstellung und Ausnahmekriterien für Schutzziele

In den vorangehenden Abschnitten wurden Wechselwirkungen, Kriterien und Entscheidungs-ebenen von Schutzzielen bzw. Sicherheitseigenschaften diskutiert. Als Ergebnis dessen reduziert sich die Anzahl der zu diskutierenden Schutzklassen zunächst auf $2^3 = 8$, da für Integrität und Unbeobachtbarkeit keine Ausnahmen zugelassen werden (Tabelle 5). Daraus ergibt sich weiterhin, daß nur noch die Entscheidungskriterien für die Schutzziele Vertraulichkeit, Anonymität und Zurechenbarkeit für die Bildung attributierter Aktions-klassen relevant sind (siehe Abschnitt 5).

6 Attributierte Aktionsklassen

Durch die Ordnung der gefundenen Kriterien mittels Bezugsebenen wird eine Strukturierung der Entscheidungsgrundlagen und im weiteren Sinne die Bildung von attributierten Aktionsklassen möglich. Aus den Beispielkriterien in Tabelle 5 lassen sich demnach die folgenden fünf attributierten Aktionsklassen zur Sicherheitsattributierung von Aktionen ermitteln (siehe Tabelle 6). Einzelne Schutzziele werden durch die Operatoren Op1 bis Op4 modifiziert, die bei Anwendung auf die Grundeinstellung $K_{SA}0$ die attributierten Aktionsklassen $K_{SA}1$ bis $K_{SA}4$ ergeben. Die Schutzziele sind dabei durch ihre Anfangs-buchstaben abgekürzt (V=Vertraulichkeit, A=Anonymität, usw.); $\uparrow$ = Schutzziel umsetzen; $\downarrow$ = Schutzziel nicht umsetzen; die grauen Kästchen heben die direkten Auswirkungen der Operatoren, die weißen Kästchen (eventuelle) sekundäre Auswirkungen der Operatoren auf die Schutzziele hervor.

$K_{SA}0$ stellt eine Grundeinstellung dar, die unabhängig von den anderen Bezugsebenen ist und von der auf den „tieferen Ebenen" Ausnahmen gemacht werden können. $K_{SA}1$ und $K_{SA}2$ haben jeweils Auswirkungen auf die Anonymität.

---

[11] Anwendungsbezogen können Ausnahmen erforderlich sein, sobald eine Echtzeit-Anwendung oder synchrone Kommunikation einen Mechanismus mit hoher Performance/Durchsatzleistung erfordert. Dieses Kriterium wird zunächst außer Acht gelassen.

[12] Ausnahmen aufgrund gesetzlicher oder dienstlicher Vorschriften sind denkbar.

attributierte Aktionsklasse K_{SA}		Schutzklasse K_s bzw. Operatoren Op					
$K_{SA}0$:	**empfohlene Grundeinstellung** $\downarrow$	K_S:	V $\uparrow$	A $\uparrow$	U $\uparrow$	I $\uparrow$	Z
$K_{SA}1$:	**vertrauenswürdige Rolle in Anwendung** $\uparrow$ (Infoanbieter identifiziert sich)	Op1:		[A $\downarrow$]			[Z]
$K_{SA}2$:	**Partner ist vertrauenswürdig** (Partner kennen sich)	Op2:		[A $\downarrow$]			
$K_{SA}3$:	**Aktion verschiebt rechtliches Gleichgewicht** $\uparrow$ (z.B. Verträge, Quittungen)	Op3:		[A $\downarrow$]			[Z]
$K_{SA}4$:	**Nachrichteninhalte sind öffentlich** (z.B. Ankündigungen von Veranstaltungen, etc.)	Op4:	[V $\downarrow$]				

Tabelle 6. Attributierte Aktionsklassen

Aufgrund der voneinander unabhängigen Realisierbarkeit der Schutzziele Vertraulichkeit, Anonymität und Zurechenbarkeit (vgl. Abschnitt 4.2) können die angegebenen attributierten Aktionsklassen (bzw. Operatoren) ohne komplizierte Wechselwirkungen kombiniert werden.

Betrachtet man den Verlauf eines Geschäftsablaufes, dann spielt die Monotonie der Schutzziele eine Rolle. Anonymität kann z.B. im Rahmen einer „Geschäftsbeziehung" nie zunehmen, sondern nur abnehmen, d.h. einmal aufgegebene Anonymität kann nicht wiedererlangt werden.

Durch die gebildeten attributierten Aktionsklassen können Anwendungsentwickler und Endbenutzer auf verschiedenen Ebenen (siehe Bezugsebenen in Abschnitt 4.4) unterstützt werden. Im Abschnitt 5.1 wird zunächst ihre Anwendbarkeit auf verschiedene verteilte Anwendungen überprüft, um Aussagen zur Wiederverwendbarkeit machen zu können.

6.1 Die Anwendbarkeit der attributierten Aktionsklassen

An zwei Beispielen – einem Teleshopping- und einem Telewahl-Szenario – soll die Anwendbarkeit der entwickelten attributierten Aktionsklassen überprüft werden. Dazu werden jeweils die (möglichen bzw. plausiblen) Interessen der Beteiligten für die charakteristischen Aktionen des Beispiels aufgelistet. Sie beinhalten die Sicherheitsinteressen der Teilnehmer, über die im Konfliktfall ausgehandelt werden muß.

Die Pfeile in den Tabellen 7 und 8 zeigen die Kommunikationsrichtung der jeweiligen Aktion an. In runden Klammern sind die möglicherweise zusätzlich anzuwendenden attributierten Aktionsklassen angegeben. Geschweifte Klammern machen deutlich, daß der Teilnehmer dieses Schutzziel nicht wirklich selbst wünscht, es aber aufgrund der Umstände und der Erreichung des Kommunikationsziels trotzdem akzeptieren muß.

6.1.1 Das Teleshopping

Für die in Abbildung 2 dargestellten, charakteristischen Aktionen sind aus Sicht der Beteiligten (Kunde und Händler) die in Tabelle 7 gezeigten, attributierten Aktionsklassen anzuwenden.

Der Händler steht gegenüber seinen Kunden in einer öffentlichen Rolle, er möchte ihnen gegenüber Vertrauen erwerben und wählt deswegen für diese Anwendung (bzw. im Rollenbezug und damit für alle Aktionen der Anwendung) $K_{SA}1$. Da angenommen wird, daß Kunde und Händler am Beginn einer Geschäftsbeziehung stehen und der Kunde ohne weitere

Verpflichtungen ein Angebot einholen möchte, wird er gegenüber dem Händler anonym bleiben wollen und bleibt deshalb im Rollenbezug bei der Grundeinstellung $K_{SA}0$. Da demnach bisher auch keine „vertrauensbildende" Kommunikation stattgefunden hat, trifft die Ausnahme $K_{SA}2$ ebenfalls nicht zu.

Kunde	K_{SA}	Händler	K_{SA}
A_1 Kataloganfrage →			
für sich (als Sender)	0	für Kunden (als Sender)	1
für Händler (als Empfänger)	1 (& 3)	für sich (als Empfänger)	1
A_2 Katalog senden/Preisauskunft ←			
für sich (als Empfänger)	0	für Kunden (als Empfänger)	1 (& 3)
für Händler (als Sender)	1 (& 3)	für sich (als Sender)	1 {& 3}
A_3 Bestellung senden →			
für sich (als Sender)	1 ∨ 0 & 3	für Kunden (als Sender)	1 (& 3)
für Händler (als Empfänger)	1 & 3	für sich (als Empfänger)	1 {& 3}
A_{4a} Lieferbestätigung ←			
für sich (als Empfänger)	0 {& 3}	für Kunden (als Empfänger)	1 (& 3)
für Händler (als Sender)	1 & 3	für sich (als Sender)	1 (& 3)
A_{4b} Warensendung ←			
für sich (als Empfänger)	0 {& 3}	für Kunden (als Empfänger)	1 & 3
für Händler (als Sender)	1 & 3	für sich (als Sender)	1 (& 3)
A_{4c} Rechnung senden ← Es gelten die Aussagen wie für A_{4a}.			
A_{5a} Empfangsbestätigung →			
für sich (als Sender)	0 {& 3}	für Kunden (als Sender)	1 (& 3)
für Händler (als Empfänger)	1 (& 3)	für sich (als Empfänger)	1 {& 3}
A_{5b} Zahlung →			
für sich (als Sender)	0 {& 3}	für Kunden (als Sender)	1 (& 3)
für Händler (als Empfänger)	1 & 3	für sich (als Empfänger)	1 {& 3}
A_6 Zahlungsempfangsquittung senden ←			
für sich (als Empfänger)	0 (& 3)	für Kunden (als Empfänger)	1 (& 3)
für Händler (als Sender)	1 & 3	für sich (als Sender)	1 {& 3}

Tabelle 7. Die attributierten Aktionsklassen für Teleshopping

Spätestens ab der Aktion „Bestellung senden" (A_3) tritt die Kommunikation in eine verbindliche Phase ein, das rechtliche Gleichgewicht von Verpflichtungsszuständen wird verschoben und $K_{SA}3$ kommt zur Anwendung. Für alle folgenden Aktionen trifft dieses Kriterium ebenfalls zu. Die verbindliche Phase endet erst mit der Aktion „Zahlungsempfangsquittung senden" (A_6).

$K_{SA}4$ wird in diesem Fall nicht angewendet, da schon die Kataloganfrage Interessensdaten des Kunden offenbaren kann. Beim Eintritt in die verbindliche Phase sind auch die Daten offensichtlich personenbezogen und schützenswert. Lediglich bei A_2 wäre die Anwendung der Ausnahme $K_{SA}4$ möglich, wenn der Katalog ein öffentlicher Standardkatalog ist.

6.1.2 Die Telewahl

Als weiteres Beispiel wird eine Telewahl diskutiert. Die Beteiligten an einer Telewahl sind (in abstrahierter Form) einerseits der Wähler (der individuelle Bürger) und andererseits das Telewahlbüro bzw. Wählerverzeichnis (also eine für eine bestimmte Anzahl von Bürgern zentrale Behörde). Die in Abbildung 3 dargestellten Aktionen sind für eine Telewahl charakteristisch. Die Durchführung der Aktionen A_3, A_4 und A_{5a} ist optional und alternativ zur Ausführung der Aktion A_{5b} zu sehen. Es wird angenommen, daß bekannt ist, wer wählt, aber nicht, wen. Die darüber hinaus interessanten Fälle, daß nach der Wahl nicht feststellbar sein soll, wer gewählt hat oder sogar wer hätte wählen können, werden nicht betrachtet.

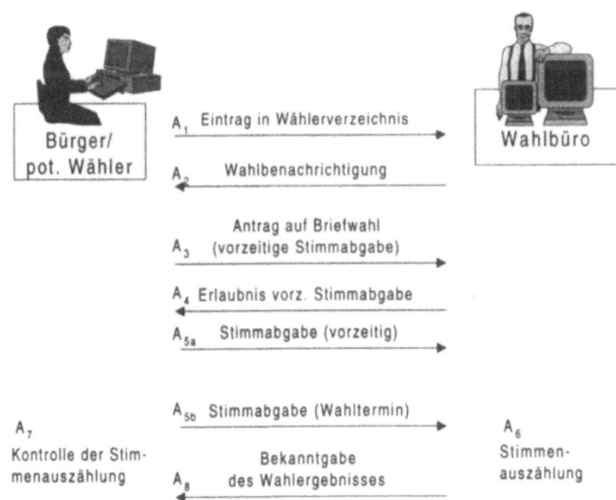

Abbildung 3. Charakteristische Aktionen einer Telewahl

Wendet man die Kriterien für Sicherheitseigenschaften bzw. attributierte Aktionsklassen an, ergibt sich folgender Sachverhalt: Das Wählerverzeichnis bzw. Wahlbüro ist eine öffentliche Einrichtung; $K_{SA}1$ kommt zur Anwendung (dies ist evtl. sogar gesetzlich vorgeschrieben). Anonymität (oder mindestens nichtaufdeckbare Pseudonymität[13]) des Bürgers muß auf jeden Fall für die Aktionen A_{5a} bzw. A_{5b} gegeben sein, um die Zurückverfolgbarkeit der Identität des Wählers zu verhindern. Diese Pseudonymität kann protokollimmanent oder durch Aufsetzen von entsprechender Funktionalität erreicht werden[14]. $K_{SA}2$ kommt nicht zur Anwendung.

Im Telewahl-Beispiel existieren zunächst zwei verbindliche Phasen, während deren Aktionen rechtliche Gleichgewichte verschoben werden ($A_1 - A_2$ sowie $A_3 - A_4$), also die Ausnahme $K_{SA}3$ angewendet werden sollte. Auf A_1 erhält der Bürger eine Empfangsbestätigung in Form einer Wahlbenachrichtigung (A_2). Darauf bleibt es dem Bürger überlassen, tatsächlich zu wählen oder nicht. Gleiches gilt auch für die Aktionen A_3 und A_4. Da der Wähler eine (positive oder negative) Mitteilung über seinen Antrag auf vorzeitige Stimmabgabe A_3 erwartet, sollte er zum Erhalt eines Nachweises (Zurechenbarkeit des Senders, des Sendens und des Empfangs) die Aktion A_3 zurechenbar gestalten. Als Nachweis über die erbrachte Leistung (und zur nachweisbaren Wahlberechtigung des Bürgers) wird diese Mitteilung wiederum zurechenbar gesendet (Zurechenbarkeit des Senders und des Empfängers). Für die Aktionen A_{5a} bzw. A_{5b} muß einerseits Anonymität bzw. Pseudonymität des Wählers gewährleistet sein; andererseits muß überprüfbar sein, daß die Person wahlberechtigt ist

---

13 In diesem Fall ist es so, daß die Rechtsverbindlichkeit des Bürgers notwendig ist, weswegen demnach Pseudonyme verwendet werden müssen, sobald Anonymität gewünscht wird.

14 Anonymität (inkl. Unbeobachtbarkeit durch Dritte) ist dann nötig, wenn das Auszählen (bzw. das Wahlverfahren) die Anonymität nicht gewährleistet (Problem des kryptographischen Wahlprotokolls) und sie deshalb via Telekommunikation gewährleistet werden muß.

(Authentizität). Zu A_{5a} und A_{5b} kann eventuell aus kryptographischen Gründen eine Folgeaktion notwendig werden, und zwar die Kontrolle des Wählers, ob seine Stimme auch gezählt wurde (A_7). A_8 verschiebt das rechtliche Gleichgewicht nicht, muß also nicht zurechenbar ablaufen.

Bürger/Wähler	K_{SA}	Wählerverzeichnis/Wahlbüro	K_{SA}
A_1 Eintrag in Wählerverzeichnis →			
für sich (als Sender)	0 {& 3}	für Bürger (als Sender)	1 & 3
für Wahlbüro (als Empfänger)	1 & 3	für sich (als Empfänger)	1 {& 3}
A_2 Wahlbenachrichtigung ←			
für sich (als Empfänger)	0 {& 3}	für Bürger (als Empfänger)	1 & 3
für Wahlbüro (als Sender)	1 & 3	für sich (als Sender)	1 {& 3}
A_3 Antrag auf vorzeitige Stimmabgabe (Briefwahl) →			
für sich (als Sender)	0 {& 3}	für Bürger (als Sender)	1 & 3
für Wahlbüro (als Empfänger)	1 & 3	für sich (als Empfänger)	1 {& 3}
A_4 Erlaubnis vorzeitiger Stimmabgabe ←			
für sich (als Empfänger)	0 {& 3}	für Bürger (als Empfänger)	1 & 3
für Wahlbüro (als Sender)	1 & 3	für sich (als Sender)	1 {& 3}
A_{5a} Stimmabgabe (vorzeitig) →			
für sich (als Sender)	0 {& 3}	für Bürger (als Sender)	0 & 3
für Wahlbüro (als Empfänger)	1 & 3	für sich (als Empfänger)	1 {& 3}
A_{5b} Stimmabgabe (Wahltermin) → Es gelten die Aussagen wie für A_{5a}.			
A_6 Stimmenauszählung[15]			
für sich	-	für Bürger	-
für Wahlbüro	-	für sich	-
A_7 Kontrolle der Stimmenauszählung			
für sich	-	für Bürger	-
für Wahlbüro	-	für sich	-
A_8 Bekanntgabe des Wahlergebnisses ← (Broadcast)			
für sich (als Empfänger)	0 & 4	für Bürger (als Empfänger)	1 & 4
für Wahlbüro (als Sender)	1 & 3 & 4	für sich (als Sender)	1 {& 3} & 4

Tabelle 8. Die attributierten Aktionsklassen für eine Telewahl

Da es sich um personenbezogene Daten bzw. Interessensdaten handelt, sollte generell vertraulich kommuniziert werden, d.h. keine Anwendung der Ausnahme $K_{SA}4$. Lediglich auf die Aktion A_8 trifft die Ausnahme $K_{SA}4$ zu, da das Wahlergebnis öffentlich bekanntgegeben wird.

Zusammenfassend läßt sich feststellen, daß die gebildeten attributierten Aktionsklassen für die betrachteten Beispiele anwendbar sind. Am Telewahl-Beispiel wurde deutlich, daß es, um noch spezifischere Aussagen zur Zurechenbarkeit machen zu können, einer genaueren Definition der jeweils tatsächlich gewünschten Ziele (unterscheide z.B. Zurechenbarkeit des Senders, des Empfängers, Authentizität) bedarf.

6.2 Mögliche Umsetzung zur Nutzerunterstützung

In geeigneten Entwicklungsstufen von Anwendungsentwicklung bis zur –ausführung sollten die gefundenen attributierten Aktionsklassen in geeigneter Weise integriert werden. Dies bedeutet zum Beispiel die Bildung einer Bibliothek oder eines erweiterten API für Sicherheitsfunktionalität. Dieses API enthielte von **Sicherheitsexperten** unter Zuhilfenahme

---

[15] Für die Aktionen Stimmenauszählung (A_6) und Kontrolle der Stimmenauszählung (A_7) kann ein geeignetes kryptographisches Protokoll implementiert werden. Ohne dieses müßten die Aktionen „vor Ort" ausgeführt werden und wären somit keine Kommunikationsaktionen.

der attributierten Aktionsklassen definierte Standardvorgaben. Auf dieser Basis sind dem **Anwendungsentwickler** auf einfache Weise mindestens anwendungs- und rollenbezogene sowie aktionsbezogene Vorentscheidungen möglich.

✓ Grundeinstellung: vertraulich, anonym, unbeobachtbar, integer, nicht zurechenbar

<u>Sie können in folgenden Fällen Ausnahmen vornehmen:</u>

☐ Sie haben eine öffentliche Rolle inne, wollen vertrauenswürdig sein und deshalb nicht anonym bleiben.

☐ Ich vertraue meinem Kommunikationspartner und identifiziere mich deshalb ihm gegenüber.

☐ Diese Aktion verschiebt das rechtliche Gleichgewicht; ich möchte gern zurechenbar kommunizieren.

☐ Diese Nachrichteninhalte sind öffentlich und brauchen nicht vor Dritten geheimgehalten zu werden.

Abbildung 4. Mögliche Umsetzung in der Nutzungsoberfläche

Die Vorgaben von Sicherheitsexperten und Anwendungsentwicklern werden in die Anwendungen integriert, so daß dem **Endbenutzer** Standardeinstellungen für die Sicherheitsattribute der auszuführenden Aktionen vorgegeben werden. Diese Standardeinstellungen sollen für die jeweilige Geschäftsaktion geeignete voreingestellte Sicherheitsattribute beinhalten, sind aber durch den Endbenutzer modifizierbar. Zu diesem Zweck ist dem Endbenutzer eine Interaktionsschnittstelle zur Verfügung zu stellen; eine Möglichkeit dazu zeigt Abbildung 4. Diese muß jeweils die Sicht des Beteiligten (z.B. Sender oder Empfänger einer Nachricht) widerspiegeln.

7 Zusammenfassung und Ausblick

Im vorliegenden Papier wurde eine Grundeinstellung für Schutzziele zur Kommunikationssicherheit und ein minimaler Satz an Operatoren auf den Schutzzielen erarbeitet, mit dem alle Kombinationen von Schutzzielen gebildet werden können. Jedem der Operatoren wurde eine Schutzklasse zugeordnet und eine umgangssprachliche Semantik gegeben (attributierte Aktionsklassen). Durch die Anwendung der Operatoren auf die Grundeinstellung werden die Schutzklassen konfiguriert. Ein weiterer Arbeitsinhalt ist, den Design- und Entwicklungsprozeß verteilter Anwendungen zu analysieren und die Attributierungsstufen geeignet in diesen Prozeß zu integrieren.

Es wurde weiterhin gezeigt, daß die gebildeten attributierten Aktionsklassen für verschiedene Anwendungsszenarien verwendbar sind. Dabei bilden das Teleshopping und die Telewahl relativ stark vorstrukturierbare Kommunikationsschritte ab. Teil der zukünftigen Arbeit muß sein, die Anwendbarkeit der attributierten Aktionsklassen auch auf unstrukturierte Anwendungen mit unspezifizierteren Aktionen, wie z.B. Electronic Mail, zu testen und dabei auftretende Probleme zu lösen. Weitere Arbeitsschritte bestehen in der Differenzierung der Zurechenbarkeit (nach Sender, Empfänger, Authentizität), die Generierung von Standardvorgabewerten für Aktionen und die Einbeziehung der jeweiligen Sicht der Beteiligten auf die Aktionen. Auf diese Weise kann Konfigurierungsaufwand gespart und die Nutzerakzeptanz für den Einsatz von Sicherheitsmechanismen erhöht werden.

Verfügbarkeits-, Performance- und Kostenanforderungen sind in diesem Papier nicht diskutiert worden. Es gibt verteilte Anwendungen mit sehr hohen Anforderungen an Echtzeit und Durchsatz, wie z.B. Videokonferenzen. In solchen Fällen kann der Wunsch nach hohen Übertragungsraten dem nach gesicherter Kommunikation entgegenstehen. Lösungsmöglichkeiten liegen dann in der geeigneten Auswahl eines leistungsstarken Algorithmus bzw. im Extremfall auch im Verzicht auf eine gesicherte Übertragung. Die attributierten Aktionsklassen müssen dem Anwendungsprogrammierer also auch eine Möglichkeit bieten, Performanceanforderungen zu formulieren. Ein erster Ansatz hierfür findet sich in [Grün_98], wo u.a. die Sicherheitsstufe performance-critical vorgeschlagen wird.

8 Danksagung

Für rege Diskussionen danke ich Andreas Pfitzmann; für Anregungen und Hinweise darüber hinaus den Teilnehmern des Workshops Sicherheit und Electronic Commerce, den Teilnehmern der Arbeitstreffen des Daimler-Benz-Kollegs „Sicherheit in der Kommunikationstechnik" und den SSONET-Projektmitarbeitern.

9 Literatur

Grim_94   R. Grimm: Sicherheit für offene Kommunikation – Verbindliche Telekooperation. Sicherheit in der Informations- und Kommunikationstechnik, Band 4, Hrsg: P. Horster, BI Wissenschaftsverlag, 1994

Grün_98   P. Grünewald: Plausibilitätsuntersuchungen für nutzerkonfigurierte Sicherheitsmechanismen. Diplomarbeit TU Dresden, August 1998

PSWW_98   A. Pfitzmann, A. Schill, A. Westfeld, G. Wicke, G. Wolf, J. Zöllner: A Java-based distributed platform for multilateral security. Trends in Electronic Commerce, Hamburg, Juni 1998, LNCS 1402

PfWP_90   B. Pfitzmann, M. Waidner, A. Pfitzmann: Rechtssicherheit trotz Anonymität in offenen digitalen Systemen. Datenschutz und Datensicherung DuD 14/5-6 (1990) 243-253, 305-315

RaPM_97   K. Rannenberg, A. Pfitzmann, G. Müller: Sicherheit, insbesondere mehrseitige IT-Sicherheit. In G. Müller, A. Pfitzmann (Hrsg.): Mehrseitige Sicherheit in der Kommunikationstechnik; Addison-Wesley, 1997

RDLM_95   Kai Rannenberg, Herbert Damker, Werner Langenheder, Günter Müller: Mehrseitige Sicherheit als integrale Eigenschaft von Kommunikationstechnik – Kolleg „Sicherheit in der Kommunikationstechnik" eingerichtet. In: Kubicek, Müller, Neumann, Raubold, Roßnagel (Hrsg): Jahrbuch „Telekommunikation & Gesellschaft" 1995, R. v. Decker's Verlag, Heidelberg 1995, S. 254-260

ScWa_97   M. Schunter, M. Waidner: Architecture and Design of a Secure Electronic Marketplace. 8th Joint European Networking Conference (JENC8), Edinburgh, June 1997, 712.1-712.5

SEMPER   http://www.semper.org

SSONET   http://wwwrn.inf.tu-dresden.de/RESEARCH/ssonet/ssonet.html

Ein unscharfes Bewertungskonzept für die Bedrohungs- und Risikoanalyse Workflow-basierter Anwendungen

Arndt Schönberg

Wilfried Thoben

Oldenburger Forschungs- und Entwicklungsinstitut für
Informatik-Werkzeuge und -Systeme (OFFIS),
Escherweg 2, 26121 Oldenburg
[schoenberg|thoben]@offis.uni-oldenburg.de

Zusammenfassung

Im Rahmen dieser Arbeit wird ein auf Fuzzy-Logik basierendes Bewertungskonzept entwickelt, das es erlaubt, sowohl kardinale als auch ordinale Bewertungen im Rahmen einer Bedrohungs- und Risikoanalyse Workflow-basierter Anwendungen zu verwenden. Innerhalb eines System-Metamodells werden dabei linguistische Variablen zur Beschreibung der Systemelementeigenschaften eingesetzt. Das konkrete Analyseverfahren auf Basis eines definierten Risikomodells wird in Form eines Fuzzy-Reglers realisiert, wobei spezifische Regelbasen genutzt und zur Präsentation der Analyseergebnisse eine Interpretationshilfe angeboten werden.

1 Einleitung und Motivation

Bei der Entwicklung von Anwendungssystemen stehen heutzutage die in dem Unternehmen ablaufenden Arbeitsvorgänge im Mittelpunkt. Die Forschungsgebiete der Geschäftsprozeßmodellierung des Workflow-Management legen diese prozeßorientierte Sichtweise zugrunde und führen zur verstärkten Entwicklung von sogenannten Workflow-basierten Anwendungen (siehe [JBS97, VB96]). Dabei werden bisher jedoch ausschließlich betriebswirtschaftliche Zielsetzungen betrachtet und sicherheitstechnische Belange kaum bzw. gar nicht berücksichtigt.

Für die Sicherheitsanalyse Workflow-basierter Anwendungen werden Instrumente benötigt, die Konsequenzen von Bedrohungen auf ein Anwendungssystem kontrollieren und auf Schwachstellen in dem System hinweisen können. Ein solches Instrument ist die Bedrohungs- und Risikoanalyse, deren Vorgehen sich in mehrere Phasen gliedert. Zu Beginn werden das zu untersuchende System modelliert und die zu erfüllenden Sicherheitsanforderungen formuliert. Im Anschluß werden, so weit dies möglich ist, alle Bedrohungen identifiziert, die auf das System einwirken können, und das Risiko für die einzelnen Komponenten und das gesamte System ermittelt. Hierbei werden vorhandene Sicherheitsmechanismen berücksichtigt. In der letzten Phase werden die an das System gestellten

Sicherheitsanforderungen überprüft. Aufgrund der Ergebnisse kann das System modifiziert und anschließend einer erneuten Analyse unterworfen werden (siehe [TKP+88, KPK+89]).

Die Durchführung der Bedrohungs- und Riskoanalyse geschieht häufig mit Hilfe von rechnergestützten Werkzeugen (vergl. [Ste93]). Die verwendeten Analyseverfahren benutzten zur Bewertung der Bedrohungen und Risiken entweder das kardinale oder ordinale Bewertungskonzept. Bei dem kardinalen Verfahren werden exakte Zahlen für die benötigten Werte verwendet, bei dem ordinalen Verfahren werden Intervalle zu einem Wert zusammengefaßt.

Viele der benötigten Eingabedaten wie z.B. die Eintrittswahrscheinlichkeiten von Bedrohungen oder der Wirkungsgrad von Sicherheitsmechanismen sind oft nicht präzise, korrekt und/oder vollständig bekannt und müssen im allgemeinen von den Anwendern geschätzt werden. Durch die Schätzungen entstehen Fehler, die sich bei Verknüpfung der Ergebnisse erhöhen können. Des weiteren sind durch die Komplexität von Systemen und durch die Exaktheit bei der Beschreibung Grenzen für die Genauigkeit von Ergebnissen gegeben (siehe [Sch84]). Die Ergebnisse dieser Analysewerkzeuge sind also lediglich pseudoexakt. Darüber hinaus könnte eine umgangssprachliche Beschreibung der benötigten Werte in vielen Fällen das Verständnis der Resultate erhöhen, die auftretenden Fehler berücksichtigen und doch verständlich sein (siehe [dRE96]).

Im Rahmen dieser Arbeit wird daher ein unscharfes Bewertungskonzept für die Bedrohungs- und Risikoanalyse Workflow-basierter Anwendungssysteme entwickelt, welches auf Fuzzy-Logik basiert (vgl. [Sch98, dRE96]). Die modellierten Objekte (z.B. Systemelemente, Sicherheitsmechanismen, Beziehungen) können genau wie die zugehörigen Attribute frei definiert werden. Damit bietet das entworfene Konzept einen größeren Freiheitsgrad der Modellierung als die meisten anderen vergleichbaren Konzepte. Die Attribute sollen sowohl kardinal als auch ordinal beschrieben werden können. Die Analyse ist in Form eines Fuzzy-Reglers realisiert, der sein Analysewissen aus einer Reihe von Regelbasen bezieht. Am Ende der Analyse stellt das Konzept dem Anwender eine Interpretationshilfe zur Verfügung, die aus den zurückgegeben Fuzzy-Mengen eine verbale Beschreibung formuliert.

Der weitere Verlauf der Arbeit ist folgendermaßen gegliedert: Zunächst werden in Abschnitt 2 die relevanten Grundlagen erläutert. Anschließend wird in Abschnitt 3 ein System-Metamodell vorgestellt, das als Ausgangsbasis für einer jederzeit erweiterbare Systemmodellierung genutzt wird. Weiterhin werden die Sicherheitsanforderungen sowie die verwendeten Fuzzy-Mengen und linguistischen Variablen eingeführt. Abschnitt 4 beschreibt das Risikomodell, welches zur Analyse von Bedrohungen und daraus resultierenden Risiken für ein Anwendungssystem eingesetzt wird. Das unscharfe Bewertungskonzept wird dann in Abschnitt 5 dargestellt. Es besteht aus einer spezifischen Inferenzkomponente (Abschnitt 5.1) und benötigt verschiedene Regelbasen, in denen das für die Analyse notwendige Wissen abgelegt ist (Abschnitt 5.2). Der vollständige Analyseablauf wird in Abschnitt 5.3 und die Präsentation der Analyseergebnisse in Abschnitt 5.4 erläutert. Abschnitt 6 beschreibt dann das Software-Werkzeug U-WAIT!, mit dem das gesamte Konzept umgesetzt ist und in Abschnitt 7 schließt die Arbeit mit einer Zusammenfassung.

2 Grundlagen

2.1 Workflow-basierte Anwendungsentwicklung

Die Entwicklung von Anwendungssystemen – speziell im betrieblichen Bereich – wird heutzutage auf Basis der in den Systemen ablaufenden Prozesse vorgenommen, an dessen Ende eine im Idealfall automatisierte Ausführung der modellierten Prozesse steht. Die mit einem solchen Vorgehen verfolgten Ziele sind die Förderung des Systemverständnisses, die

Unterstützung der Prozeßoptimierung und des Prozeßmanagements sowie eine automatische Prozeßausführung und -überwachung (vgl. [CKO97]).

Ein integriertes Vorgehensmodell für die Entwicklung von Workflow-basierten Anwendungssystemen läßt sich nach einer initialen Informationserhebungsphase in drei Schritte gliedern (vgl. [HSW96]). Im Rahmen der **Geschäftsprozeßmodellierung** werden die Prozesse abstrakt beschrieben. Neben den Aktivitäten und der Prozeßlogik werden lediglich Angaben zu Organisation und verwendeten Daten berücksichtigt. Man versucht durch Analysen die Qualität der Prozesse zu optimieren, indem betriebswirtschaftliche Aspekte (z.B. Kosten- oder Ressourceneinsatz) untersucht werden. Im zweiten Schritt (**Workflow-Modellierung/ -Implementierung**) wird das Modell dahingehend erweitert, daß es durch ein Workflow-Management-System ausgeführt werden kann. Es werden alle dafür notwendigen Informationen (z.B. Daten- und Kontrollfluß, Anwendungen) in das Modell integriert. Anschließend werden die Workflows in den **Betrieb** übernommen. Sogenannte Middleware (i.a. ein Workflow-Management-System) übernimmt die Steuerung und Kontrolle der Workflows, die unter Verwendung konkreter IT-Systeme (z.B. Datenbank-Managementsysteme) ausgeführt werden. Das gesamte Vorgehen bildet einen iterativen Prozeß, da die Erfahrungen im Betrieb mögliche Modifikationen sowohl der Geschäftsprozesse als auch der Workflows zur Folge haben können.

Sicherheitstechnische Aspekte spielen bei den bisher entwickelten Ansätzen für Workflow-basierte Anwendungen kaum eine Rolle. Erst dann, wenn Probleme im laufenden Betrieb auftreten, wird versucht, diese zu beheben. Dies ist häufig mit sehr großem Aufwand und sehr hohen Kosten verbunden oder nicht mehr möglich, da die entwickelten Systeme keine Integrationsmöglichkeiten für notwendige Sicherheitsmechanismen vorsehen. Anzustreben ist ein integriertes Vorgehensmodell, daß eine Beschreibung und Analyse von Sicherheitsanforderungen im Rahmen einer Workflow-basierten Anwendungsentwicklung ermöglicht [Tho98]. Damit wird ein Entwicklungsprozeß unterstützt, bei dem sicherheitstechnische Aspekte von Beginn an berücksichtigt und ggfls. Sicherheitsmechanismen in das Anwendungssystem integriert werden, d.h. die Integration von System- und Sicherheitsentwurf sind realisiert (vgl. [Bas93]).

2.2 Bedrohungs- und Risikoanalyse

Die Ermittlung von Sicherheitsanforderungen geschieht mittels der Bedrohungs- und Risikoanalyse. Ein allgemeines Vorgehensmodell, das im Rahmen des „Computer Security Risk Management Model Builders Workshop" (siehe [TKP+88, KPK+89]) entwickelt worden ist, umfaßt drei Phasen. In einer **Eingabephase** werden alle für die Systemsicherheit relevanten Elemente des Anwendungssystems (Systemelemente, Sicherheitsmechanismen) und deren Beziehungen untereinander sowie die im System ablaufenden Prozesse in einem Systemmodell spezifiziert. Weiterhin sind alle für das System sicherheitsrelevanten Aspekte in Form von Sicherheitsanforderungen zu formulieren und die auf das Anwendungssystem einwirkenden Bedrohungen zu ermittelt. In der **Risikobewertungsphase** werden auf Basis dieser Bedrohungen, den davon bedrohten Systemelementen und den verwendeten Sicherheitsmechanismen die Risiken bestimmt. Abschließend wird in der **Evaluation** überprüft, ob alle Sicherheitsanforderungen erfüllt sind und keine nicht zu tolerierenden Risiken mehr bestehen. Ist dies der Fall, so ist die Bedrohungs- und Risikoanalyse beendet, ansonsten müssen Modifikationen vorgenommen werden, d.h. es können geeignete Sicherheitsmechanismen ermittelt, neue Sicherheitsanforderungen definiert und Änderungen in der Systemspezifikation vorgenommen werden. Das gesamte Vorgehen ist iterativ, denn die möglichen Modifikationen am Anwendungssystem oder die neu definierten Sicherheitsanforderungen erfordern eine erneute Analyse des Systems, da durch sie möglicherweise neue Bedrohungen und somit neue Risiken entstanden sind. Das Vorgehen ist dann abgeschlossen, wenn im positiven Sinne alle Sicherheitsanforderungen erfüllt und vorhandene Restrisiken vom Anwender geduldet oder im negativen Fall abschließend als nicht akzeptabel eingestuft werden. Für die beschriebene Vorgehensweise der Bedrohungs- und Risikoanalyse lassen sich Konzepte unterscheiden, die jeweils unterschiedliche Schwerpunkte auf einzelne Teilaufgaben legen. Ein Überblick über diese Konzepte und realisierte Werkzeuge ist u.a. in [Ste93,Bas93] vorhanden.

Je nachdem, wie das Risiko innerhalb der Bedrohungs- und Risikoanalyse ermittelt wird, unterscheidet man zwischen einem kardinalen und einem ordinalen Bewertungskonzept. Beim kardinalen Bewertungskonzept erfolgt die Messung der Schadenspotentiale und der Eintrittswahrscheinlichkeiten von Bedrohungen anhand von Kardinalzahlen, d.h. in metrischen Zahlenwerten. Ein typisches Beispiel ist die *Annual Loss Expectancy (ALE)*, ein statistischer Erwartungswert, der sich aus der Multiplikation der erwarteten Schadenshöhe mit der geschätzten Eintrittswahrscheinlichkeit ergibt. Durch die Verwendung konkreter Zahlenwerte wird die Vergleichbarkeit verschiedener Risiken erhöht, und die Planung des Sicherheitsbudgets wird erleichtert. Nachteilig ist, daß eine Quantifizierung der potentiellen Schäden und eine Ermittlung der Eintrittswahrscheinlichkeiten sehr schwierig ist, da empirische Daten häufig fehlen. Da trotzdem eine numerische Formulierung vorgenommen werden muß, sind die Ergebnisse eher fragwürdig. Durch die Verwendung konkreter Zahlenwerte wird ein Eindruck von Exaktheit erweckt, der aus den zuvor beschriebenen Gründen nicht gegeben ist. Des weiteren findet durch die Verdichtung der beiden Werte zu einer Kennzahl ein Verlust von Informationen statt. Eine selten auftretende Bedrohung mit großer Wirkung kann beispielsweise zu dem gleichen Risiko führen wie eine häufig auftretende Bedrohung mit geringer Wirkung, so daß eine eventuell gewünschte unterschiedliche Reaktion auf diese beiden Fälle nicht mehr möglich ist.

Beim ordinalen Bewertungskonzept findet die Messung von Schadenspotentialen und Eintrittswahrscheinlichkeiten anhand von Ordinalskalen statt, d.h. es werden Schadens- bzw. Häufigkeitskategorien gebildet. Der erwartete Schaden und die Eintrittshäufigkeit einer Bedrohung werden einer dieser Kategorien zugeordnet. Die so ermittelten Ordinalzahlen werden zum Risiko verknüpft. Durch die Wahl des Maßstabes der verschiedenen Skalen ist es möglich, die Einflußfaktoren unterschiedlich zu gewichten. Ordinale Ansätze sind weniger rechenaufwendig als kardinale. Die Zuordnung einer Schadenshöhe oder einer Eintrittshäufigkeit zu einer Kategorie ist einfacher als eine Schätzung exakter Werte. Auch wird auf diese Weise kein Eindruck von Exaktheit geweckt. Die Abgrenzung der einzelnen Kategorien und die Wahl der Maßstäbe ist jedoch immer noch schwierig.

2.3 Fuzzy-Logik

Die Fuzzy-Logik ist ein Konzept, in der die mathematischen Grundlagen der Mengentheorie und der Logik modifiziert werden. In dem von Cantor begründeten Mengenbegriff werden Objekte streng nach ihrer Zugehörigkeit oder Nichtzugehörigkeit zu einer Menge unterteilt. Sie sind zugehörig, wenn sie eine bestimmte Eigenschaft besitzen, und nicht zugehörig, wenn sie diese nicht besitzen. Derartige Mengen werden als *scharfe Mengen* bezeichnet.

Die von Zadeh 1965 eingeführte Fuzzy-Logik (vergl. [Zah65]) definiert hingegen statt einer scharfen Menge eine graduelle Zugehörigkeitsfunktion zu einer Menge, in der jeder Wert mit einer bestimmten Wahrscheinlichkeit zu der Menge gehört. Solche Mengen werden als *unscharfe Mengen* (Fuzzy-Mengen) bezeichnet. Um die Fuzzy-Mengen miteinander verknüpfen zu können, werden spezielle Operatoren benötigt. Die Anzahl der Operatoren für unscharfe Mengen ist weitaus vielfältiger als die der bool'schen Algebra. Typische Vertreter sind die Grundoperationen Vereinigung, Durchschnitt und Negation (siehe [KGK95]).

Bei dem Umgang mit unscharfen Werten ist es häufig nötig, diese verbal zu erfassen, um z.B. Daten im Gespräch mit Personen zu erheben. Um dies durchführen zu können, wurde das

Konzept der *linguistischen Variable* eingeführt. Bei den linguistischen Variablen handelt es sich um eine spezielle Form von unscharfen Mengen. Ihre Ausprägungen sind im Gegensatz zu numerischen Variablen nicht Zahlen, sondern Worte oder Ausdrücke in einer natürlichen oder künstlichen Sprache. So kann beispielsweise der natürlichsprachliche Ausdruck *Verfügbarkeit* durch eine linguistische Variable mit den drei Werten *Verfügbarkeit = {Hoch, Mittel, Niedrig}* beschrieben werden.

Zur Repräsentation des unscharfen Wissens ist es möglich, Regeln unter Verwendung von Zugehörigkeitsgraden aufzustellen. Das gesamte Wissen wird dann durch τ Regeln repräsentiert, die jeweils folgende Form aufweisen:

$$R_j : \textit{if } \xi_{1j} \textit{ is } \mu_{1j} \textit{ and } \xi_{2j} \textit{ is } \mu_{2j} \textit{ and } \cdots \textit{ then } \psi_j \textit{ is } v_j , \; j = 1, \cdots, \tau$$

Hierbei sind die ξ_{ij} linguistische Variablen und μ_{ij} die Werte, die diese Variablen annehmen.

Die Folgerung ψ_j ist ebenfalls eine linguistische Variable und v_j der von ihr angenommene Wert. Die Durchführung der eigentlichen Problemlösung von einem Fuzzy-System wird *Inferenzstrategie* genannt und wird in drei Teilschritten nach dem klassischen Fuzzy-Regler-Prinzip durchgeführt (vgl. Abschnitt 5.1).

3 Modellbildung

3.1 System-Metamodell

Die Basis für die Entwicklung Workflow-basierter Anwendungssysteme bildet ein Systemmodell. Da die bisher konzipierten Systemmodelle sehr unterschiedlich in Terminologie und Aufbau sind, definieren wir ein System-Metamodell, welches die Möglichkeit eröffnet, beliebige Systemmodelle daraus abzuleiten[16]. Entscheidend ist dann natürlich, daß das unscharfe Bewertungskonzept unabhängig von einem konkreten Systemmodell, d.h. auf Ebene des Metamodells konzipiert wird.

Betrachtet man die aktuell genutzten Modelle für das Workflow-Management, so kann man feststellen, daß sie nur die zum Betrieb notwendigen Aspekte beschreiben. Auf Geschäftsprozeßebene wird i.a. lediglich die Prozeßlogik mit der Organisations- und Datensicht modelliert. Die Workflow-Modelle orientieren sich vor allen Dingen an den zugrundeliegenden Workflow-Management-Systemen, die ihnen eine Vielzahl der notwendigen Angaben (z.B. Wo liegt welche Software?) abnehmen. Angaben zur Rechner- oder Infrastruktur werden nicht unbedingt gemacht, sondern durch das Workflow-Management-System gekapselt. Wir setzen jedoch voraus, daß eine vollständige Modellierung auch Angaben zu physikalischen Elementen (z.B. Rechner) oder der Infrastruktur mit einschließt, da diese für eine Bedrohungs- und Risikoanalyse zwingend notwendig sind.

In dem entwickelten System-Metamodell werden keine konkreten Objekttypen oder Beziehungen vorgegeben, sondern der Benutzer kann diese selbst bestimmen und „beliebige" Instanzen seines konkreten Systemmodells modellieren. Abbildung 1 zeigt das System-Metamodell, wobei die hellgrau dargestellten Entitäten das Systemmodell und die weiß dargestellten Entitäten ein konkretes Anwendungssystem beschreiben.

---

[16] Aufgrund der Vielfalt der heute existierenden Methoden und Werkzeuge hat die Workflow Management Coalition (WfMC) seit 1993 damit begonnen, Standards in bezug auf Terminologie und Aufbau von Workflow-Management-Systemen zu entwickeln [Coa96]. Dabei entstanden ist u.a. das *Minimale Metamodell*, welches ebenfalls innerhalb des hier ausgeführten System-Metamodell abgebildet werden kann.

Abbildung 1: System-Metamodell

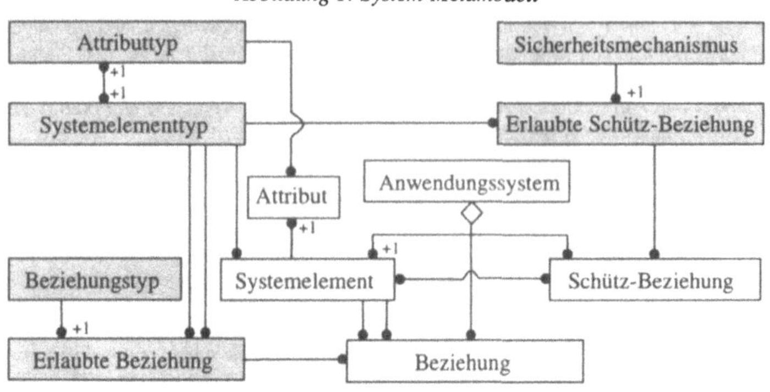

Ein Systemmodell besteht aus der Beschreibung von Systemelementtypen, die eine Menge von Eigenschaften (repräsentiert durch Attributtypen) enthalten. Weiterhin werden Beziehungstypen und erlaubte Beziehungen zwischen zwei Systemelementtypen spezifiziert. Sicherheitsmechanismen werden als spezielle Systemelemente interpretiert, die einen spezifischen Typ (Sicherheitsmechanismus) haben und über erlaubte Schütz-Beziehungen konkreten Systemelementtypen zugeordnet werden können.

Ein konkretes Anwendungssystem besteht dann aus einer nichtleeren Menge von Systemelementen, die ihrerseits durch spezifische Attribute charakterisiert werden, sowie einer Menge von Beziehungen zwischen diesen Systemelementen, die von Systemelementtypen abgeleitet sind. Zwei Systemelemente können über eine Beziehung miteinander verbunden werden, die auf eine erlaubte Beziehung verweist. Konkrete Sicherheitsmechanismen werden mittels der Schütz-Beziehung an Systemelemente gebunden. Die Geschäftsprozesse und Workflows können dann beispielsweise als Abfolge von Aktivitäten definiert werden, wobei Aktivitäten wiederum als Systemelemente aufgefaßt werden. Es muß somit keine Erweiterung des Metamodells vorgenommen, sondern lediglich das Systemmodell um einen Systemelementtyp *Aktivität* erweitert werden. Die Beziehungstypen sind um Elemente wie *Benutzt* oder *Zuständig* zu ergänzen, um die Beziehungen der Aktivitäten zu *Applikationen* oder *Teilnehmern* zu beschreiben.

3.2 Sicherheitsanforderungen

Eine entscheidende Tätigkeit innerhalb der Bedrohungs- und Risikoanalyse ist die Festlegung der Sicherheitsanforderungen, die für das Anwendungssystem gelten sollen. Innerhalb dieser Arbeit beschäftigen wir uns mit sogenannten systemelementorientierten Sicherheitsanforderungen [Tho98]. Die systemelementorientierten Sicherheitsanforderungen überprüfen die Existenz von Eigenschaften bestimmter Systemelemente (also auch von Aktivitäten), welche durch Bedrohungen negativ beeinflußt werden können. Sie können auf unterschiedlichen Aggregationsebenen spezifiziert werden, so daß konkrete Aktivitäten durch ihre eindeutige Kennung bzw. Gruppen von Aktivitäten aufgrund von bestimmten Eigenschaften in der Sicherheitsanforderung festgelegt werden können. Da Geschäftsprozesse und Workflows logische Gebilde darstellen, werden die ihnen zugesprochenen Sicherheitseigenschaften hinsichtlich einer Kontrolle auf die konkreten Systemelemente übertragen. So ist die Aktivität A eines Workflows zu mindestens 90 % verfügbar, wenn die verwendeten Anwendungen, Daten und Teilnehmer dementsprechend verfügbar sind. Die Spezifikation derartiger Sicherheitsanforderungen erfolgt in einer definierten syntaktischen Beschreibungform:

Betroffene Systemelemente → Sicherheitseigenschaft
Im ersten Teil werden die Systemelemente spezifiziert, für die die Sicherheitsanforderung gelten soll. Anschließend wird die zu erfüllende Sicherheiteigenschaft formuliert. In beiden Teilen können durch konjunktive und disjunktive Verknüpfungen komplexe Ausdrücke formuliert werden. Die Forderung nach einer 90%igen Verfügbarkeit der Aktivität A hat somit folgende Form: Aktivität: Name = „A" → Verfügbarkeit = 90.
Die Domänen der einzelnen Attribute können dabei sowohl kardinal, als auch ordinal spezifiziert werden. So kann beispielsweise die Sicherheitseigenschaft „Vertraulichkeit" auch durch eine ordinale Domäne (Hoch, Mittel, Niedrig) modelliert werden.

3.3 Fuzzy-Mengen und linguistische Variablen

Eine entscheidende Komponente im System-Metamodell sowie den Sicherheitsanforderungen spielt die Spezifikation der Attributtypen, mit denen die konkreten Sicherheitseigenschaften von Systemelementen beschrieben werden. Für die Verwendung eines unscharfen Bewertungskonzeptes ist es notwendig, als Domäne für Attribute die Zuordnung zu einer linguistischen Variable zu ermöglichen.
Im Gegensatz zum reinen ordinalen Bewertungskonzept, wo ein Attributwert mit einem eindeutigen verbal formulierten Wert einer *geordneten Domäne* beschrieben wird, werden bei Verwendung eines unscharfen Bewertungskonzeptes ein Attribut durch eine linguistische Variable sowie die möglichen Attributwerte durch Fuzzy-Mengen festgelegt. So kann beispielsweise das Attribut *Verfügbarkeit* als linguistische Variable mit den drei möglichen Werten (Hoch, Mittel, Niedrig) spezifiziert werden (siehe Abbildung 2). Der kardinale Wert von „35% Verfügbarkeit" (gestrichelte Linie) würde bei den dort angegebenen Fuzzy-Mengen zu 0,8 als niedrig und zu 0,3 als mittel eingestuft werden (siehe gepunktete Linien). Innerhalb des System-Metamodells ist eine entsprechende Erweiterung dahingehend vorzunehmen, daß die Beschreibung der linguistischen Variablen vorgenommen werden kann. Die Bezeichnung wird einfach in der Entität Attribut abgelegt, wobei jedoch eine konkrete Beschreibung der zugehörigen Fuzzy-Mengen in einer separaten Entität erfolgt.

Abbildung 2: Attribut Verfügbarkeit als linguistische Variable

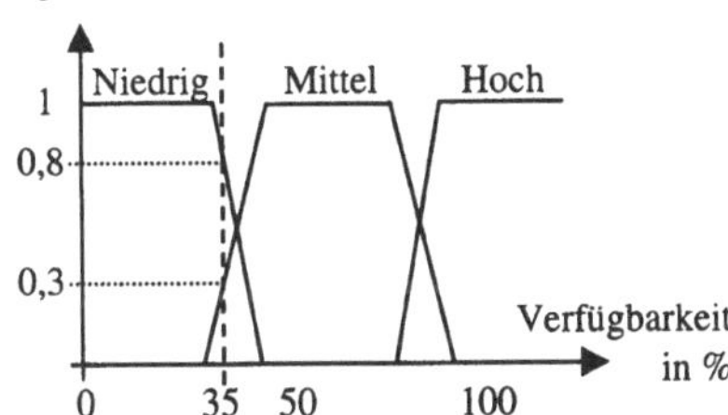

4 Risikomodell

Das Risikomodell beschreibt die Abhängigkeiten, die zwischen Bedrohungen, Systemelementtypen und Sicherheitsmechanismen bestehen (vgl. [Tho98]). Dabei „wirken" Bedrohungen auf konkrete Systemelementtypen und erzeugen für diese Konsequenzen, z.B. eine Bedrohung *Feuer* kann auf den Systemelementtyp *Raum* wirken und erzeugt für diesen die Konsequenz *Zerstörung* (siehe Abbildung 3). Die konkrete Wirkung einer Konsequenz findet durch eine Modifikation der Systemelementattribute statt (in diesem Fall Minderung des Attributes *Verfügbarkeit*) und wird durch das eigentliche Bewertungskonzept in Abschnitt 5 realisiert. Vorhandene Sicherheitsmechanismen (z.B. *Sprinkeranlage*) können das modellierte Systemelement gegen Konsequenzen von Bedrohungen schützen. Dabei wird zwischen ursachen- und wirkungsbezogenen Sicherheitsmechanismen unterschieden (vgl. [Ste93]). Während ursachenbezogene Sicherheitsmechanismen (z.B. Blitzableiter) die Eintrittswahrscheinlichkeit einer Bedrohung und somit der daraus resultierenden Konsequenzen beeinflußt, senkt ein wirkungsbezogener Sicherheitsmechanismus (z.B. Feuerlöscher) das entstehende Schadenspotential für das betroffenen Systemelement.

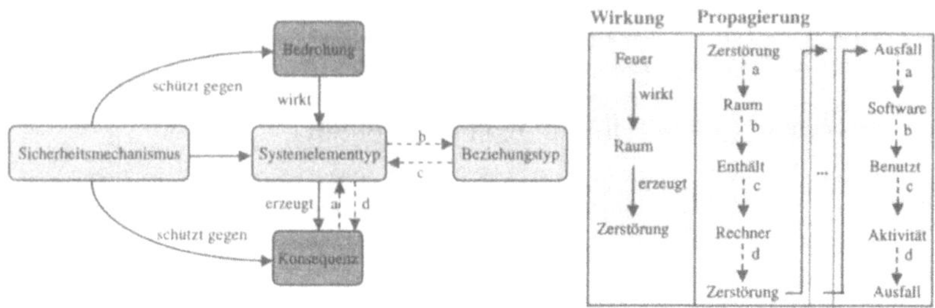

Abbildung 3: Risikomodell

Weiterhin führt die Konsequenz *Zerstörung eines Raums* möglicherweise zu Folgekonsequenzen (sekundären Konsequenzen) für weitere Systemelemente (z.B. *Zerstörung eines Rechner*). Diese „Propagierung" kann dann soweit fortgeführt werden, bis am Schluß die modellierten Workflows – konkret die darin enthaltenen Aktivitäten – eines Systems stehen. Sie bilden logische Sichten auf die konkreten informationstechnologischen Elemente und werden dann bedroht, wenn die von ihnen verwendeten Systemelemente bedroht werden. So fällt eine Aktivität dann aus, wenn entweder die für die Aktivität verantwortlichen Mitarbeiter (z.B. aufgrund von Krankheit) oder die zur Erfüllung der Tätigkeit benötigten Daten und Anwendungen (z.B. aufgrund einer nicht verfügbaren Softwarekomponente) nicht verfügbar sind (siehe Beispiel „Propagierung" aus Abbildung 3). Entscheidend ist, daß das Analysewissen über Wirkung und Propagierung auf Ebene des Metamodells – also für die Systemelement- und Beziehungstypen – formuliert und somit auf alle abgeleiteten Systemmodelle angewendet werden kann.

Das dargestellte Risikomodell ist dazu geeignet, Bedrohungen auf Systemelemente wirken zu lassen und dann die Auswirkungen innerhalb des Anwendungssystems zu analysieren. Da Aktivitäten logische Elemente bilden, macht es keinen Sinn, sie direkt zu bedrohen. Es werden lediglich die Systemelemente, welche die Aktivitäten benötigen bzw. realisieren (z.B. Teilnehmer oder Applikationen), bedroht. Die Verwendbarkeit des Analysemodells basiert also darauf, daß die Propagierungen von Bedrohungen über Beziehungstypen zwischen Systemelementtypen sinnvoll angegeben werden können.

Dies ist für die Propagierung *innerhalb eines Prozesses* nicht immer möglich. Es ist zwar sinnvoll, den Ausfall einer Aktivität dahingehend zu untersuchen, ob und – wenn ja – welche nachfolgenden Aktivitäten ebenfalls betroffen sind. Was aber unternimmt man gegen Bedrohungswirkungen wie z.B. den *Verlust der Vertraulichkeit*? So führt ein Vertraulichkeitsverlust einer Aktivität (entstanden durch den Vertraulichkeitsverlust verwendeter Daten) nicht unbedingt zum Vertraulichkeitsverlust aller nachfolgenden Aktivitäten, wenn diese die betroffenen Daten gar nicht verwenden.

5 Unscharfes Bewertungskonzept

5.1 Inferenzstrategie

Der eigentliche Bewertungsvorgang im Rahmen der Bedrohungs- und Risikoanalyse wird analog der Arbeitsweise eines Fuzzy-Reglers vollzogen (vergl. [Sch98]). Dieser ermittelt mit Hilfe von Eingangswerten (z.B. bedrohtes Systemelement) und einer Regelbasis die Ausgangswerte, welche als Ergebnisse des Systems und/oder als Eingangswerte einer neuen Iteration dienen. Die Komponenten des vereinfachten Fuzzy-Reglers sind:

Das *Fuzzifikations-Interface* konvertiert die scharfen Werte in unscharfe Werte.

Die *Wissensbasis* enthält alle benötigten Regelbasen zur Bestimmung der benötigten Werte (z.B. Wirkungsgrad mehrerer Sicherheitsmechanismen) und die Informationen über die Fuzzifizierung und die Defuzzifizierung.

Die *Entscheidungslogik* stellt das eigentliche Rechenwerk dar. Hier wird aus den Eingangsgrößen des Konzepts[17] mit Hilfe der Regelbasen die Ausgangsgröße des zu berechnenden Wertes bestimmt.

Das *Defuzzifikations-Interface* konvertiert die Ergebnisse in scharfe Werte, um diese für eine neue Iteration bezüglich der betrachteten Regelbasis zu verwenden, oder liefert unscharfe Ausgangswerte, die das Ergebnis der Analyse darstellen. Zur Defuzzifizierung sind verschiedene Methoden denkbar. Im Rahmen des hier entwickelten Konzeptes ist es möglich, aus verschiedenen aus der Literatur bekannten und etablierten Methoden zu wählen, so daß der Anwender aus den Vor- und Nachteilen der einzelnen Methoden für die Problemstellung selbst abwägen kann. Kriterien, die für die Wahl einer geeigneten Methoden herangezogen werden können, sind die

Übereinstimmung der Ergebnisse mit der Intuition des Anwenders,

der Stetigkeit der Ergebnisse oder

dem Rechenaufwand.

Gebräuchliche Defuzzifizerungsstrategien (vgl. [KGK95]) sind beispielsweise das Maximum-Prinzip (MAX), die Berechnung des Mittelwertes der Maxima (COM – Center of Maximum) oder die Berechnung des Flächenschwerpunktes (COA – Center of Area).

5.2 Regelbasen

Die innerhalb dieses Konzepts benutzten disjunktiven Regelbasen enthalten Regeln, deren Prämissen konjunktiv verknüpft sind und aus zwei Werten bestehen. Bei den betrachteten Werten handelt es sich ausschließlich um Fuzzy-Mengen. Regeln haben konkret folgenden Aufbau,

```
IF Prämisse 1 AND Prämisse2 THEN Konklusion
```

wobei Prämisse 1, Prämisse 2 und die Konklusion Fuzzy-Werte sind. Die Regelbasen beschreiben das Wissen des Risikomodells, konkret beantworten sie die Frage, wie sich eine Konsequenz auf ein Systemelement auswirkt.

Abbildung 4 zeigt als beispielhafte Ausgangssituation dazu ein Systemelement S mit zwei Attributen Sa und Sb sowie einem ursachenmindernden und zwei wirkungsmindernden Sicherheitsmechanismen (SM1u, SM2w, SM3w). Weiterhin wirkt eine Konsequenz K mit einer Eintrittswahrscheinlichkeit Ke und mit der Stärke Ks_a gegen den Attributtyp Sa sowie

---

[17] Zu Beginn einer Analyse sind die Eingangswerte die Wirkungsgrade der Konsequenzen der Bedrohungen, die der Benutzer gewählt hat. Im Verlauf der Analyse findet eine Iteration statt, so daß Ausgangswerte als neue Eingangswerte verwendet werden können.

mit Ks_b gegen den Attributtyp Sb. Die vier Regelbasen beinhalten nun das Wissen des Risikomodells, konkret beschreiben sie folgende Sachverhalte:

Ursachen-/Wirkungsminderung mehrerer Sicherheitsmechanismen: In dieser Regelbasis wird differenziert nach Ursache und Wirkung spezifiziert, wie sich der Gesamtwirkungsgrad von jeweils zwei Sicherheitsmechanismen gegen die Konsequenz durch eine Bedrohung entwickelt. In Abbildung 4 ist dieser Sachverhalt am Beispiel der beiden wirkungsmindernden Sicherheitsmechanismen SM2w und SM3w veranschaulicht, deren Gesamtwirkungsgrad mit SMw bestimmt wird. So könnte eine Regel lauten: IF SM1w = „Mittel" AND SM2w = „Mittel" THEN SMw = „Hoch"

Ursachen-/Wirkungsminderung der Konsequenz durch Sicherheitsmechanismen: Hier wird festgehalten, wie sich ursachenbezogene Sicherheitsmechanismen gegen die Eintrittswahrscheinlichkeit einer Bedrohung bzw. Konsequenz und wirkungsbezogene Sicherheitsmechanismen gegen entstehende Schadenspotentiale auswirken. In Abbildung 4 wird dies durch die Wirkung von SM1u auf Ke sowie SMw auf Ks_a und Ks_b verdeutlicht.

Attributspezifische Konsequenzwirkung: Die Gesamtwirkung einer Konsequenz für ein Systemelement – konkret einem Attribut – ergibt sich aus den ermittelten Eintrittswahrscheinlichkeit und Schadenshöhe (siehe Punkt 3 aus Abbildung 4).

Konsequenzwirkung auf Systemelementattribute: Diese Regelbasis beschreibt, welche Wirkung die Konsequenz für die Attribute des betroffenen Systemelementes haben. Dies wird in Abbildung 4 durch die Wirkung von Ks_a" auf Sa und Ks_b" auf Sb veranschaulicht.

Abbildung 4: Wissen der Regelbasen (1-4)

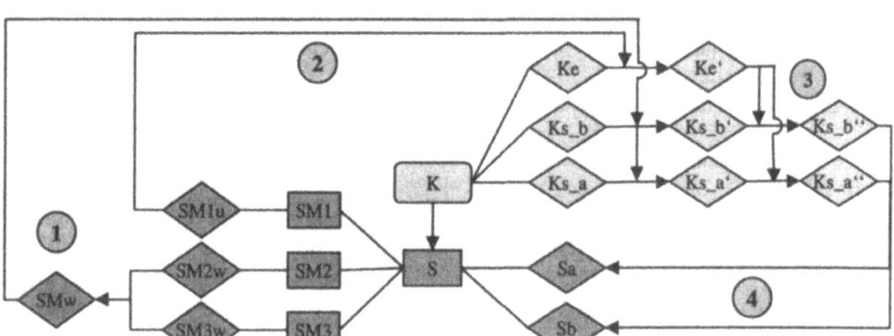

Propagierung: Neben der Wirkungsanalyse einer Konsequenz auf ein Systemelement muß die Propagierung der Konsequenz durch das Anwendungssystem betrachtet werden. Hierzu wird die Eintrittswahrscheinlichkeit einer Folgekonsequenz auf Basis der Eintrittswahrscheinlichkeit der Ausgangskonsequenz sowie einer Propagierungswahrscheinlichkeit für eine Folgekonsequenz ermittelt (siehe Abbildung 5).

5.3 Analyseablauf

Die Analyse, d.h. die Ermittlung, welche Wirkungen erzeugt eine Bedrohung auf ein Anwendungssystem, wird durch Auswahl einer Bedrohung und eines bedrohten Systemelements initiiert. Als erstes wird aus dem Analysewissen des Risikomodells ermittelt, welche Konsequenz aus einer Bedrohung für das Systemelement entsteht. Anschließend wird folgendes zweistufige Verfahren durchlaufen:

Ermittlung der Wirkung einer Konsequenz: Die in Abschnitt 5.2 angegebenen Regelbasen werden in der oben skizzierten Reihenfolge sukzessive durchlaufen. Dabei werden die einzelnen Teilfragen stets einzeln nach dem Fuzzy-Regler-Prinzip beantwortet. Als Ergebnis erhält man die Wirkung einer Konsequenz auf ein Systemelement, d.h. die Modifikation der

Systemelementattribute. Da die innerhalb des Fuzzy-Reglers verwendeten Regeln immer mit zwei Prämissen auskommen, wird für den Fall, daß mehr als zwei Prämissen notwendig sind (z.B. man hat drei Sicherheitsmechanismen an ein Systemelement angeschlossen), die Regel mehrfach durchlaufen. Man führt sie zunächst mit zwei Prämissen aus und verwendet das jeweilige Ergebnis immer als erste Prämisse zusammen mit einer noch nicht betrachteten Komponenten in den Folgedurchläufen.

Abbildung 5: Wissen der Propagierung

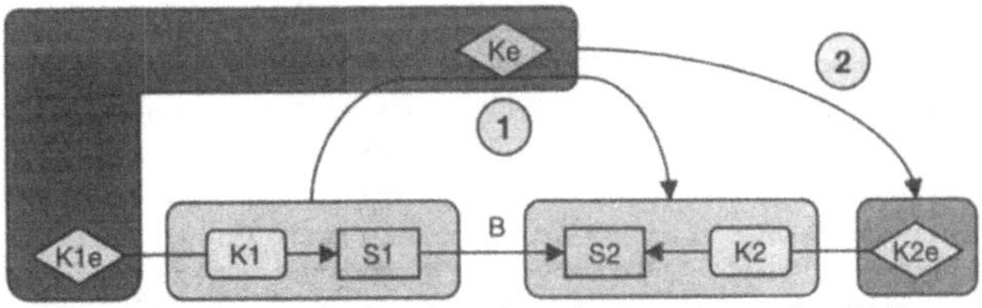

Sekundäre Konsequenzen ermitteln: Aus dem Analysewissen des Risikomodells wird bestimmt, ob und wenn ja, welche Folgekonsequenzen für andere Systemelemente entstehen. Abbildung 5 zeigt diesen Vorgang. Wenn eine Konsequenz K1 auf ein Systemelement S1 gewirkt hat und das Systemelement eine Beziehung B zu einen Systemelement S2 besitzt, so wird für dieses Systemelement die Konsequenz K2 aus dem Wissen des Risikomodells bestimmt (siehe Punkt 1 aus Abbildung 5). Anschließend wird mit entsprechenden Regeln die Eintrittswahrscheinlichkeit für die Konsequenz K2 ermittelt, indem die Ausgangswahrscheinlichkeit K1e und die Propagierungswahrscheinlichkeit Ke berücksichtigt werden (siehe Punkt 2). Eine derartige Regel kann folgendermaßen aussehen: IF Ke1 = „Mittel" AND Ke = „Sehr Hoch" THEN Ke2 = „Mittel". Für jede Kombination aus Systemelement und Folgekonsequenz wird Schritt 1 erneut durchlaufen.

Die Analyse wird beendet, wenn einer der folgenden Zustände eingetreten ist:

Es gibt keine Beziehungen mehr, die Konsequenzen übertragen.

Alle Konsequenzen haben den minimalen Wirkungsgrad erreicht.

Bei dem ersten Fall wurden alle sekundären Konsequenzen durch das System propagiert. Wenn eine Konsequenz ein Systemelement ohne Beziehungen oder nur mit Beziehungen, über die die Konsequenz sich nicht weiter ausbreiten kann, erreicht, bricht die Berechnung ab. Im zweiten Fall wurde die Wirkung aller Konsequenzen durch Sicherheitsmechanismen soweit abgeschwächt, daß sie für die Analyse keine Bedeutung mehr haben. Die so abgeschwächten Konsequenzen wirken nicht mehr auf Attribute und werden nicht mehr durch Beziehungen „propagiert".

Nach der Beendigung der Analyse beschreiben die Attribute der einzelnen Systemelemente den IST-Zustand des Anwendungssystems nach der Wirkung von Bedrohungen. Abschließend müssen die spezifizierten Sicherheitsanforderungen für das Anwendungssystem kontrolliert werden. Hierzu wird für jede Sicherheitsanforderung ein einfacher SOLL-IST-Vergleich der für die betroffenen Systemelemente geforderten Attributwerte gegenüber dem Systemzustand vorgenommen. Sind innerhalb von Sicherheitsanforderungen Aktivitäten definiert, so erfolgt die Kontrolle über die für die Aktivität notwendigen Systemelemente, d.h. die Sicherheitsanforderung ist genau dann erfüllt, wenn sie für die betroffenen Systemelemente erfüllt ist.

5.4 Interpretationshilfe

Wenn ein Attribut eines Systemelementes durch eine linguistische Variable spezifiziert ist, wird das Ergebnis defuzzifiziert und die so erhaltenen scharfen Werte unter Verwendung der von dem Benutzer angegebenen Dimension als Ergebnis zurückgegeben. Neben dem

Defuzzifzierungswert erhält der Anwender zu jedem Attribut die zugehörige Fuzzy-Menge und eine natürlichsprachliche Beschreibung des Ergebnisses, die ihm das Analyseergebnis verständlich darstellt (z.B. *Sehr Niedrig* bis *Mittel*). Hierbei müssen zwei Fälle unterschieden werden (vergl. [Sch98]):

Der erste Fall ist, daß die Ergebnis-Fuzzy-Menge dem System bekannt ist, d.h. exakt einer Fuzzy-Menge entspricht. Diese Art von Ergebnis liegt z.B. dann vor, wenn in allen Durchläufen der Regelbasis nur eine Regel zu 100 % feuert und alle anderen Regeln nicht feuern. Ist dies der Fall, muß die Interpretationshilfe den Wert liefern, der als verbale Beschreibung der Fuzzy-Menge eingegeben wurde.

Ist das Ergebnis keine dem System bekannte Fuzzy-Menge, so muß es dem Benutzer möglich sein, die Ergebnis-Fuzzy-Menge ohne weitere Veränderung zu betrachten. Dies ist notwendig, damit der Benutzer das Ergebnis unverändert interpretieren kann. Zusätzlich wird durch die Interpretationshilfe eine verbale Beschreibung geliefert, die eine vereinfachte Interpretaion des Ergebnisses ermöglicht.

Zur Bestimmung eines natürlichsprachlichen Ergebnisses wird als erstes die Ergebnis-Fuzzy-Menge defuzzifiziert. Das so erhaltene Ergebnis wird mit den *typischen Werten* der dem Konzept bekannten Fuzzy-Mengen verglichen. Die *typischen Werte* einer Fuzzy-Menge sind die Werte des Grundbereichs, für die die Höhe 1 erreicht wird sowie die Werte, die zwischen dem ermittelten Defuzzifizierungswert der Fuzzy-Menge und dem ersten Wert der Höhe 1 liegt. Weiterhin wird eine sogenannte *Verbalisierung* (Verb(x)) definiert, die jedem typischen Wert x eine verbale Beschreibung der zugehörigen Fuzzy-Mengen innerhalb einer linguistischen Variablen zuweist. Innerhalb des Konzepts haben alle Fuzzy-Mengen genau einen typischen Wert bzw. ein Intervall von typischen Werten. Des weiteren wird davon ausgegangen, daß sich die Intervalle oder Punkte von typischen Werten der Fuzzy-Mengen einer linguistischen Variablen nicht überdecken.

Nachdem die typischen Werte bekannt sind, kann ihr Abstand zu dem Ergebniswert, also dem Defuzzifizierungswert der Ergebnis-Fuzzy-Menge, bestimmt werden. In Abbildung 6 ist ein Ausschnitt des Grundbereichs einer linguistischen Variablen angegeben. Die mit x markierte Position kennzeichnet den Wert, der bei der Defuzzifizierung der Ergebnis-Fuzzy-Menge entstanden ist.

Abbildung 6: Bestimmung des Rückgabewertes

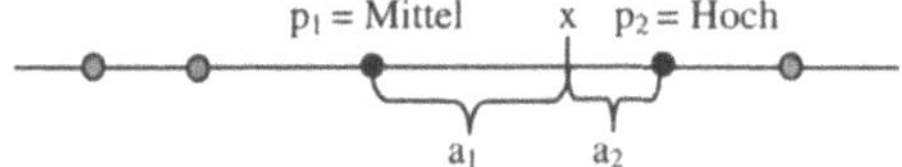

Die durch Punkte markierten Positionen stellen typische Werte der dem System bekannten und zu der linguistischen Variablen gehörenden Fuzzy-Mengen dar. Das Ergebnis der Interpretation basiert i.a. auf den zwei am nächsten gelegenen typischen Werten. Für die Fälle, in denen links bzw. rechts von dem betrachteten Wert kein typischer Wert mehr existiert, müssen Sonderwerte angegeben werden. Dieser Fall sollte aber i.a. nicht auftreten, da die meisten für linguistische Variablen verwendeten Mengen von Fuzzy-Mengen die x-Werte 0 und 1 mit dem y-Wert 1 überdecken. Somit hat jeder Wert einen linken und rechten typischen Wert oder es handelt sich selbst um einen typischen Wert (insbesondere 1 und 0). Der sich ergebene Sonderfall, wenn der Ergebniswert und ein typischer Wert identisch sind, ergibt wie oben beschrieben direkt Verb(x) als Ergebnis.

Um das Ergebnis des Falls mit zwei typischen Werten festzulegen, kann der Anwender innerhalb des Konzepts Schranken α_i angeben, die festlegen, welche Rückgabe erfolgt. Die Schranken beziehen sich immer auf den Quotienten der Abstände a_1 und a_2 der nächstgelegenen, typischen Werte zu dem betrachteten Punkt. Der Quotient wird so gebildet, daß der größere der beiden Werte im Zähler steht. Hiermit wird die Rechnung mit Werten zwischen 0 und 1 vermieden und es ergibt sich eine minimale Schranke von 1. Es gibt also Regeln für den Fall, daß der Abstand a_1 größer als a_2 ist, und Regeln für den inversen Fall (siehe Tabelle 1).

$a_1 \geq a_2$		
a_1 / a_2	v_1	v_2
1	-	-
2	-	Ziemlich
5	-	Sehr
10	-	-

$a_1 < a_2$		
a_2 / a_1	v_1	v_2
1	-	-
2	Ziemlich	-
5	Sehr	-
10	-	-

Tabelle 1: Schranken der Interpretationshilfe

Zu jeder Schranke kann der Anwender zwei verbale Beschreibungen angeben (v_1 und v_2). Mit Hilfe dieser Beschreibungen, dem Quotienten und der Schranken α_i kann nun das Ergebnis verbal beschrieben werden. Der Rückgabewert ergibt sich wie folgt:

v_1 Verb(p_1) bis v_2 Verb(p_2)

Die verbalen Beschreibungen einer Schranke gelten für das Intervall von der betrachteten Schranke bis zu ihrem Nachfolger. Ergibt sich ein Wert der kleiner als die erste Schranke ist[18] werden die verbalen Beschreibungen der ersten definierten Schranke verwendet. Die letzte Schranke gibt an, ab welchem Wert nur die Verbalisierung des am nächsten gelegenen typischen Wert zurückgegeben wird, d.h. der Rückgabewert ist nur Verb(p). Eine möglich Belegung wäre *Ziemlich Mittel bis Sehr Hoch*. Hierbei sind Verb(p_1) und Verb(p_2) die Werte *Mittel* und *Hoch*. Die Ausdrücke v_1 und v_2 sind mit *Ziemlich* und *Sehr* belegt. In den Sonderfällen, daß links bzw. rechts vom betrachteten Wert kein typischer Wert existiert, besteht die Rückgabe nur aus v Verb(p) da nur der vorhandene typische Wert verbalisiert werden kann.

6 U-WAIT!

Das zuvor skizzierte unscharfe Bewertungkonzept für die Bedrohungs- und Risikoanalyse Workflow-basierter Anwendungen ist in Form eines Software-Werkzeuges realisiert worden. Als Basis für die Implementierung wurde das bereits vorhandene System WAIT! (Wissensbasierte Sicherheitsanalyse graphisch modellierter IT-Systeme) verwendet, welches den Entwickler bei dem rechnergestützten Entwurf von IT-Systemen[19] und deren Analyse hinsichtlich sicherheitstechnischer Anforderungen unterstützt. Hierfür stellt das Werkzeug WAIT eine graphische Oberfläche zur Modellierung des Anwendungssystems zur Verfügung. Bei dem Bewertungskonzept, das in WAIT! implementiert wurde, handelt es sich um ein kardinales Bewertungskonzept. Das unscharfe Bewertungskonzept wurde in dem Werkzeug U-WAIT! (Unscharfes WAIT!) realisiert, welches auch eine Oberfläche zur Darstellung der Fuzzy-Mengen zur Verfügung stellt (vergl. [Sch98]). Die Architektur des Werkzeuges ist in Abbildung 7 dargestellt.

---

[18] Dieser Fall kann auftreten, wenn der Anwender keine Schranke mit dem Wert 1 definiert hat.

[19] Mittlerweile ist WAIT! Auch um die Entwicklung und Analyse von Workflow-basierten Anwendungen erweitert worden (vgl. [Tho98]).

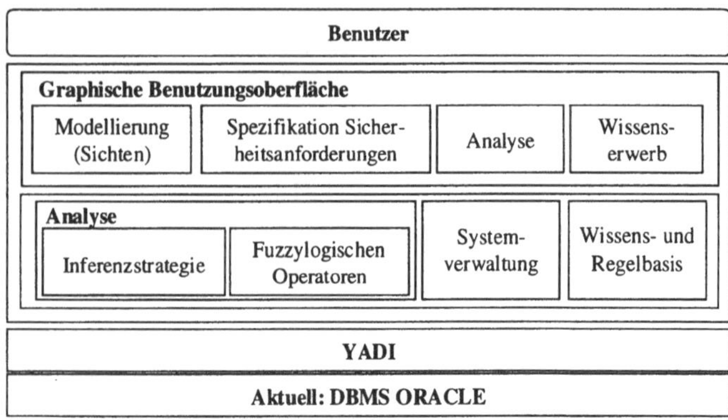

Abbildung 7: Architektur von U-WAIT!

Sie gliedert sich in vier Schichten. Der Benutzer kommuniziert über die graphische Benutzungsoberfläche (realisiert mit dem System ILog) mit dem System, welche sich aus vier Teilkomponenten besteht:

Modellierungskomponente: Diese Komponente ermöglicht die graphische Modellierung des Anwendungssystem sowie die Definition von Sichten auf das Anwendungssystem.

Spezifikation Sicherheitsanforderungen: Der Anwender kann die für das Anwendungssystem geltenden Sicherheitsanforderungen spezifizieren (vgl. [Tho98]).

Analyse: Die Analysekomponente stellt dem Entwickler eine Auswahlkomponente für die Bestimmung potentieller Bedrohungen zur Verfügung. Außerdem werden die Analyseergebnisse dem Entwickler präsentiert.

Wissenserwerb: Neben dem System-Metamodell kann der Entwickler über eine Wissenserwerbskomponente auch das für die Analyse relevante Analysewissen erfassen.

Die darunterliegende Schicht umfaßt die Kernfunktionalität des Werkzeugs in vier unterschiedlichen Funktionspaketen. Neben einer Komponente, in der das aktuell sich in Bearbeitung befindliche Anwendungssystem gehalten wird, ist das Analysewissen in speziellen Domänen abgespeichert, um die Sicherheitsanalysen schnell durchführen zu können. Die Analysekomponente beinhaltet das in den vorherigen Abschnitten ausgeführte Analysekonzept, wobei die als Programmiersprache C++ und für die fuzzylogischen Operatoren die Bibliothek StarFlip++ [BBDu97] verwendet wurde.

Die dritte und vierte Schicht dienen zur Sicherung der Regel- und Wissensbasen sowie der Anwendungssysteme in einem Datenbank-Managementsystem. Die dritte Schicht ist die Schnittstelle zwischen den Kernfunktionen in C++ und dem DBMS, die durch die Datenbankschnittstelle YADI (Yet Another Database Interface) realisiert ist. Als DBMS wird das Datenbank-Managementsystem Oracle (Version 7.2) verwendet.

7 Zusammenfassung

Im Rahmen dieser Arbeit wurde ein unscharfes Bewertungskonzept für die Bedrohungs- und Risikoanalyse Workflow-basierter Anwendungssysteme auf Basis der Fuzzy-Logik entwickelt.

Für das Konzept wurde zunächst eine System(Meta-)modell spezifiziert, mit dem die Entwicklung von Workflow-basierten Anwendungen möglich ist. Das Metamodell ist dabei beliebig erweiterbar und betrachtet die Workflows als spezifische Systemelement- und Beziehungstypen. Die Analyse von systemelementorientierten Sicherheitsanforderungen ermöglicht dabei die Nutzung eines unscharfen Bewertungskonzeptes, in dem sowohl kardinale als auch ordinale Beschreibungsformen möglich sind. Die Inferenzstrategie des Bewertungskonzeptes wurde als Fuzzy-Regler realisiert und ermöglicht die Kontrolle von Sicherheitsanforderungen gegenüber einem spezifizierten Anwendungssystem. Zu ihrer Durchführung werden verschiedene Regelbasen genutzt, in denen das Analysewissen, wie eine Konsequenz auf einen bestimmten Systemelementtyp wirkt bzw. wie sich eine Konsequenz durch ein Anwendungssystem propagiert, enthalten ist. Die von der Inferenzstrategie als Ergebnis gelieferten Fuzzy-Mengen werden von der Interpretationshilfe in verbale Beschreibungen überführt, um dem Anwender die Nutzung des Verfahrens und die Interpretation der Analyseergebnisse zu vereinfachen.

8 Literatur

[Bas93]   R. L. Baskerville. Information Systems Security Design Methods: *Implications for Information Systems Development*. In ACM Computing Survey, 25(4):376-414, 1993.

[BDDu97]   M. Bonner, F. Döll, J. Dorn u.a. *StarFLIPP++ (Version 1.0) – A reusable iterative optimization library for combinatorial problems with fuzzy constraints.* Technical Report DBAI-TR-97-11, Technische Universität Wien, Institut für Informationssysteme, Juni 1997.

[CKO97]   B. Curtis, M. I. Kellner, and J. Over. *Process Modelling*. Communications of the ACM, 35(9):75-90, 1997.

[dRE96]   W. G. de Ru and J. H. P. Eloff. *Risk Analysis with the Use of Fuzzy Logic*. In *Computers & Security*, 15(3):239-248, 1996.

[Coa96]   Workflow Management Coalition. Interface 1: *Process Definition Interchange. Technical Report TC-1016, Workflow Management Coalition – Work Group One*. Avenue Marcel Thiry 204, 1200 Brussel, Belgium, May 1996. Version 1.0 Beta.

[HSW96]   R. Holten, R. Striemer und M. Weske. *Darstellung und Vergleich von Vorgehensmodellen zur Entwicklung von Workflow-Anwendungen*. ISST-Bericht 34/96, Universität Münster, Juli 1996.

[JBS97]   S. Jablonski, M. Böhm und W. Schulze, Hrsg. *Workflow Management – Entwicklung von Anwendungen und Systemen – Facetten einer neuen Technologie*. dpunkt-Verlag, Heidelberg, 1997.

[KGK95]   R. Kruse, J. Gebhardt und F. Klawonn. *Fuzzy-Systeme*. B.G. Teubner Stuttgart, 1995.

[KPK+89]   M. Kuchta, S. Pinsky, S. Katzke, D. Bonyun, I. Gilbert, and A. Hensley, editors, *2nd Computer Security Risk Management Model Builders Workshop*, Ottawa, Canada, June 1989.

[Sch84]   K.J. Schmucker. *Fuzzy Sets, Natural Language Computations and Risk Analysis*. Computer Science Press, 1984.

[Sch98]   A. Schönberg. *Ein unscharfes Bewertungssystem für die Bedrohungs- und Risikoanalyse von IT-Systemen*. Diplomarbeit, Abteilung Informationssysteme, Fachbereich Informatik, Universität Oldenburg, Februar 1998.

[Ste93]   D. Stelzer. *Sicherheitsstrategien in der Informationsverarbeitung*. Deutscher Universitätsverlag, Wiesbaden, 1993.

[Tho98]   W. Thoben. *Sicherheit für Workflow-basierte Anwendungen*. In K. Bauknecht, A. Büllesbach, H. Pohl und S. Teufel, Hrsg., Sicherheit in Informationssystemen (SIS'98), Seiten 201-222, Stuttgart, März 1998. vdf Hochschulverlag.

[TKP+88]   E. F. Troy, S. Katzke, S. Pinsky, I. Isaac, and D. Gifford, editors. Computer Security Risk Management Model Builders Workshop, Denver, May 1988.

[VB96]   G. Vossen und J. Becker. *Geschäftsprozeßmodellierung und Workflow-Management*. International Thomson Publishing, 1996.

[Zah65]   L. A. Zadeh. Fuzzy Sets. In *Information and Control*, 8:338-353. Academic Press, 1965.

RSD-XPS – Ein Expertensystem für die Internet-Sicherheitskonzeption

D. Damm, T. Schlienger, S. Teufel, H. Weidner

{damm, schlieng, teufel, weidner}@ifi.unizh.ch
Institut für Informatik
Universität Zürich

1 Abstract

Eine wachsende Anzahl von Unternehmen betrachtet die Nutzung von Online-Diensten des Internets als wichtiges zukünftiges Geschäfts- und Werbeinstrument. Speziell für kleinere und mittlere Unternehmen (KMUs) stellt das Internet eine Möglichkeit dar, ihre geschäftlichen Beziehungen auszudehnen. Einerseits ermöglicht das Internet eine ständige Marktpräsenz, andererseits können Unternehmen von den angebotenen Dienstleistungen und Informationen profitieren.

Eine der größten Restriktionen für die kommerzielle Nutzung des Internets, ist in der mangelnde Sicherheit zu sehen. Um einen gesicherten Anschluß eines Unternehmens an das Internet zu erreichen, bedarf es einer sorgfältigen Planung. Zwar existiert eine Vielzahl von technischen Lösungen für einen sicheren Anschluß an das Internet, aber diese finden in der Praxis noch zuwenig Verwendung. Ein Grund dafür ist, daß entsprechende Konzepte für die Umsetzung dieser Lösungen oftmals fehlen. Im Rahmen des SINUS-Projektes wurde ein System zur Durchführung einer Internet-Sicherheitskonzeption – das RSD-XPS – implementiert. Ziel dieses Papers ist es dieses Expertensystem vorzustellen.

Keywords
Sicherheitskonzeption, Internet, E-Business

2 Einleitung

Das Internet und seine Dienste, wie etwa World Wide Web (WWW), E-Mail etc., sind hervorragend dafür geeignet, Unternehmen bei der Informationsbeschaffung, der Informationsgewinnung, bei Geschäftsbeziehungen (E-Commerce) und bei der Kooperation zu unterstützen. Demzufolge verzeichnet das Internet auch seit Beginn der 90er Jahre ein nahezu exponentielles Wachstum. Der Einsatz reicht dabei vom simplen Austausch von E-Mails oder der Bereitstellung eines Online-Katalog-Services bis hin zum Einholen von Angeboten oder der Bestellung von Waren.

Das Internet, ursprünglich zu wissenschaftlichen Zwecken entwickelt und im universitären Bereich entstanden, entbehrt jedoch einer wichtigen Eigenschaft, die eine Infrastruktur für den elektronischen Handel aufweisen sollte: Das Internet in seiner ursprünglichen Konzeption bietet nicht genügend Sicherheitsdienste an. Durch die mehr und mehr kommerzielle Nutzung des Internets bekommt die Sicherheitsproblematik eine immer größere Bedeutung. Daß hier Handlungsbedarf besteht, bestätigte auch eine Umfrage aus dem Herbst 1997 unter deutschen Internet-Benutzern [Fit97]. Bei den Antworten der Benutzer auf die Frage, was nach ihrer Meinung der kritischste und dringendste Punkt ist, der im Hinblick auf eine positive Entwicklung des Internets geregelt bzw. gelöst werden müßte, stand die Sicherheitsthematik an erster Stelle.

Ein unkontrollierter Anschluß eines sicheren, unternehmensinternen Netzes an das Internet, bringt unüberschaubare Risiken für das Unternehmen mit sich. Um einen sicheren Anschluß zu ermöglichen, bedarf es einer sorgfältigen Planung, Realisierung und ständigen Kontrolle. Hierbei müssen sowohl organisatorische Gegebenheiten wie auch technische Lösungen in Betracht gezogen werden.

Bisher haben viele Unternehmen den Anschluß an das Internet realisiert, ohne die Auswirkungen, die ein solcher Schritt auf unternehmenseigene Ressourcen haben könnte, zu untersuchen und ohne bereits existierende Sicherheitskonzepte zu integrieren. Aus diesem Grund wurde innerhalb des SINUS-Projektes (Sichere Nutzung von Online-Diensten [Kir98]) ein Expertensystem zur Durchführung einer Internet-Sicherheitskonzeption, das RSD-XPS, entwickelt. Das System unterstützt den Anwender bei der Umsetzung des Rapid Secure Development (RSD). RSD ist ein Leitprogramm für die sichere Implementierung von Online-Diensten, bei dem die Sicherheit von Anfang an in den Gestaltungsprozeß integriert wird. Auf diese Weise können nicht nur die Sicherheitsmaßnahmen benutzerfreundlicher gestaltet, sondern auch die Dienste selbst schneller bereitgestellt werden. Diese Sicherheitskonzeption wurde vor allem für KMUs entwickelt, die größtenteils bis heute noch nicht über das notwendige Expertenwissen und die erforderlichen Ressourcen verfügen, um Internet-Technologien sicher einsetzen zu können.

Mit dem Expertensystem RDS-XPS wird dem Benutzer ein Softwarehilfsmittel zur Verfügung gestellt, welches ihn Schritt für Schritt durch die RSD-Sicherheitskonzeption führt. Das System bietet dem Benutzer neben einer effizienten Durchführung der Sicherheitskonzeption und damit einer schnelleren Anpassung seiner Sicherheitsmaßnahmen auch die Möglichkeit einer schrittweisen Vertiefung seines Wissens sowohl über die Einsatzmöglichkeiten des Internets als auch über die sicherheitsrelevanten Aspekte bei der Nutzung der angebotenen Dienste.

3 Die RSD-Konzeption

Grundlage für das RSD-XPS bildet die Internet-Sicherheitskonzeption RSD, ein Vorgehen für eine sichere Implementierung von Online-Diensten [Kir97]. Die Methode erlaubt sowohl eine inkrementelle Erweiterung der angebotenen bzw. verwendeten Dienste als auch deren sichere Nutzung.

Viele Sicherheitskonzeptionen gehen von einer getrennten, nachträglichen Absicherung von Diensten bzw. Informationssystemen aus, d.h. Sicherheit wird als *Add-On* zur eigentlichen Systemfunktion betrachtet (z.B. in [BFI95], [BSI96]). Daraus resultiert eine organisatorische Trennung der Systementwicklung und der Sicherheitsanalyse. Im Gegensatz dazu wird im RSD-Verfahren durch die Integration von Anforderungs- und Risikonanalyse die Sicherheit von Anfang an in den Gestaltungsprozeß miteinbezogen. Dieses Verfahren bietet drei wesentliche Vorteile gegenüber einem getrennten Vorgehen:

- **Sicherheit von Anfang an:**
  Gerade bei der kommerziellen Nutzung von Internet-Diensten ist die nachträgliche Absicherung des Systems nicht zu verantworten. Die Öffnung eines Unternehmens muß von Anfang an abgesichert werden.

- **Schnelle Bereitstellung von Diensten:**
  Im Umfeld sich schnell entwickelnder Systeme, wozu das Internet sicherlich zählt, ist die

Durchführung einer abgetrennten Sicherheitskonzeption sehr zeitaufwendig. Hauptsächlich aus diesem Grund wird das Sicherheitsmanagement vernachlässigt.

- **Integration von Sicherheitsmaßnahmen:**
  Sicherheitsmaßnahmen werden häufig aufgrund des Zusatzaufwandes bei der Arbeit umgangen (ein Beispiel ist das Verschicken verschlüsselter E-Mails). Durch die Integration von Sicherheitsmaßnahmen in den Gestaltungsprozeß können sichere Systeme von Anfang an benutzerfreundlicher konzipiert werden.

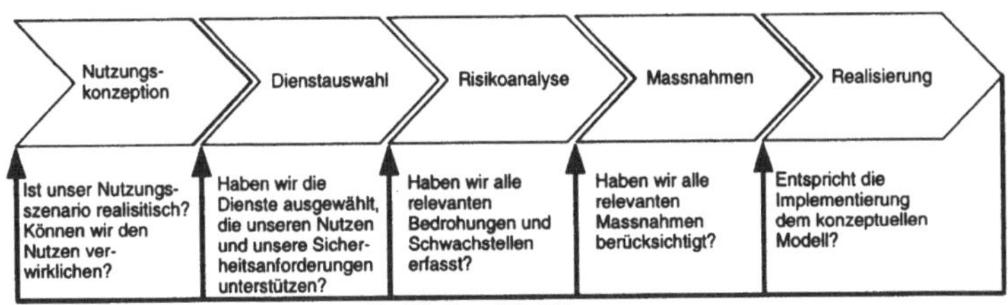

Abbildung 5: RSD-Sicherheitskonzeption

Das RSD-Verfahren ist in fünf Prozeßschritte unterteilt:

1. **Nutzungskonzeption**
   In dieser Phase wird festgelegt, welche Unternehmensaufgaben durch die Online-Dienste unterstützt und welche Ziele damit erreicht werden sollen. Der erste Schritt der Sicherheitskonzeption gibt Aufschluß über diese Fragen. Die Nutzungskonzeption entscheidet über den Verlauf des weiteren Vorgehens.

2. **Dienstauswahl**:
   Anhand der Nutzungskonzepts werden in diesem Schritt verschiedene Internet-Dienste ausgewählt, die die bestmöglichste Unterstützung für die Unternehmensaufgaben bieten.

3. **Risikoanalyse:**
   In der Risikoanalyse werden die Gefahren und Schwachstellen der ausgewählten Internet-Dienste analysiert und die dadurch bedrohten Werte der Unternehmung bestimmt.

4. **Gegenmaßnahmen:**
   Anhand der Risikoanalyse werden dringend zu realisierende, konzeptuelle Schutzmaßnahmen empfohlen

5. **Realisierung:**
   Die verschiedenen technischen, personellen und organisatorischen Realisierungsmaßnahmen werden hier ausgewählt.

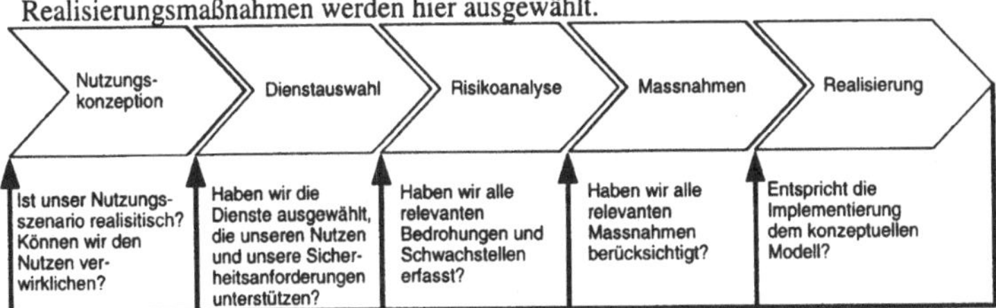

Abbildung 5 zeigt die fünf Phasen der RSD-Sicherheitskonzeption und die Aufgaben bzw. Fragestellungen, die in den jeweiligen Schritten zu lösen sind. Die einzelnen Phasen werden anhand des Vorgehens des Expertensystems in Abschnitt 4 noch genauer erläutert.

Die Übergänge zwischen den einzelnen Prozeßschritten werden mit Hilfe von Tabellen bewerkstelligt (siehe Abbildung 6). Mittels dieser Tabellen kann von der Nutzungskonzeption auf die Internet-Dienste, von den Diensten auf deren Gefahren und Risiken, von den Risiken auf die Gegenmaßnahmen und von diesen wiederum auf die technischen und organisatorischen Realisierungsmöglichkeiten geschlossen werden.

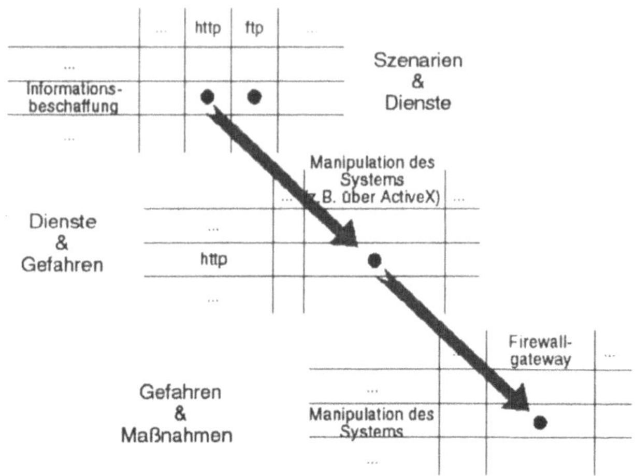

Abbildung 6: Verknüpfung von der Nutzungskonzeption bis hin zu den Realisierungsmaßnahmen

Ein weiteres Element dieses Verfahrens ist die kontinuierliche Kontrolle während und am Schluß der Sicherheitskonzeption (siehe Abbildung 5). Rückkopplungen zwischen den einzelnen Schritten sollen die Verifikation und Validierung der Resultate schon frühzeitig ermöglichen. Sowohl die Überprüfung der Resultate als auch die Implementierung weiterer Online-Dienste verbessern das System sukzessive und gehen somit vom gleichen Ansatz für eine kontinuierliche Verbesserung aus wie das Total Quality Management (TQM) [Dev95].

4 Das RSD-XPS

Aufgabe des Expertensystems RSD-XPS ist es, den Benutzer bei der Planung eines gesicherten Anschlusses an das Internet zu unterstützen. Es assistiert dem Benutzer bei der Umsetzung der RSD-Sicherheitskonzeption. Der Problemlösungsprozeß des Systems ist entsprechend des RSD-Verfahrens aufgebaut, d.h. ausgehend von den Unternehmensaufgaben werden die unterstützenden Internet-Technologien und die dafür notwendigen Sicherheitsmaßnahmen bestimmt. Das System führt den Anwender durch die fünf Phasen Nutzungskonzeption, Dienstauswahl, Risikoanalyse, Maßnahmen, Realisierung.

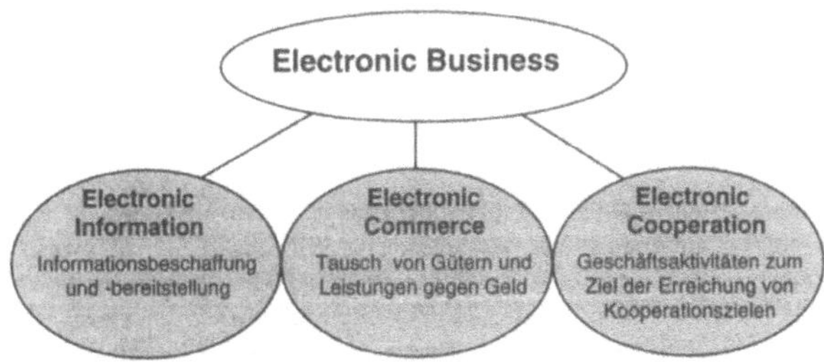

Abbildung 7: Electronic Business und seine Ausprägungen

Ziel der Nutzungskonzeption ist eine Eingrenzung des Einsatzgebietes und damit verbunden eine Bestimmung der benötigten Online-Dienste. Auf diese Weise wird sichergestellt, daß nur diejenigen Dienste implementiert werden, die für die gewünschte Funktionalität benötigt werden. Damit wird verhindert, daß unnötige Sicherheitsrisiken eingegangen werden. Der Anwender muß in dieser ersten Phase ein Nutzungsszenario auswählen, welches sich in der Regel aus Nutzungsmöglichkeit und Zielgruppe zusammensetzt. Für jede Ausprägung des Electronic Business (siehe Abbildung 7) werden dem Benutzer verschiedene Szenarien angeboten. Daneben hat er zusätzlich die Möglichkeit eigene Nutzungsszenarien zu definieren.

Anhand des Nutzungskonzeptes werden in der Phase der Dienstauswahl die für die Realisierung notwendigen Online-Dienste ausgewählt. Zu diesem Zweck erhält der Benutzer eine entsprechende Auswahlliste mit den geeigneten Diensten. Soll etwa das Internet gemäß der Nutzungskonzeption für die Kooperation eingesetzt werden, bietet sich die Implementation folgender Dienste an [Kro95]:

- **E-Mail** ermöglicht die Kommunikation zwischen Partnern.
- Mit dem **WWW** können Daten gemeinsam genutzt werden.
- **X-11** erlaubt den Einsatz von verteilten Anwendungen mit grafischer Benutzeroberfläche.
- Die Dateisysteme **NFS** und **AFS** bieten den Zugriff auf gemeinsame Daten.

Nachdem der Benutzer die Dienstauswahl gemäß seinen Wünschen editiert hat, werden in der Phase Risikoanalyse die Risiken betrachtet, welche mit den ausgewählten Online-Diensten verbunden sind. Die Fragestellung hierbei ist, welche Risiken ganz vermieden oder zumindest durch entsprechende Gegenmaßnahmen vermindert werden können. Die potentiellen Gefahren für die Informationsinfrastruktur werden im Zusammenhang mit ihren Schwachstellen betrachtet. Auf diese Weise ist es möglich, die konkreten Risiken festzustellen. Zur Bestimmung der Risiken sind grundsätzlich folgende vier Schritte durchzuführen [Hei92]:

1. *Wertanalyse*

   Mit der Wertanalyse wird jede Komponente der Informationsinfrastruktur bewertet. Da der eigentliche Bewertungsvorgang nicht durch das Expertensystem vorgenommen wird, verweisen wir dazu auf die entsprechende Literatur (z.B. [Hei92]). Für die Risikobestimmung mit dem Expertensystem werden schon ermittelte Werte vorausgesetzt.

2. *Bedrohungsanalyse*

   Die potentiellen Bedrohungen für die Informationsinfrastruktur und die Art und Weise, in der sie sich bemerkbar machen, werden analysiert.

   Grundsätzlich können drei Grundbedrohungen unterschieden werden [Poh93]:

   - der Verlust der **Vertraulichkeit**
   - der Verlust der **Integrität**

- der Verlust der **Verfügbarkeit**

Diese werden oftmals noch ergänzt durch (siehe [Poh93],[Bau95]:

- der Verlust der **Verbindlichkeit**
- der Verlust der **Authentizität**

Schwachstellenanalyse

Die Schwachstellen im bestehenden Sicherungssystem und den benutzten Internet-Diensten werden untersucht und bewertet. Die Wirkung dieser Schwachstellen auf die Informationsinfrastruktur wird eingeschätzt. Bei der Schwachstellenanalyse des RSD-XPS werden nur die technischen, nicht die personellen oder organisatorischen Schwachstellen berücksichtigt. Dabei wird zwischen Schwachstellen in den Internet-Protokollen und Schwachstellen in den Protokollen der Anwendungsschicht unterschieden [Che96], [Cha96]. Die genauen Wechselwirkungen zwischen Gefahrenpotentialen und den Schwachstellen der einzelnen Internet-Dienste ergeben die konkreten Gefahren. Gelingt es beispielsweise einem Angreifer durch die Schwachstelle bei NFS, dem schlechten Authentifizierungsmechanismus, der nur auf der IP-Adresse beruht, in ein System einzudringen, drohen Gefahren wie etwa Spionage, Modifikation der Daten, Urheberrechtsverletzungen o.ä. und die damit verbundene Systemanomalien.

Risikobewertung

Für jede einzelne Gefahr wird ihre Eintrittswahrscheinlichkeit geschätzt. Dazu müssen empirisch ermittelte Eintrittswahrscheinlichkeiten zur Verfügung stehen. Zudem werden Aussagen über die Schadenshöhe gemacht. Dieser Schritt ist der Kern des Risikomanagement-Modells des RSD-XPS, in dem die in den vorangegangenen Schritten erfaßte Information zusammengefaßt und systematisiert werden. Zur Durchführung der Risikoanalyse wird die Eintrittshäufigkeit einer speziellen Gefahr für einen Dienst anhand verschiedener Schätzungen ermittelt und daraus das konkrete Risiko geschätzt. Neben einer Studie von Cohen werden Studien des DoD (Department of Defence) und des AIFCW (Air Force Information Warface Center) für die Schätzung der Anzahl Angriffsversuche im Internet pro Jahr erwendet [Coh95], [How97] (siehe Abbildung 8). Die verschiedenen Schätzungen basieren auf unterschiedlichen Erhebungsmethoden und Untersuchungsobjekten. Aus diesem Grund variieren die jeweiligen Resultate zum Teil um ein bis zwei Größenordnungen. Um die Häufigkeit pro Dienst und Bedrohung zu schätzen, wurde auf die Analyse der CERT-Datenbank zurückgegriffen [How97]. In dieser Analyse wurde die Anzahl und die Art der gemeldeten Angriffe auf die verschiedenen Internet-Dienste in den letzten Jahren untersucht. Anhand der dort ermittelten Zahlen bewertet das RSD-XPS die verschiedenen Bedrohungen für einen Dienst. Die Skala reicht dabei von „sehr häufig" bis „unwahrscheinlich" (siehe Abbildung 9). Für die Kosten/Nutzen-Analyse werden diese ordinalen Bewertungen mit den in den Untersuchungen ermittelten Schätzwerten für die Anzahl der versuchten Angriffe pro Jahr (siehe Abbildung 8) verrechnet. Auf diese Weise werden die Eintrittshäufigkeiten (siehe Abbildung 9) berechnet.

Studie	Schätzung
Cohen	44 Mio
DISA	700'000
AFIWC	40'000

Abbildung 8: Geschätzte Gesamtzahl der Angriffsversuche pro Jahr [How97]

Mit der Eintrittshäufigkeit und den Resultaten aus der Wertanalyse kann nun das konkrete Risiko berechnet werden. Das konkrete Risiko ergibt sich aus:

Risiko = Vermögenswert in CHF * Häufigkeit des Schadenseintritts.

Die einzelnen Risikozahlen müssen jedoch kritisch betrachtet werden. Obwohl versucht wurde, die tatsächlichen Zahlen so genau wie möglich zu ermitteln, darf nicht vergessen werden, daß es sich dabei immer noch um Schätzungen handelt. Die im RSD-XPS verwendete Risikoklassenmatrix zur grafischen Darstellung der Risikozahlen relativiert diese strenge Genauigkeit (s. Abbildung 15). Für die Erstellung einer Kosten/Nutzen-Analyse muß jedoch an der kardinalen Darstellung der Risiken festgehalten werden.

Studie Skalenelement	Cohen korrigiert		DISA korrigiert		AFIWC	
	Anzahl der Angriffe pro Jahr	1 Angriff pro Anzahl Jahre	Anzahl der Angriffe pro Jahr	1 Angriff pro Anzahl Jahre	Anzahl der Angriffe pro Jahr	1 Angriff pro Anzahl Jahre
sehr häufig	1.50-E01	6.7	2.39-E03	418	1.37-E04	7299
häufig	1.50-E02	67	2.39-E04	4180	1.37-E05	72990
mittel	1.50-E03	670	2.39-E05	41800	1.37-E06	729900
selten	1.50-E04	6700	2.39-E06	418000	1.37-E07	7299000
unwahrscheinlich	1.50-E05	67000	2.39-E07	4180000	1.37-E08	72990000

Abbildung 9: Empirische Schätzungen

Im nächsten Schritt werden die Maßnahmen gegen die eruierten Risiken vorgeschlagen. Es gibt grundsätzlich vier Möglichkeiten, Risiken einzuschränken [Sch92]:

- **Risikovermeidung**
  Der Internet-Dienst wird nicht eingesetzt oder durch einen gleichwertigen, jedoch sicheren Dienst ersetzt.
- **Schutzmaßnahmen**
  Es werden Vorkehrungen zur Sicherung des eingesetzten Dienstes getroffen. Das Risiko wird dadurch reduziert.
- **Schadensbegrenzung**
  Ist trotz Schutzmaßnahmen ein Schaden eingetreten, so sollte er in Grenzen gehalten werden. Dazu gehört eine effektive Datensicherung, Ermitteln des Angreifers, Feststellen der benutzten Schwachstelle, Verbessern der Schutzmaßnahmen und Information potentieller neuer Opfer usw.
- **Überwälzen**
  Die Risiken können auch versichert werden. Dies ist vor allem bei großen Risiken der Fall, die selten auftreten und gegen die man keine genügenden Maßnahmen ergreifen kann. Die Risiken, die im Zusammenhang mit dem Internet stehen, dürften jedoch wohl schwerlich zu zahlbaren Konditionen versicherbar sein.

Da durch die Auswahl des Nutzungsszenarios unnötige Dienste erkannt und nicht eingesetzt wurden, kann schon ein gewisser Teil des möglichen Risikos vermieden werden. Die ausgewählten Internet-Dienste müssen jedoch genau konfiguriert werden, damit auch wirklich alle überflüssigen Dienste deaktiviert sind. Durch eine Kosten/Nutzen-Analyse, welche das geschätzte Risiko mit den notwendigen Realisierungsmaßnahmen vergleicht, ist es möglich die effizientesten Sicherheitsmaßnahmen auszuwählen. Nach Anwendung der oben genannten vier Möglichkeiten zur Risikominimierung, bleibt ein **Restrisiko** übrig, welches nicht weiter eingeschränkt werden kann, sondern akzeptiert werden muß.

Die Phase der Realisierung schließlich beschäftigt sich mit der Umsetzung der Gegenmaßnahmen. Zu jeder Gegenmaßnahme werden Möglichkeiten der Realisierung vorgeschlagen. Der Benutzer kann die Kosten für eine Realisierungsmaßnahme eingeben und erhält dann eine Kosten/Nutzen-Analyse für diese Realisierungsmaßnahme. Bei der Kosten/Nutzen-Analyse wird zu jeder Realisierungsmaßnahme deren Kosten und die Summe der Risiken angegeben, die die Maßnahme vermindert. Neben der Beschaffung und Installation der einzelnen Produkte zählen auch die Wartung und die Überwachung zur Realisierung.

5 Praktisches Beispiel

Im folgenden soll nun anhand eines fiktiven Beispiels die Anwendung des RSD-XPS demonstriert werden. Bei dem Beispiel handelt es sich um den Chipfabrikanten Chip AG, der Mikrochips für die Steuerung von Spielzeugrobotern entwickelt und vertreibt. Der Kundenstamm setzt sich hauptsächlich aus Hobbybastlern, die jeweils nur einzelne Mikrochips bestellen, zusammen. Hinzu kommen einige wenige große Spielzeughersteller, die die Mikrochips in konkrete Produkte einbauen. Zusätzlich zu den schon bestehenden Vertriebskanälen soll nun die Vermarktung der Mikrochips über das Internet ermöglicht werden. Dazu wird ein Internet-Server in Betrieb genommen.

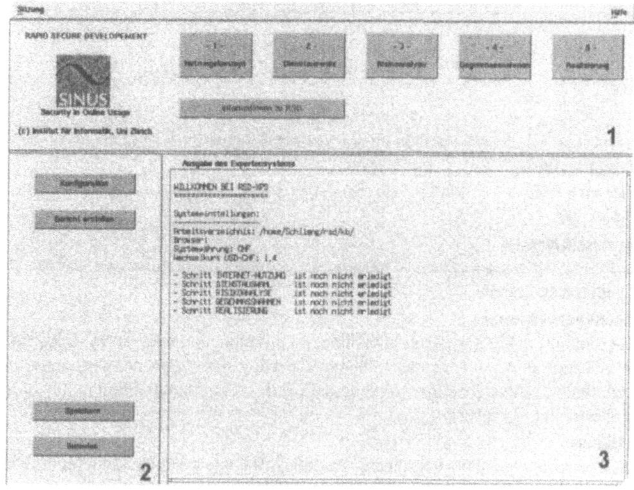

Abbildung 10: Grafische Oberfläche des RSD-XPS

Die Oberfläche des RSD-XPS ist in drei Teile gegliedert (siehe Abbildung 10). In der Schrittwahl (1) können die verschiedenen Phasen des RSD-Verfahrens ausgewählt werden. Im Funktionsteil (2) werden die Funktionalitäten eingeblendet, die für die jeweils aktuelle Phase vorhanden sind. Im Ausgabeteil (3) werden die Ergebnisse des Expertensystems dargestellt. Im folgenden wird der jeweils relevante Ausschnitt der RSD-Oberfläche gezeigt.

5.1 Nutzungskonzeption

Wie schon erwähnt wird in dem Nutzungsszenario die Verwendung der Internet-Technologie festgelegt. Von den im System vordefinierten Szenarien (siehe dazu auch Abbildung 7) treffen auf die Zielsetzung der Chip AG folgende zu:

- Den öffentlichen elektronischen Handel für den Direktverkauf der Mikrochips an Private und Abnehmerfirmen,
- die öffentliche Informationsbereitstellung für die Produktwerbung
- und die öffentliche Informationsnachfrage für die Beschaffung unternehmenssrelevanter Informationen von Konkurrenten und Forschungsanstalten.

Dieser Vorgang ist in Abbildung 11 dargestellt.

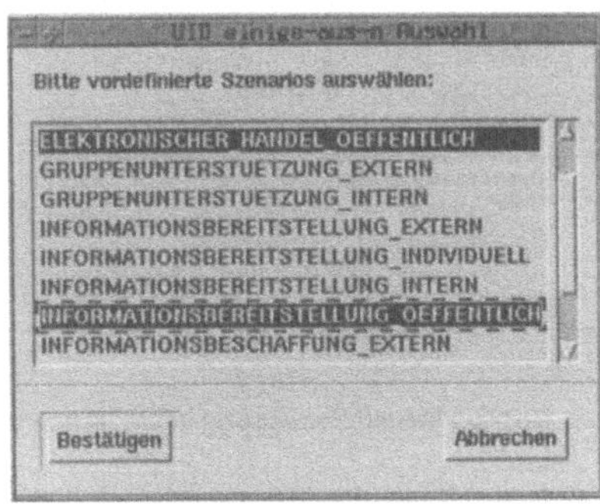

Abbildung 11: Auswahl der Nutzungsszenarien

5.2 Dienstauswahl

Im zweiten Schritt werden anhand der ausgewählten Szenarien die benötigten Internet-Dienste durch das Expertensystem aktiviert. Dabei handelt es sich um eine Standardauswahl, die möglichst optimal auf die Nutzungskonzeptioon der Chip AG zugeschnitten wurde.

Abbildung 12 zeigt die Ausgabe des Systems nach Auswahl des Nutzungsszenarios (siehe Abbildung 11). Die Liste der Dienste kann nun durch den Benutzer weiter verfeinert und an seine spezielle Bedürfnisse angepaßt werden. In unserem Beispiel entscheidet die Firma, die Dienste Archie und WAIS nicht zu unterstützen und deaktiviert sie deshalb. (Dies ist durch das „-" bei den entsprechenden Diensten ersichtlich.)

```
Schritt 2: Dienstauswahl
=========================

Anwendungsdienst E-Mail Client wurde ausgewählt. +
Anwendungsdienst FTP Client wurde ausgewählt. +
Anwendungsdienst HTML wurde ausgewählt. +
Anwendungsdienst Java-Applets wurde ausgewählt. +
Anwendungsdienst Archie Client wurde ausgewählt. -
Anwendungsdienst WAIS Client wurde ausgewählt. -
Anwendungsdienst E-Mail Server wurde ausgewählt. +
Anwendungsdienst FTP Server wurde ausgewählt. +
Anwendungsdienst CGI wurde ausgewählt. +
administrativer Dienst ICMP wurde ausgewählt. +
administrativer Dienst DNS Client wurde ausgewählt. +
```

Abbildung 12: Auswahl benötigter Dienste durch das Expertensystem

Das RSD-XPS verfügt über eine Erklärungskomponente, d.h. der Benutzer kann sich die einzelnen Entscheidungen des Systems begründen lassen. Möchte der Benutzer zum Beispiel wissen, weshalb die Dienste ICMP und FTP Client aktiviert wurden, antwortet das System mit der Ausgabe in Abbildung 13. Aufgrund der vom Benutzer erfolgten Auswahl des Nutzungsszenarios *Informationsbeschaffung öffentlich* (siehe Abbildung 11), wurde der Dienst *FTP Client* ausgewählt. *ICMP* dagegen ist ein spezieller sogenannter administrativer Dienst. Administrative Dienste werden abhängig von den Anwendungsdiensten ausgewählt und können i.d.R. nicht durch den Benutzer abgewählt werden, da sie für den Betrieb eben dieser Dienste benötigt werden. *ICMP* im Beispiel ist ein Teil des IP Protokolls und muß daher installiert werden.

```
administrativer Dienst ICMP wurde ausgewählt weil:
   <- IMMER_BENÖTIGT

Anwendungsdienst FTP Client wurde ausgewählt weil:
   <- INFORMATIONSBESCHAFFUNG_OEFFENTLICH
      <- BENUTZER
```

Abbildung 13: Erklärungskomponente des Expertensystems

5.3 Risikoanalyse

In der Risikoanalyse werden die Gefahren der ausgewählten Internet-Dienste aktiviert und das jährliche Risiko des Internet-Servers der Chip AG bestimmt. Um eine Risikoanalyse durchführen zu können, muß zuerst die Risikoklasse des Internet-Hosts bestimmt werden, indem der Grad der Attraktivität eines Hosts für einen potentiellen Angreifer angegeben wird. Dem Benutzer stehen die Attraktivitätsgrade stark (Schätzung von Cohen), mittel (Schätzung von DISA) oder schwach (Schätzung von AFIWC) zur Verfügung. Die Chip AG entscheidet sich für den mittleren Attraktivitätsgrad.

Des weiteren müssen die Werte angegeben werden, die durch die Gefahren des Internets bedroht sind. Die Bestimmung der immateriellen und materiellen Werte wird nicht direkt durch das Expertensystem unterstützt. Die Analyseresultate werden direkt in das System eingegeben. Die Chip AG schätzt die bedrohten Werte folgendermassen:

- Informationsbeschaffung: 100'000 CHF
  Die Gefahren der Informationsbeschaffung bestehen darin, daß Programme in das interne Netzwerk gelangen, die Daten zerstören und die Infrastruktur lahmlegen können.

- Informationsbereitstellung: 500'000 CHF
  Die Bereitstellung von Information ist risikoreicher, da ein eigener Webserver betrieben werden muß, der Opfer eines Angriffes werden kann. Der Schaden kann z.B. das Ausspionieren des internen Netzwerkes sein.

- elektronischer Handel: 500'000 CHF
  Für dieses Einsatzszenario gilt prinzipiell die vorangehende Argumentation. Der höhere Schaden, der durch den elektronischen Handel entstehen kann, wird nur mit dem Dienst CGI spezifiziert.

- CGI: 2'000'000 CHF
  Da als Schlüsseltechnologie für den elektronischen Handel CGI-Skripte verwendet werden sollen, besteht hier das höchste Schadenspotential. Unter anderem können falsche Bestellungen getätigt oder Kreditkartennummern abgehört werden.

Mit Hilfe dieser Angaben wird nun das Risiko jedes Dienstes berechnet und im Ausgabeteil abgedruckt. Abbildung 14 zeigt den Ausschnitt der Systemausgabe für den CGI-Dienst und das totale Risiko für den Internet-Server der Chip AG.

```
                                        Häufigkeit  1 Ereignis  jährl.
    DIENST: Wert des/der Szenarios      pro Jahr    in Anzahl   Risiko
      Gefahr                            und Host    Jahren      in CHF
    -------------------------------------------------------------------
    'CGI':  2`000`000
    * 'Abhören der IP-Pakete'           2.4E-5      41`828          48
    * 'gefälschte Authentizität'        2.4E-6      418`277          5
    * 'Leugnung des Empfangs'           2.4E-6      418`277          5
    * 'Leugnung der Sendung'            2.4E-6      418`277          5
    * 'Modifikation im internen System' 2.4E-3         418       4`782
    * 'Modifikation während der Übermittlung'  2.4E-6  418`277   5
    * 'Spionage im internen System'     2.4E-3         418       4`782
    * 'Stören der Verfügbarkeit von Netzkomponenten' 2.4E-4  4`183  478
    * 'System-Anomalien'                2.4E-6      418`277          5
    * 'Verkehrsflussanalyse'            2.4E-6      418`277          5
    * 'Wiederholung/Verzögerung einer Information'  2.4E-6  418`277  5
                                                               -------
    Totales Risiko CGI:                                         10`122


    (...)
                                                               -------
    TOTALES RISIKO pro Jahr und Host:                           28`134
                                                               =======
```

Abbildung 14: Ausschnitt aus der Risikoanalyse

Wie schon erwähnt müssen die einzelnen Zahlen kritisch betrachtet werden. Die Risikozahl gilt nicht als absolute Zahl, sondern gibt eine Indikation für das zu erwartende Risiko. Für eine bessere Entscheidungsgrundlage kann das Dienstportfolio mit den errechneten Risikokennzahlen in Risikoklassen eingeteilt werden [Kra89]. Dazu werden die Dienste in einer Matrix eingetragen, wobei die Eintretenshäufigkeit auf der horizontalen und die Schadenshöhe auf der vertikalen Achse abgetragen wird (siehe Abbildung 15). Dabei ergeben sich vier Klassen: seltene Fälle (A), Problemfälle (B), unkritische Fälle (C) und Routinefälle (D).

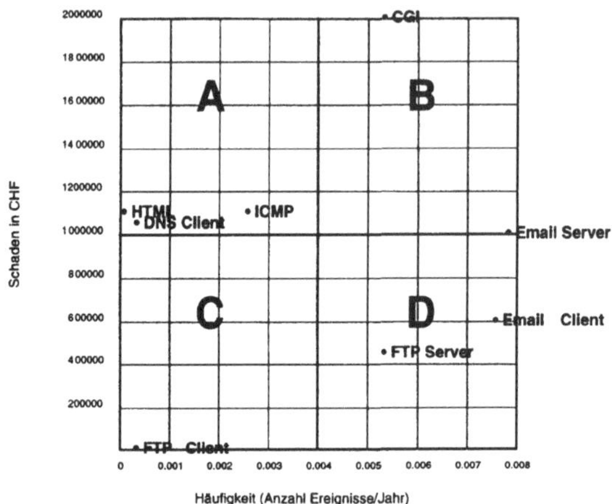

Abbildung 15: Risikoklassenmatrix

Anhand dieser Matrix können die Prioritäten der zu realisierenden Gegenmaßnahmen festgelegt werden. Der CGI-Dienst in Klasse B sollte dringend geschützt werden, während der Einsatz des FTP Clients keinerlei große Risiken mit sich bringt. Für die Dienste in Klasse A und D wird eine Kosten/Nutzen-Analyse der Realisierungsmaßnahmen zeigen, welche Schutzmaßnahmen sich lohnen.

5.4 Gegenmaßnahmen

Im Schritt Gegenmaßnahmen werden konzeptionelle Maßnahmen vorgeschlagen, die das Risiko durch die Inbetriebnahme der Firma Chip AG verringern können. Folgende Maßnahmen werden durch das Expertensystem vorgeschlagen:

```
Zusammenfassung:
----------------

+   'Abschottung von Netzsegmenten durch Firewalls'
+   'Einsatz digitaler Signaturen'
+   'Protokollierung'
+   'Redundante Einrichtungen schaffen'
+   'Einsatz von steganographischen Techniken'
+   'Verbot der Ausführung von Diensten und Dienstteilen'
+   'Einsatz von Verschlüsselung'
+   'Einsatz von Anti-Viren-Software'
```

Abbildung 16: Zusammenfassung der vorgeschlagenen Maßnahmen

Detailliertere Angaben, welche Maßnahme welche Dienste schützen, können ebenfalls abgerufen werden.

5.5 Realisierung

Im Schritt Realisierungsmaßnahmen werden nun Maßnahmen vorgeschlagen, mit denen die konzeptuellen Gegenmaßnahmen aus Schritt 4 verwirklicht werden können. Realisierungsmaßnahmen sind konkrete technische, organisatorische und personelle Maßnahmen, die das System der Chip AG schützen. Zudem können Kosten und Nutzen der Realisierungsmaßnahmen miteinander verglichen werden, und so die effizientesten Maßnahmen ausgewählt werden. Die Kosten der Realisierungen sind nicht standardmässig definiert, sondern müssen unternehmensspezifisch eruiert und dann eingegeben werden. Das Risiko wird pro Jahr ausgegeben, daher müssen auch die Kosten auf ein Jahr hochgerechnet werden. Betrachten man den Ausschnitt der Kosten/Nutzen-Analyse des Einsatzes von Firewalls in Abbildung 17, so sieht man, daß die veranschlagten Kosten für die Realisierung der vorgeschlagenen Sicherheitsmaßnahmen im Fall der Chip AG das Risiko nicht übersteigen. Der Einsatz von Firewalls lohnt sich demzufolge in diesem Fall.

```
Details:
--------

GEGENMASSNAHME                                      Kosten   Risiko   Differenz
    Realisierungsmassnahme                          in CHF   in CHF   in CHF
--------------------------------------------------------------------------------
'ABSCHOTTUNG VON NETZSEGMENTEN DURCH FIREWALLS':
  * 'Application Gateway'                            4`000   28`078   +24`078
  * 'erstmalige Konfiguration des Firewalls'         2`000   28`078   +26`078
  * 'regelmässige Kontrolle des Firewalls'           5`000   28`078   +23`078
  * 'Packetfilter'                                   4`000   28`078   +24`078
  * 'Wartung des Firewalls'                          5`000   28`078   +23`078
                                                    ------   ------   ------
                                                    20`000   28`078    +8`078
                  ======  ======  =======
```

Abbildung 17: Ausschnitt aus den Realisierungsmaßnahmen

Nach der Durchführung der Kosten/Nutzen-Analyse für alle Maßnahmen, kann das Realisierungs-Portfolio zusammengestellt werden. Alle Maßnahmen mit positiver Differenz werden realisiert, mit den restlichen kann noch gewartet werden, bis eventuelle neuere Erkenntnisse die Entscheidungsgrundlage verändern.

6 Zusammenfassung und Ausblick

Das Rapid Secure Development (RSD) ist ein konzeptionelles Vorgehen, das zum Ziel hat, ausgehend von einem Nutzungsszenario eine sichere Implementierung der Internet-Dienste zu erreichen. Das komplexe Thema der Internet-Sicherheit kann durch geeignete Abstraktion in die fünf Schritte Nutzungskonzeption, Dienstauswahl, Risikoanalyse, Gegenmaßnahmen und Realisierung aufgeteilt werden. Das hier vorgestellte Expertensystem orientiert sich an den fünf Schritten der RSD-Verfahrens und verbindet somit wirkungsvoll das konzeptionelle Vorgehen mit den Realisierungsdetails.

Das Expertensystem stellt eine Ergänzung des entwickelten RSD-Verfahrens dar. Es ist ein zusätzliches Wissensmedium, das den Wissenstransfer von der Forschung zu den Unternehmen unterstützt. Die Darstellung des Verfahrens in Form eines Software-Hilfsmittels hat dabei die Vorteile der geringen Einarbeitungszeit und der kleinen Fehlerrate. Um mit der Sicherheitskonzeption beginnen zu können, muß der Anwender sich nur über Zweck der Internetanbindung und über die grundlegenden Schritte der Sicherheitskonzeption im Klaren sein. Alles weitere wird ihm während der Benutzung mittels der eingebundenen HTML-Dokumente vermittelt. Durch das programmatische Vorgehen können Flüchtigkeitsfehler und Ungenauigkeiten vermieden bzw. verhindert werden. Zudem lädt das System dazu ein, verschiedene Szenarien durchzuspielen und dabei die Risikoentwicklung sowie vorgeschlagene Sicherheitsmaßnahmen zu betrachten.

Einen großen Teil des Expertensystems nimmt die Risikoanalyse ein. Eine ausdrucksstarke Bewertung der Risiken ist unbedingt notwendig, um aus den Risiken notwendige Sicherungsmaßnahmen ableiten zu können. Über die Häufigkeit der einzelnen Gefahren gibt es praktisch noch keine Erfahrungen. Aus diesem Grund wurden verschiedene Schätzungen angestellt. Trotzdem bleibt zu hoffen, daß auf diesem Gebiet weitere Untersuchungen durchgeführt werden, so daß besser abgestützte Angaben über die empirischen Häufigkeiten der einzelnen Gefahren gemacht werden können.

Bei der Entwicklung des Prototypen wurde darauf geachtet, daß weitere Realisierungsmaßnahmen ohne großen Aufwand implementiert werden können. Ebenso ist die Integration weiterer Dienste, Gefahren und Gegenmaßnahmen einfach zu bewerkstelligen. Dies ist eine notwendige Voraussetzung dafür, daß das RSD-XPS mit der raschen Entwicklung des Internets Schritt halten kann.

Literatur

[Bau95]   Bauknecht, K., R. Hauser, et al. (1995). Sicherheit in der Informationstechnik. Zürich, Institut für Informatik, Universität Zürich.

[BFI95]   BFI (1995). Informatiksicherheit – Grundschutz von Informatiksystemen und -anwendungen. Bern, Bundesamt für Informatik.

[BSI96]   BSI (1996). IT Grundschutzhandbuch 1996, Massnahmeempfehlungen für den mittleren Schutzbedarf. Köln, Bundesanzeiger Verlag.

[Cha96]   Chapmann, B. D. and E. D. Zwicky (1996). Einrichten von Internet-Firewalls – Sicherheit im Internet gewährleisten. Bonn, O`Reilly/Intern. Thomson Verlag.

[Che96]   Cheswick, W. R. and S. M. Bellovin (1996). Firewalls und Sicherheit im Internet – Schutz vernetzter Systeme vor cleveren Hackern. Bonn, Addison-Wesley.

[Coh95]   Cohen, F. B. (1995). Protection and Security on the Information Superhighway. New York, John Wiley & Sons, Inc.

[Dev95]   Devargas, M. (1995). The Total Quality Managment Approach to IT Security. Cambridge, NCC Blackwell.

[Fit97]   Fittkau, S. and H. Maaß (1997). W3B Umfrage. W3B Hamburg, http://www.w3b.de.

[Hei92]   Heinrich, L. J. (1992). Informationsmanagement- Planung, Überwachung und Steuerug der Informations-Infrastruktur. München, Oldenbourg Verlag.

[How97]   Howard, J. D. (1997). An Analysis of Security Incidents on the Internet 1989-1995, http://www.cert.org/research/JHThesis/index.html.

[Kir97]   Kirsch, P. and H. Weidner (1997). Online-Dienste im Internet – eine kombinierte Anforderungs- und Risikoanalyse. Proceedings der Verlässliche Informationssysteme (VIS) 97. Freiburg.

[Kir98]   Kirsch, P. and H. Weidner (1998). Secure Conception of Internet Services. Proceedings of the IFIP Sec 98. Vienna/Budapest.

[Kra89]   Krallmann, H. (1989). EDV-Sicherungsmanagement – Integrierte Sicherungs-konzepte für betriebliche Informations- und Kommunikationssysteme. Berlin, Schmidt Verlag.

[Kro95]   Krol, E. (1995). Die Welt des Internet – Handbuch & Übersicht. Bonn, O`Reilly/International Thomson Verlag.

[Poh93]   Pohl, H. and G. Weck (1993). Stand und Zukunft in der Informationssicherheit. Einführung in die Informationssicherheit. München, Oldenbourg Verlag: 9-32.

[Sch92]   Schaumüller-Bichl, I. (1992). Sicherheits-Management – Risikobewältigung in informationstechnologischen Systemen. Mannheim, BI Wissensschaftsverlag.

Ein nutzerorientiertes Konzept zur Risikoeinschätzung und Risikohandhabung bei der Zahlungssystemwahl

Torsten Költzsch
Martin Reichenbach

Institut für Informatik und Gesellschaft
Abteilung Telematik
Friedrichstr. 50
79098 Freiburg

1 Zusammenfassung

Für die Abwicklung von Zahlungstransaktionen über das Internet bieten sich eine Reihe dafür angepaßter traditioneller und neu entwickelter digitaler Zahlungssysteme an. Letztlich muß sich ein Nutzer jedoch immer zugunsten eines der Zahlungssysteme entscheiden, das sich in seinem Portfolio befindet. Aufgrund der Komplexität der Wirkungszusammenhänge und fehlender objektiver Informationen über die Auswirkungen seiner Zahlungssystemwahl läuft der Nutzer dabei Gefahr, daß seine Sicherheitsanforderungen verletzt werden. In diesem Beitrag wird ein Konzept vorgestellt, mit dem den Nutzern eine Einschätzung des mit der Verwendung digitaler Zahlungssysteme zusammenhängenden Risikos und ein eigenverantwortlicher Umgang mit diesen Risiken ermöglicht werden soll. Beispielhaft wird für die E-Commerce-Plattform SEMPER eine Umsetzung des Konzeptes in eine Beratungs- und Entscheidungsunterstützungskomponente vorgeschlagen.

2 Motivation

Große wirtschaftliche Hoffnungen begleiten die Nutzung des Internet. In einer empirischen Untersuchung konnte die Electronic Commerce Enquête (ECE) zeigen, daß Management und Entscheidungsträger von Unternehmen im deutschsprachigen Raum die Potentiale des Electronic Commerce (EC) erkennen und die ökonomischen Vorteile in verbilligten Transaktionen sehen [vgl. SchStWe_98].[20]
Die ökonomischen Ergebnisse der derzeitigen Internetnutzung enttäuschen jedoch im Vergleich zu den Hoffnungen, da Zuwächse bei den Marktanteilen, den Umsätzen und den Gewinnmargen ebenso wie Kostenreduktionen bisher kaum festzustellen sind [vgl.

---

[20] Vgl. http://www.iig.uni-freiburg.de/~schoder/ece. Die Electronic Commerce Enquête ist eine im Herbst 1997 von dem Institut für Informatik und Gesellschaft/Abteilung Telematik, in Zusammenarbeit mit der Computerzeitung und Gemini Consulting durchgeführte Erhebung, mit der Management und Entscheidungsträger im deutschsprachigen Raum zum betriebswirtschaftlichen Nutzen von Web-basiertem Electronic Commerce befragt wurden.

SchStWe_98, S. 29 f]. Die offenen Netze und insbesondere die dafür entwickelten Zahlungssysteme werden kaum verwendet. Statt dessen zeigt sich bei der Zahlungsabwicklung ein starkes Beharrungsvermögen zugunsten traditioneller Methoden [vgl. KuTe_98, S. 16,17].

Als Ursache für dieses Phänomen lassen sich verschiedene Sachverhalte anführen. Aus der ECE-Untersuchung etwa können vier Aussagen herangezogen werden, die eine hohe Zustimmung durch die Befragten erhalten haben:

- Allgemein übliche Geschäftsgepflogenheiten fehlen;

- Rechtliche Aspekte sind ungeklärt, z. B. im Zusammenhang mit der Haftung oder der Rechtsgültigkeit elektronisch signierter Verträge;

- Die Beweisbarkeit von Online-Transaktionen fehlt;

- Möglichkeiten für die sichere Abwicklung von Zahlungen über das WWW fehlen [vgl. SchStWe_98, S. 12].

Ein weiteres Ergebnis der ECE besagt, daß im Kontext von EC noch große Ungewißheit herrscht [vgl. SchStWe_98, S. 12].

Hinzu kommen Sachverhalte wie die asymmetrische Machtverteilung bei SET[21] (gegenwärtig zu Gunsten der Käufer und zu Lasten der Händler, nach der Einführung von Kundenzertifikaten umgekehrt). Die Gleichstellung von digitaler Signatur und handschriftlicher Unterschrift fehlt bislang, der Beweiswert digitaler Signaturen im Rechtsbehelf ist rechtlich noch nicht abgesichert [vgl. DeKa_97, S. 171 f.; Esch_97, S. 1173]. Weiterhin sind offene Fragen im Zusammenhang mit der Haftung für Abwicklungsfehler bei der Durchführung von Zahlungstransaktionen, dem damit einhergehenden Problem der Beweislastverteilung und die Probleme der Anwendbarkeit nationalstaatlicher Regelungen bei grenzüberschreitenden Transaktionen über das Internet zu nennen [vgl. Ho_96, S. 2006]. Unter dem Eindruck des Richtlinienvorschlags der Europäischen Kommission zur Schaffung gemeinsamer Rahmenbedingungen für elektronische Signaturen muß in nächster Zeit darüber hinaus mit Änderungen am erst jüngst verabschiedeten deutschen Informations- und Kommunikationsdienste-Gesetz (IuKDG) gerechnet werden [vgl. Bri_98].

Nachrichten über das Abhören von T-Online PINs und das Fälschen von Überweisungen im Internet-Banking[22] tragen zu dem oben genannten Phänomen bei und lassen die Hypothese zu, daß die Abwicklung von Zahlungstransaktionen über das Internet als noch zu riskant betrachtet wird und es den Nutzern an dem notwendigen Vertrauen in die korrekte Durchführung von Transaktionen mangelt. Umfassende und objektive Informationen fehlen den Nutzern zum jetzigen Zeitpunkt.

Basierend auf der geschilderten Problematik wird in diesem Beitrag ein Konzept vorgestellt, mit dem den Nutzern von digitalen Zahlungssystemen eine transaktions- und situationsbezogene Einschätzung des mit der Verwendung dieser Zahlungssysteme zusammenhängenden Risikos und ein eigenverantwortlicher Umgang mit diesen Risiken ermöglicht werden soll. In den Kapiteln Risikoanalyse und Risikohandhabung werden zunächst die dazu notwendigen Grundlagen beschrieben.

---

[21] SET (Secure Electronic Transaction), ist ein aus der Initiative von MasterCard und Visa zur Abwicklung von u.a. Kreditkartenzahlungen über das Internet hervorgegangenes Kommunikationsprotokoll, http://www.setco.org.

[22] Presseerklärung des Chaos Computer Clubs Hamburg zum Angriff auf die Homebanking-Lösung der Deutschen Bank / Bank 24 während der CeBit im März 1997.

3 Risikoanalyse – Implikationen der Zahlungssystemwahl

Eine Analyse der mit der Verwendung digitaler Zahlungssysteme verbundenen Risiken dient der Schaffung von Transparenz und kann den Nutzern eine auf objektiven Informationen beruhende Risikoeinschätzung ermöglichen.

3.1 Digitale Zahlungssysteme

Aus der Menge der für das Internet entwickelten digitalen Zahlungssysteme werden solche Systeme untersucht, die im Untersuchungszeitraum in Pilotversuchen erprobt werden bzw. die sich bereits im praktischen Einsatz befinden (z.Zt. eCash von DigiCash bei der Deutschen Bank; SET u.a. bei der Commerzbank AG zusammen mit der Karstadt AG; Cybercash, CyberCoin und Edd bei der Commerzbank AG und bei der Dresdner Bank). Da es plausibel erscheint, daß Nutzer für Zahlungen im Internet und für „Offline"-Zahlungen am „Point of Sale" der Einfachheit halber das gleiche Zahlungsmittel verwenden wollen [vgl. Kro_98], werden auch auf Smartcards aufbauende Zahlungsmittel wie die elektronische Geldbörse des deutschen Kreditwesens (Geldkarte) eine Rolle spielen. Diese digitalen Zahlungssysteme, deren Einsatz im Internet vorbereitet wird, werden ebenfalls untersucht. Die Auswahl der zu untersuchenden Zahlungssysteme sollte groß genug sein, so daß idealerweise immer mehrere Vertreter einer generischen Zahlungssystemklasse [vgl. AbPe_96] untersucht werden können. Damit lassen sich klassentypische Gemeinsamkeiten und Eigenschaften identifizieren, die für die Beurteilung neu entwickelter Zahlungssysteme herangezogen werden können.

Zahlungssysteme können etwa danach unterschieden werden, ob der Zahlende direkt oder indirekt mit dem Zahlungsempfänger in Verbindung tritt und ob die Beteiligten zur Zahlungsabwicklung ein Konto bei einer Bank benötigen oder ob „geldähnliche" Werte direkt zwischen Nutzern übertragen werden.[23]

Nach AbPe_96, werden die folgenden generischen Zahlungssystemklassen unterschieden:

- „Geldähnliche" Zahlungssysteme (online)

  Die zwischen Zahlendem und Zahlungsempfänger übertragenen digitalen Informationen stellen selbst einen Wert dar (Beispiel: eCash von DigiCash).

- „Kontobasierte" Zahlungssysteme (online)

  Der Zahlende ermächtigt den Zahlungsempfänger durch Übergabe eines Inhaberpapiers (Beispiel: eCheck von FSTC[24]) oder der Übermittlung seiner Kreditkarteninformationen (Beispiel: SET) dazu, den vereinbarten Betrag über das Bankensystem vom Konto des Zahlenden einzuziehen.

- „Push-Artige" Zahlungssysteme (offline)

  Der Zahlende weist seine Bank an, von seinem Konto einen bestimmten Betrag auf das Konto des Zahlungsempfängers zu überweisen (Beispiel: Online-Banking mit Überweisungsauftrag).

- „Pull-Artige" Zahlungssysteme (offline)

  Der Zahlungsempfänger weist seine Bank an, den vereinbarten Betrag über die Bank des Zahlenden vom Konto des Zahlenden einzuziehen (Beispiel: Elektronisches Lastschriftverfahren).

---

[23] Bestimmte Produkte nach dem „direct cash-like model" (beispielsweise DigiCashs eCash) arbeiten auch mit einer gewissen Art von Verrechnungskonto bei den beteiligten Banken. Dabei handelt es sich um eine Eigenart der Implementierung. Richtlinien der Zentralbank könnten zur besseren Kontrolle der Geldmenge in Zukunft die Einbindung von Verrechnungskonten in Zahlungssysteme erfordern. Rein geldähnliche Zahlungssysteme benötigen keinerlei Verrechnungskonten.

[24] Financial Services Technology Consortium, http://www.fstc.org.

3.2 Sicherheitskriterien und Mehrseitige Sicherheit

Als Referenz für die Untersuchung der Risiken bei der Verwendung von digitalen Zahlungssystemen werden hier Sicherheitskriterien des Konzeptes . der Mehrseitigen Sicherheit verwendet. Mehrseitige Sicherheit bedeutet die Berücksichtigung der Sicherheitsanforderungen aller beteiligten Parteien,[25] etwa bei der Abwicklung von Zahlungen, sowie die technische Umsetzung, das regulative Umfeld und die wirtschaftlichen Auswirkungen. Unter Beachtung des Prinzips der Mehrseitigen Sicherheit wird ein eigenverantwortlicher Umgang mit Risiken ermöglicht und somit die Voraussetzung für Vertrauen geschaffen [vgl. Mü_97, S. 148, 156].

Im Gegensatz zur Mehrseitigen Sicherheit bedeutet einseitige Sicherheit Schutz überwiegend für Betreiber von Kommunikations- oder Zahlungssystemen, da sie über ihren Einfluß auf die Hersteller allein die Sicherheitsfunktionalität für ein Gesamtsystem und damit für die anderen beteiligten Parteien bestimmen. In einem offenen System wie dem Internet, in dem jeder Teilnehmer als potentieller Angreifer gesehen werden muß, können jedoch nicht alle Gefahren und Bedrohungen ex ante identifiziert und entsprechende Gegenmaßnahmen entwickelt werden.

Für die Mehrseitige Sicherheit wurden sieben Kriterien festgelegt, die eine durch praktische Versuche verifizierte Teilmenge der durch Standardisierungsgremien formulierten Sicherheitskriterien darstellen [vgl. MüKoSch_97, S. 306; RoSch_96; CCIB_98].

a) **Vertraulichkeit** – Inhalt und Umstände von Zahlungstransaktionen sollen vor Außenstehenden verborgen bleiben können.

b) **Anonymität** – Teilnehmer einer finanziellen Transaktion sollen voreinander anonym bleiben können.

c) **Unbeobachtbarkeit** – Die bloße Tatsache, daß eine finanzielle Transaktion stattfindet, soll vor Außenstehenden verborgen bleiben können.

d) **Pseudonymität** – Verwendung spezieller, nicht bürgerlicher Namen zur Verbergung der Identität einer Person, im Zusammenhang mit Handlungen wie etwa finanziellen Transaktionen [vgl. GaPoS_98, S. 186].

e) **Unabstreitbarkeit/Zurechenbarkeit** – Ein Zahlungsempfänger soll den Erhalt einer Zahlung nicht abstreiten können. Das gleiche gilt umgekehrt für die einer Zahlungstransaktion zugrunde liegende Leistungstransaktion.

f) **Unverkettbarkeit** – Es soll unmöglich sein, einzelne Transaktionen eines Teilnehmers etwa zu Profilen über die Kaufgewohnheiten dieses Teilnehmers zu verketten.

g) **Integrität** – Die Inhalte einer Zahlung (wie etwa der Betrag oder die Kontodaten des Empfängers) sollen unverändert übertragen werden können. Die Integrität gewährleistet Betrugssicherheit.

Da die Kriterien der Mehrseitigen Sicherheit für das Anwendungsfeld digitale Zahlungssysteme noch keinen anwendbaren Maßstab darstellen, müssen sie operationalisiert werden.

3.3 Operationalisierung der Sicherheitskriterien

Zur Operationalisierung der Sicherheitskriterien Mehrseitiger Sicherheit sind zwei Schritte notwendig. Zum einen soll durch eine Konkretisierung der Sicherheitskriterien festgestellt werden, welche Sicherheitsanforderungen die Nutzer an ein digitales Zahlungssystem stellen und welcher Sicherheitsfunktion sich diese zurechnen lassen. Beispielsweise wünscht ein

---

[25] Typische Beteiligte an einem Zahlungssystem sind: Zahlender, Zahlungsempfänger, Issuer (Bank des Zahlenden), Acquirer (Bank des Zahlungsempfängers), Kreditkartengesellschaften, Trusted Third Parties.

Zahlender als Nachweis für einen Kauf eine Quittung des Zahlungsempfängers, was sich unter dem Sicherheitskriterium Zurechenbarkeit erfassen läßt.

Zum anderen muß im Rahmen der Operationalisierung ein Maßstab zur Bewertung der Sicherheitsfunktionalität der digitalen Zahlungssysteme und der Wirksamkeit von informatischen Verfahren und ökonomischen Instrumenten zur Risikohandhabung bestimmt werden. Der Maßstab erlaubt es dem Einzelnen, Abweichungen von seinen Sicherheitsanforderungen an die Sicherheit einer bestimmten Transaktion zu ermitteln und damit eine Einschätzung über sein persönliches Risiko im Sinne von nicht erfüllten Sicherheitsanforderungen zu erhalten.

3.4 Qualitative Risikoanalyse

Mit einer qualitativen Risikoanalyse wird die Grundlage für eine Risikoeinschätzung der mit der Verwendung der digitalen Zahlungssysteme verbundenen Risiken geschaffen. Dazu sollen für jeden Teilnehmertyp die Auswirkungen der Verwendung eines Zahlungssystems auf die Erfüllung einzelner Sicherheitskriterien untersucht und bewertet werden. Eine Bewertung könnte dabei in einer sehr einfachen Form etwa so aussehen: „Mit der Verwendung eines bestimmten Zahlungssystems wird für den Zahlenden das Sicherheitskriterium Anonymität erfüllt, teilweise erfüllt, bzw. nicht erfüllt".

Für die Analyse werden Informationen über den Aufbau der Zahlungssysteme, über die beteiligten Instanzen und deren Aufgaben, sowie über die Ablauforganisation und die technischen Spezifikationen der Zahlungssysteme zu Grunde gelegt. Neben diesen durch systeminterne Gegebenheiten bedingten beeinflussen zusätzlich von außen kommende Gefahrenquellen, etwa in Gestalt von Angreifern, die Bewertung eines Zahlungssystems. Angreifer nicht zu berücksichtigen würde zu erheblichen Sicherheitsproblemen führen [vgl. Ra_98, S. 22], da beispielsweise die Ausnutzung von Protokollfehlern eine Quelle von Angriffen darstellt [vgl. AnKu]. Dabei liegen die Schwächen in der Übergabe von Informationen und damit dem Ausnutzen von inkonsistenten Zuständen, die Angreifern Attacken mit sehr preisgünstiger Ausrüstung (meist reicht ein PC) ermöglichen.

Die Berücksichtigung der Angreifer erfolgt unter den Teilaspekten Angreiferstärke und Plausibilität von Angriffen und führt zu einer differenzierteren Bewertung der Sicherheitsfunktionalität digitaler Zahlungssysteme.

Angreiferstärke – Eine mögliche Klassifizierung von Angreifern nach ihrer Stärke gibt IBM, die zwischen „clever outsiders", „knowledgeable insiders" und „funded organisations" unterscheiden [vgl. ADDS_91; AnKu]. Die Sitzungsschlüssel zur Absicherung einer Kreditkartentransaktion mit SET sind mit der einem Nachrichtendienst („funded organization") zur Verfügung stehenden Rechenleistung wohl in kurzer Zeit zu brechen, wohingegen ein „normal starker" Angreifer („clever outsider") mit herkömmlicher Ausrüstung dafür Jahre benötigt.

Ob ein solcher Angriff jedoch tatsächlich ausgeführt wird, ist eine Frage der Plausibilität von Angriffen.

Plausibilität von Angriffen – Angriffe werden als möglich, bzw. wahrscheinlich angenommen, wenn der erwartbare Nutzen den Aufwand des Angriffs übersteigt. Bei einer Unterscheidung der Transaktionen etwa nach dem Transaktionswert hat der Schutz vor Betrug bei Mikrozahlungssystemen mit Pfennigbeträgen für Auskünfte eine geringere Bedeutung als etwa bei Transferzahlungen zwischen Nationen. Daraus folgt, daß sich je nach Transaktionstyp und Anwendungssituation unterschiedliche Bedeutungen für die Erfüllung einzelner Sicherheitskriterien ergeben.

Da das Ziel „Sichere Abwicklung von Zahlungen im Internet" und die dazu vom Betreiber eingesetzten „Produktionsfaktoren" (Humanressourcen und technische Komponenten) nicht losgelöst von ökonomischen Restriktionen untersucht werden können, müssen auch Kosten mit in die Untersuchung einbezogen werden. Die Kosten für jeden einzelnen „Produktionsfaktor" sind für den Betreiber, die Kosten der Nutzung sind für den Nutzer limitierende Größe bei der Entscheidung über den Einsatz eines Faktors (Betreibersicht), bzw. die Verwendung eines Zahlungssystems (Nutzersicht). Die Ergebnisse fließen in das Risikomanagement (vgl. folgendes Kapitel) ein, um die Gestaltungsvorschläge und die Entscheidungsunterstützung für den Nutzer ökonomisch effizient ausgestalten zu können.

4 Risikohandhabung – Umgang mit Risiken bei der Zahlungssystemwahl

Der Begriff Risikohandhabung bezeichnet zum einen die Identifizierung und Untersuchung der Möglichkeiten für den Umgang mit den Risiken. Diese Möglichkeiten umfassen **informatische Verfahren** und **ökonomische Instrumente**. Zum anderen können die Ergebnisse dieser Untersuchung in ein **Beratungs- und Entscheidungsunterstützungsinstrument** einfließen, mit dem ein eigenverantwortliches Risikomanagement auf der Nutzerebene ermöglicht wird.

4.1 Informatische Verfahren

Die **informatischen Verfahren** dienen der Risikoverminderung und lassen sich in die Kategorien Vorbeugung, Erkennung und Eindämmung einteilen [vgl. BIS_96].

Das vorrangige Ziel **vorbeugender Maßnahmen** ist es, Angriffen auf Systemkomponenten digitaler Zahlungssysteme entgegenzuwirken, bevor betrügerische Transaktionen ausgeführt werden können. Beispiele dafür sind der Einsatz von manipulationssicheren Benutzerendgeräten, symmetrischer und asymmetrischer Kryptographie, die Authentifikation des Absenders mittels Zertifikaten[26] oder Online-Authorisierung mit PIN, aber ebenso der Einsatz organisatorischer Maßnahmen wie Verfalldaten, Transaktionsnummern (TANs) oder Höchstbeträge für die maximale tägliche Verfügung.

Erkennende Maßnahmen alarmieren die Beteiligten im Falle von betrügerischen Aktionen und führen dazu, daß der Verursacher des Betruges identifiziert werden kann. Hierzu zählen Transaktionslogs, Monitoring, Einschränkung der Übertragbarkeit und statistische Analysen. Die ständige Verbindung zu einem Zentralrechner (Online-System) ermöglicht es dem Systembetreiber von Kartensystemen wie ec-Cash beispielsweise, Parameter auf den Karten im Hinblick auf ihre Echtheit zu prüfen, PINs online zu prüfen, Sicherheitsmaßnahmen wie kryptographische Schlüssel im Bedarfsfall auf der Karte auszutauschen oder zusätzliche Transaktionsdaten von der Karte auszulesen.

Sicherheitskriterien	Informatische Verfahren
Vertraulichkeit	Symmetrische und asymmetrische Kryptographie [vgl. Mü_98]
Anonymität / Unbeobachtbarkeit	Mix-Konzepte [vgl. FeJePf_96][27], Broadcast und Dummy Traffic
Teilanonymität / Unverkettbarkeit	Blinde Signaturen [vgl. Ch_92; ChFiNa_90]
Integrität	MAC[28] und digitale Signaturverfahren
Unabstreitbarkeit/Zurechenbarkeit	Digitale Signaturverfahren, Public-Key Infrastrukturen, anonymitätserhaltende Abrechnungsverfahren

Abb. 1   Geeignete informatische Verfahren zur Erfüllung von Sicherheitskriterien

---

[26] Dieser Dienst kann von Zertifizierungsstellen vorgenommen werden [vgl. IuKDG_97, Artikel 3].

[27] Die Verwendung von Mix Konzepten dient der Verschleierung von Kommunikationsbeziehungen.

[28] Message Authentication Code.

Schadenseindämmende Maßnahmen dienen dazu, das Ausmaß der durch betrügerische Maßnahmen verursachten Schäden zu begrenzen, sobald ein Betrug erkannt worden ist. Beispiele hierfür sind Zeit- und Betragslimits, das Führen von schwarzen Listen, die Aufdeckung von Pseudonymen und die Sicherung von Urheberrechten durch Watermarking/Steganographie.

Der durch informatische Verfahren erreichbare Grad an technischer Sicherheit wird sich durch den Einsatz neuer Entwicklungen in Zukunft erhöhen lassen. Neue Verfahren zur asymmetrischen Kryptographie wie die Elliptic Curve Cryptography (ECC) [vgl. Cert_98] könnten den Einsatz von weniger leistungsfähiger und damit kostengünstigerer Hardware zur Speicherung persönlicher Schlüssel zulassen. Der Einsatz sicherer Endgeräte wird den mobilen Einsatz digitaler Zahlungssysteme ermöglichen und biometrische Verfahren[29] werden die Authentifizierung der Nutzer optimieren.

Erfüllung einzelner Sicherheitskriterien durch den Einsatz informatischer Verfahren/Schutzmechanismen:

4.2 Ökonomische Instrumente

Die **ökonomischen Instrumente** lassen sich traditionell klassifizieren in Risikoüberwälzung, Risikoverminderung und die Bildung von Risikorücklagen.

Im Rahmen der **Risikoüberwälzung** kommen speziell die Überwälzung durch Versicherungsvertrag, durch allgemeine oder spezielle Vertragsbedingungen oder die Überwälzung aufgrund von Gesetzen in Frage [vgl. Ha_86, S. 32]. Durch den Abschluß eines Versicherungsvertrages geht dabei ein Risiko für einen bestimmten Zeitraum in einem genau spezifizierten vertraglichen Rahmen auf einen Versicherer über [vgl. Fa_95, S. 14]. Durch Aushandlungen, die in Vertragsbedingungen festgeschrieben werden, können die mit der Nutzung von digitalen Zahlungssystemen verbundenen Risiken ex ante auf den einen oder anderen Beteiligten abgewälzt werden. Aushandlungen sind dabei ein flexibles Verfahren zum Abgleichen, bzw. Ausgleich der zwischen den Beteiligten divergierenden Interessen.

Eine ökonomische Variante zur **Risikoverminderung** ist die Einschaltung von Intermediären[30]. Diese übernehmen etwa als Zertifizierungsstellen die Aufgaben der Zertifikatserstellung und -verwaltung oder als eine Art „TÜV" die Analyse und Bewertung der digitalen Zahlungssysteme, um durch die Erhöhung der Transparenz Risiken erkennen zu helfen. Sie können auch den Austausch von Leistung und Gegenleistung ermöglichen und die Erfüllung der gegenseitigen Verpflichtungen überwachen.

Für die Fälle, in denen ein Teilnehmer an einem Zahlungssystem Risiken weder durch technische Maßnahmen noch durch ökonomische Instrumente vermindern oder auf andere überwälzen kann, bleibt ein Rest an Risiko, der selbst getragen werden muß und dem durch die Bildung von **Risikoreserven** begegnet werden kann [vgl. Ha_86, S. 32].

Ausgehend von Ergebnissen einer Risikoanalyse muß für jedes untersuchte Zahlungssystem überprüft werden, inwieweit die einzelnen informatischen Verfahren und ökonomischen Instrumente zum Umgang mit den festgestellten Risiken beitragen können. Parallel zu einer solchen Untersuchung müssen auch die mit ihrem Einsatz verbundenen Kosten eruiert werden.

Die Ergebnisse dieser Untersuchung können zum einen als Grundlage von Gestaltungsvorschlägen für die Verbesserung und Weiterentwicklung digitaler Zahlungssysteme verwendet werden. Dies verbleibt eine langfristige Aufgabe, die entweder marktlich oder über eine Veränderung des gesetzlichen Rahmens gelöst werden kann. Zum anderen bilden sie die Basis für das im folgenden Kapitel vorgestellte Konzept eines

---

[29] Bei der Verwendung biometrischer Verfahren wird die Authentizität des Nutzers durch den Vergleich von Fingerabdrücken oder Augenhintergründen mit gespeicherten Referenzmustern des Nutzers festgestellt.

[30] Hier speziell solche Intermediäre, die keine Versicherungsfunktion wahrnehmen.

Beratungs- und Entscheidungsunterstützungsinstrumentes, das den Nutzer bei seiner transaktionsbezogenen Entscheidung über die Verwendung eines digitalen Zahlungssystems unterstützt.

5 Instrument zur Risikoeinschätzung und -handhabung auf Nutzerebene

Für die Abwicklung einer Zahlungstransaktion muß der Nutzer eine Entscheidung zugunsten eines Zahlungssystems treffen, das sich in seinem Portfolio befindet. Aufgrund der Komplexität der Wirkungszusammenhänge und fehlender objektiver Informationen über die Auswirkungen seiner Zahlungssystemwahl läuft er Gefahr, daß seine Sicherheitsanforderungen verletzt werden. Obwohl die aktuell projektierten E-Commerce-Plattformen die Zahlungssystemverwaltung und -auswahl vereinfachen, wird das Problem der fehlenden Transparenz nicht behoben. Für die E-Commerce Plattform SEMPER[31] soll dies durch eine Erweiterung der Funktionalität um eine Beratungs- und Entscheidungsunterstützungskomponente gelöst werden.

Einen Ansatz zur Realisierung einer solchen Beratungs- und Entscheidungsunterstützungskomponente zeigt das Konzept des Sicherheitsmanagers, wie er als Teil des Erreichbarkeitsmanagers vorliegt. Der Erreichbarkeitsmanager wurde als Demonstrator für Mehrseitige Sicherheit im Rahmen des Kollegs „Sicherheit in der Kommunikationstechnik" der Gottlieb Daimler- und Karl Benz-Stiftung konzipiert, realisiert und im Rahmen einer Simulationsstudie mit über 40 Teilnehmern (November 1997) am Universitätsklinikum Heidelberg getestet [vgl. DFRB_97, S. 207 ff.] Ein persönlicher Sicherheitsmanager kann seinen Benutzer darin unterstützen, in jeder Situation eine geeignete Sicherheitspolitik auszuwählen und mit seinen Partnern auszuhandeln. Danach stellt er die notwendigen Mechanismen zur Verfügung, um die ausgehandelte Sicherheitspolitik im Sinne seines Benutzers umzusetzen. [GGPS_97, S. 183; GaPoS_98, 1998, S. 4].

5.1 Konzept eines Beratungs- und Entscheidungsunterstützungsinstruments

Dieses Beratungs- und Entscheidungsunterstützungsinstrument läßt in einer konkreten Zahlungssituation eine Einschätzung des mit der Wahl eines Zahlungssystems verbundenen transaktionsbezogenen Risikos zu und zeigt entsprechende Möglichkeiten zum Umgang mit diesen Risiken auf. Das Instrument setzt sich dabei aus zwei Bestandteilen (Beratung und Entscheidungsunterstützung) zusammen, die die folgenden Funktionen erfüllen sollen:

a) **Beratung:** Der Beratungsdialog des Instrumentes bietet dem Nutzer allgemeine, erklärende Informationen über die zur Auswahl stehenden Zahlungssysteme (etwa Betreiber, Zeitpunkt der Belastung, eingesetzte Verschlüsselungsalgorithmen) und Erläuterungen zu der Bedeutung von Sicherheitskriterien.

---

[31] SEMPER (Secure Electronic Marketplace for Europe) ist ein seit 1995 von der Europäischen Kommission unterstütztes Projekt. An dem Konsortium beteiligen sich Partner aus Industrie, Finanzwirtschaft und Wissenschaft (u.a. das Institut für Informatik und Gesellschaft der Universität Freiburg). Übergeordnetes Ziel des Projektes ist es, die erste umfassende Lösung für sicheren elektronischen Handel über das Internet und andere öffentlich zugängliche Netze zur Verfügung zu stellen.

b) Entscheidungsunterstützung: Die eigentliche Entscheidungsunterstützung erfolgt situationsbezogen. Dazu werden vor jeder Transaktion die situativen Sicherheitsanforderungen des Nutzers und seine Zahlungsbereitschaft für eine seinen Sicherheitsanforderungen entsprechende Abwicklung erfaßt. Das Instrument bietet zur Vereinfachung Voreinstellungen zu den Sicherheitsanforderungen an. Die situations- und transaktionsabhängigen Sicherheitsanforderungen beeinflussen die Bereitschaft des Nutzers, ein digitales Zahlungssystem einzusetzen. Diese Bereitschaft wird als das **Adoptionsniveau** bezeichnet und bestimmt, welche Sicherheitsfunktionalität ein digitales Zahlungssystem mindestens bieten müßte, um ohne zusätzliche Sicherungsmaßnahmen verwendet zu werden.

Nach der Ermittlung der Nutzeranforderungen wird das Adoptionsniveau mit den durch die Zahlungssysteme erreichbaren „technischen Sicherheitswerten" bzw. dem Niveau der von ihnen gelieferten Sicherheitsfunktionalität verglichen und dasjenige Zahlungssystem aus dem Portfolio des Nutzers vorgeschlagen, welches das Adoptionsniveau mindestens erreicht und gleichzeitig die Kostenobergrenze nicht überschreitet. Für den Vergleich wird auf die Ergebnisse der qualitativen Risikoanalyse zurückgegriffen.

Erfüllt kein Zahlungssystem im Portfolio des Nutzers beide Bedingungen gleichzeitig, so verbleibt dem Nutzer ein „Restrisiko", zu dessen Handhabung von der Beratungs- und Entscheidungsunterstützungskomponente folgende Alternativen angeboten werden:

- Unter Berücksichtigung der Kostenobergrenze wird dasjenige Zahlungssystem (in Kombination mit informatischen Verfahren und ökonomischen Instrumenten) vorgeschlagen, das die Sicherheitsanforderungen soweit wie möglich erfüllt (Maximierung der Sicherheit);

- Unter Aufrechterhaltung der Sicherheitsanforderungen wird dasjenige Zahlungssystem (in Kombination mit informatischen Verfahren und ökonomischen Instrumenten) vorgeschlagen, das die Kostenobergrenze so wenig wie möglich überschreitet (Kostenminimierung).

Für die Absicherung des Restrisikos müssen die existierenden Vorschläge zur Risikoüberwälzung und Risikoverminderung praktisch in dem Beratungs- und Entscheidungsunterstützungsinstrument umgesetzt werden. Für eine Risikoüberwälzung zwischen den Beteiligten per Vertrag müssen die Vertragsinhalte bestimmt, für eine Überwälzung auf eine Versicherung müssen Versicherungsangebote gefunden und für den Benutzer handhabbar integriert werden.

5.2 Anwendung des Konzeptes im E-Commerce

5.2.1 Die E-Commerce Plattform SEMPER

Erste Ansätze zur Überwindung der erwähnten Probleme sind die Projekte SEMPER (Secure Electronic Marketplace in Europe), OTP (Open Trading Protocol) und JECF (Java Electronic Commerce Framework). Für die Zahlungsabwicklung halten weder SEMPER, OTP noch JECF eigene Lösungen bereit, sondern nutzen die für das Internet entwickelten digitalen Zahlungssysteme. Die E-Commerce-Plattformen vereinfachen bereits die Zahlungssystemverwaltung und -auswahl, das oben genannte Problem fehlender Transparenz wird bisher jedoch nicht behoben. In keinem dieser Projekte ist es vorgesehen, den Nutzer dabei zu unterstützen, das transaktionsbezogen richtige Zahlungssystem auszuwählen und auf die möglichen Auswirkungen einer für ihn ungünstigen Zahlungssystemwahl hinzuweisen.

Eine Beratungs- und Entscheidungsunterstützungskomponente zur Zahlungssystemwahl fehlt. Die E-Commerce-Plattformen beschränken sich darauf, aus den bei Zahlendem und Zahlungsempfänger vorliegenden Systemen die Schnittmenge zu bilden. Das bedeutet, daß bei einer Schnittmenge von Null die Transaktion nicht stattfinden kann, bei einer Schnittmenge von größer gleich Eins die Transaktion zwar stattfinden kann, jedoch Anforderungen des Nutzers durch die Zahlungssystemwahl verletzt werden können.

Die E-Commerce Plattform SEMPER beinhaltet ein Konzept zur Sicherung aller Arten von Electronic Commerce und ist die erste umfassende Lösung für sicheren elektronischen Handel über das Internet und andere öffentlich zugängliche Netze.

Das SEMPER zugrundeliegende Modell geht von Geschäftsprozessen als Abfolge elementarer Transfers und Austauschen von Informationen aus. Im Rahmen eines solchen Transfers wird ein Paket mit „business items" an eine oder mehrere andere Parteien gesendet. „Business items" können dabei umfassen: Berechtigungen, wie etwa Zugriffsrechte; Vertragsinhalte und digitale Produkte, wie etwa digital signierte Dokumente, Zertifikate, Programme oder Videodaten; Zahlungen, wie etwa Kreditkarten-, Geldkartenzahlungen oder Überweisungen [Wh_98, S. 2].

Zur technischen Realisierung wurde eine Architektur mit drei Ebenen entwickelt (siehe die folgende Abb. 2):

a) **Supporting Services Layer**: Unterstützende Dienste sind beispielsweise kryptografische Dienste, Kommunikationsdienste, das Archivieren von Daten (Schlüssel, Logfiles), Voreinstellungen des Benutzers, eine Zugriffsrechteverwaltung und eine vertrauenswürdige Benutzerschnittstelle.

b) **Exchange and Transfer Layer**: Die Austauschebene unterstützt fairen Austausch und Transferdienste.

c) **Commerce-Layer**: Die Anwendungsebene bietet anwendungsorientierte Dienste für Szenarien wie etwa den elektronischen Versandhandel oder Online-Einkauf von Informationen. Diese Ebene läßt sich durch Herunterladen neuer Dienste aus dem Internet oder Erweiterung bereits eingesetzter Dienste konfigurieren.

Konzeptionell und praktisch ist SEMPER damit weiter als JECF und OTP, u.a. steht bereits ein in mehreren Trials getesteter Prototyp zur Verfügung.

5.2.2 Integration des Konzeptes in SEMPER

Das Konzept zur Beratungs- und Entscheidungsunterstützung wird in Form einer Softwarekomponente in den Exchange und Transfer Layer von SEMPER integriert (siehe Abb. 2). Die Komponente wird auf Bausteine des Exchange und Transfer Layers (Zahlungssysteme, technische und ökonomische Instrumente) zugreifen und deren Eignung für den Einsatz in der jeweiligen Transaktion feststellen.

Dazu werden die in den Untersuchungen erzielten Erkenntnisse herangezogen, die als „Benutzerdaten" und als „Risikodaten" in die Datenbankkomponente von SEMPER („Archive Service Block") einfließen. „Benutzerdaten" sind die Nutzeranforderungen, die einer Entscheidung zur Zahlungssystemverwendung zugrunde liegen können.[32] „Risikodaten" sind zum einen die Bewertungen der Sicherheitsfunktionalität der für SEMPER verfügbaren digitalen Zahlungssysteme und zum anderen die Bewertungen der informatischen Verfahren und der ökonomischen Instrumente.

Die ökonomischen Instrumente selbst werden der Beratungs- und Entscheidungsunterstützungskomponente durch einen neu eingeführten „Ökonomische Instrumente" Service Block zur Verfügung gestellt, der neben dem Payment Service Block im

---

[32] Die Nutzeranforderungen werden im Rahmen einer empirischen Untersuchung herausgearbeitet, die in Zusammenarbeit der Abteilung Telematik mit einem deutschen Bankhaus durchgeführt wird.

Exchange und Transfer Layer angesiedelt sein wird. In einer einfachen Variante würden diese ökonomischen Instrumente beispielsweise in Form einer Menge von Verweisen (Hyperlinks) auf Anbieter solcher Dienstleistungen im Internet vorliegen.

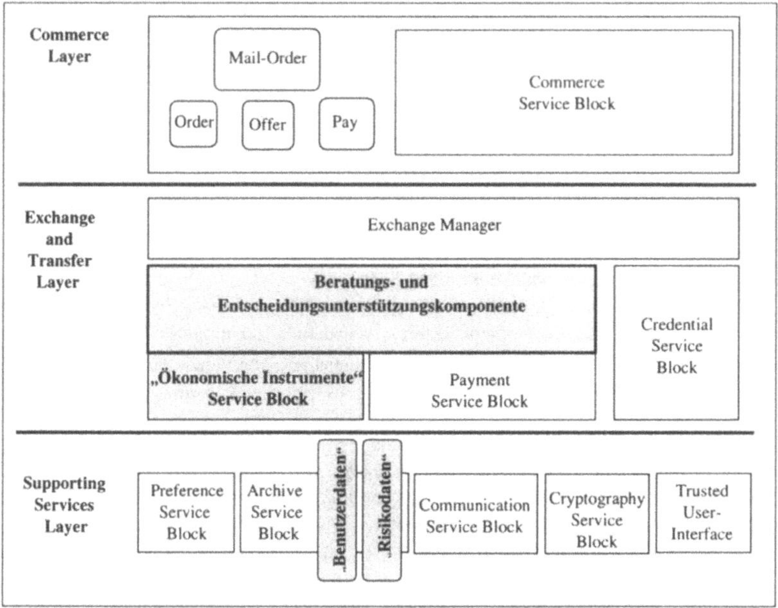

Abb. 2   Beratungs- und Entscheidungsunterstützung

Für die Zukunft ist es vorstellbar, die Softwarekomponente um Schnittstellen zu erweitern, über die etwa Angebote zur Übernahme von Risiken durch Versicherungsgesellschaften direkt in die Benutzeroberfläche von SEMPER eingebunden werden könnten.

6 Literatur

[AbPe_96] ABAD-PEIRO, J.L. et al.: Designing a generic payment service, Technical Report 212ZR055, IBM Zurich Research Laboratory, 11.1996, http://www.semper.org/info/212ZR055.ps.gz

[ADDS_91] ABRAHAM, D.G.; DOLAN, G.M.; DOUBLE G.P.; STEVENS, J.V.: Transaction Security System, in: IBM Systems Journal, volume 30, Heft 2, 1991, S. 206-229

[AnKu] ANDERSON, R./KUHN, M.: Low Cost Attacks on Tamper Resistant Devices, http://www.cl.cam.ac.uk/ftp/user/rja14/tamper2.ps.gz

[BIS_96] BANK FOR INTERNATIONAL SETTLEMENTS: Security of electronic money, http://www.bis.org/publ/cpss18.pdf

[Bri_98] BRISCH, K.M.: Gemeinsame Rahmenbedingungen für elektronische Signaturen, in: Computer und Recht, 1998, S. 492-499

[CCIB_98] COMMON CRITERIA IMPLEMENTATION BOARD: Common Criteria for Information Technology Security Evaluation V 2.0, http://csrc.nist.gov/cc

[Cert_98] CERTICOM: ECC Tutorials and Whitepapers, http://www.certicom.com/ecc

[Ch_92] CHAUM, D.: Achieving Electronic Privacy, in: Scientific American, Vol. 8, 1992, S. 96-101

[ChFiNa_90] CHAUM, D./FIAT, A./NAOR, M.: Untraceable Electronic Cash, in: GOLDWASSER, S. (Hrsg.): Advances in Cryptolgy – CRYPTO `88, Lecture Notes of Computer Science (LNCS) 403, Berlin, 1990, S. 319-327

[DeKa_97] DEVILLE, R./KALTHEGENER, R.: Wege zum Handelsverkehr mit elektronischer Unterschrift, in: NJW-CoR, 1997, S. 168-172

[DFRB_97] Damker, H./Federrath, H./Reichenbach, M./Bertsch, A.: Persönliches Erreichbarkeitsmanagement, in: MÜLLER, G./PFITZMANN, A. (Hrsg.): Mehrseitige Sicherheit in der Kommunikationstechnik, Bonn, 1997, S. 207-220

[Esch_97] ESCHER, M.: Bankrechtsfragen des elektronischen Geldes im Internet, in: Zeitschrift für Wirtschafts- und Bankrecht, 51. Jahrgang, 1997, Seite 1173-1220

[Fa_95] FARNY, D. (1995): Versicherungsbetriebslehre, 2. Auflage, Karlsruhe, 1995

[FeJePf_96] FEDERRATH, H./JERICHOW, A./PFITZMANN, A.: Mixes in mobile communication systems: Location management with privacy, in: ANDERSON, R. (Hrsg.): Information Hiding, Berlin, 1996, S. 121-135

[GGPS_97] GATTUNG, G./GRIMM, R./PORDESCH, U./SCHNEIDER, M.: Persönliche Sicherheitsmanager in der virtuellen Welt, in: MÜLLER, G./PFITZMANN, A. (Hrsg.): Mehrseitige Sicherheit in der Kommunikationstechnik, Bonn, 1997, S. 181-205

[GaPoS_98] GATTUNG, G./PORDESCH, U./SCHNEIDER, M.J.: Der mobile persönliche Sicherheitsmanager, GMD – Technischer Report Nr. 24, http://www.gmd.de/publications/report/0024/Text.ps

[Ha_86] HALLER, M.: Risiko-Management – Eckpunkte eines integrierten Konzepts, in: JACOB, H. (Hrsg.): Schriften zur Unternehmensführung – Risiko-Management, Wiesbaden, 1986, S. 7-44

[Ho_96] HOEREN, T.: Kreditinstitute im Internet – eine digitale Odyssee im juristischen Weltraum, in: Zeitschrift für Wirtschafts- und Bankrecht, Wertpapiermitteilungen, 1996, S. 2006

[IuKDG_97]Informations- und Kommunikationsdienste-Gesetz – IuKDG, vom 22.07.1997, BGBL. I, S. 1870

[Kro_98]	KROCHMAL, M.: Where Economics Fits In With Technology, in: TechWeb, http://www.techweb.com/wire/story/TWB19980916S0011

[KuTe_98]	KURBEL, K./TEUTEBERG, F.: Betriebliche Internet-Nutzung in der Bundesrepublik Deutschland – Ergebisse einer empirischen Untersuchung, 2., erweiterte Auflage, Frankfurt (Oder), April 1998, http://curie.euv-frankfurt-o.de:8889/beitr/ab-empdisk.pdf

[Mü_97]	MÜLLER, G.: Sicherer Kommunikation – Vertrauen durch Technik oder Vertrauen mit Technik?, in: PUTLITZ, G. FRHR. zu /SCHADE, D. (Hrsg.) Wechselbeziehungen Mensch, Umwelt, Technik, Stuttgart, 1997, S. 147-173

[Mü_98]	MÜLLER, G.: Building Blocks For Secure Open Systems, Freiburg, Forschungsbericht IIG-Telematik, 1998

[MüKoSch_97]	MÜLLER,	G./KOHL,	U./SCHODER,	D.: Unternehmenskommunikation: Telematiksysteme für vernetzte Unternehmen, Bonn, 1997

[Ra_98]	RANNENBERG, K.: Kriterien und Zertifizierung Mehrseitiger Sicherheit – Kriterien und organisatorische Rahmenbedingungen, Freiburg, 1998

[RoSch_96] ROßNAGEL, A./SCHNEIDER, M.: Anforderungen an die mehrseitige Sicherheit in der Gesundheitsvorsorge und ihre Erhebung, in: it-ti, Sicherheit in der Kommunikationstechnik, Heft 4, 1996, S. 15-19

[SchStWe_98]	SCHODER, D./STRAUß, R./WELCHERING, P.: Electronic Commerce Enquete 1997/98, Empirische Studie zum betriebswirtschaftlichen Nutzen von Electronic Commerce für Unternehmen im deutschsprachigen Raum, Executive Research Report, Stuttgart, 1998

[Wh_98]	WHINNETT, D.: SEMPER: A Security Architecture for Open Commerce in Open Networks, Freiburg, 1998

Towards Secure Mediation

Joachim Biskup   Ulrich Flegel   Yücel Karabulut

Fachbereich Informatik, Universität Dortmund
August-Schmidt-Straße 12
D-44221 Dortmund, Germany
{biskup | flegel | karabulu}@ls6.cs.uni-dortmund.de

1 Abstract

A secure mediated information system should support scenarious where dynamically changing information sources advertise their information resources, and application specific mediators collect and assemble these resources into useful information in order to support the requests of their spontaneous clients. While doing this, the mediators should enforce security constraints in the application environments. In this paper, we compare mediated information systems with federated database systems with respect to design issues and security issues in order to clarify the different motivations of both systems. Furthermore, we present our secure mediated querying protocol using the concepts of credentials for authentic authorization. We also highlight some multimedia specific security requirements and mechanisms.

2 Introduction

Current advances in communication technologies led to increasingly interconnected systems. As the core technologies stabilize and performance allows for higher traffic volumes, extensive on-lin e information providing becomes feasible. Information suppliers apply a variety of heterogeneous systems. Convenient information retrieval and integration from several information sources represents one of the emerging and challenging demands of today's users. Information providers, particularly those with a commercial background, appreciate facilities to handle a dynamic legion of potential clients, or rather customers.

Diverse approaches to interoperable information systems have undergone substantial research. Nowadays these systems are categorized as federated database systems and mediated information systems. Both kinds constitute more or less independent intermediary components trying to satisfy broad client queries involving a multitude of information sources. The general design issues for those components are characterized in section 2.1.

While in this context most security related research results focus on resolving heterogeneity issues in federated database systems, work on security in mediated information systems recently also becomes available. In section 2.2 you also find a discussion of the security requirements in both approaches.

As we focus on mediated information systems, in section 3 we give an overview about our proposed protocol for secure information acquisition via mediators. Such a protocol is not only required to deal with heterogeneity and autonomy of information providers, but also with various aspects of security, such as confidentiality, authenticity and integrity, as well as anonymity among others.

Modern information supply tends to comprise mixtures of multimedia parts. The different features of these media raise varying security issues, some of them being discussed in section 4. We conclude with an overview of requirements met by our protocol and an outlook on future research in our mediator project.

3 Federated database systems versus mediated information systems

Wie both federated database systems and mediated information systems are used to integrate various autonomous information sources, several differences between both approaches may be identified. In the following subsections we will discuss the differences related to and affecting design issues and security issues of both approaches.

3.1 Differing design requirements

In the following we discuss the design styles of both approaches and clarify the differences between federated databases and mediators.

3.1.1 Design issues in federated database systems

Federated database architectures [Heimbigner & McLeod 85,Sheth & Larson 90,Litwin et al. 90] have been developed to provide interoperation among multiple heterogeneous databases. The main difference between the federated system concept and distributed system concept is that each information source of the federated system remains autonomous with respect to design, communication, execution, association and authorization [Jonscher & Dittrich 94]. Autonomy means that the local administrator of each information source maintains control over his/her system. There are two types of federated databases: the *tightly-coupled* and the *loosely-coupled*, where we only consider the former one. Federated database systems require the construction of a global schema integrating the information source schemas. Semantic heterogeneties among participating component databases are resolved at the global scheme level. The federation administrator is responsible for creating and maintaining the federation. The common global schema captures the union of data available in the federation. After the global schema is specified, queries can be submitted against it and are transparently decomposed into subqueries for appropriate information sources. Using this kind of federation, one can realize the benefit of locally maintained data but globally executed queries. In order to provide the interoperability, a common canonical data model is used for the global schema. Building a global schema is a *bottom-up* procedure. Firstly, each local information system has to extend its schema to the uniform (canonical) data model of the federation. This makes the local information systems appear as if they applied the same data model as the federation. Secondly, the global schema is specified on top of the extended schemas of local information sources. Finally, the federation administrator defines the application views to the global schema.

3.1.2 Design issues in mediated information systems

In contrast to the federated database system concept, mediators [Wiederhold & Genesereth 97] are developed in a *top-down* procedure. A mediator is a system that supports a mediated (integrated) view over multiple heterogeneous information sources. Mediators can be considered as specialized global views.

The behaviour of mediators tends to be different from federated database systems. While the latter are based on a static, bottom-up derived global schema, the former are intended to treat the heterogeneity problems more dynamically. Mediators work with a top-down designed application oriented schema which is dynamically augmented with wrappers at connection time of sources and which is prepared to resolve remaining mismatches during query processing.

Mediators provide via wrappers [Wells 96,Wiederhold 95] access to information sources and only integrate those parts of the underlying information sources that are crucial for the user's query. Wrappers can be realized using distributed object managers such as CORBA [Object Management Group 95] or software agents [Genesereth & Ketchpel 94,A. & Ambite 97].

Some current projects on mediation are TSIMMIS [Ullman 97], HERMES [Subrahmanian et al.], Information Manifold [Levy et al. 96], SIMS [Arens et al. 96], AURORA [Yang et al. 97], DISCO [Tomasic et al. 95], Squirrel [Hull & Zhou 96], DIOM [Liu & Pu 95], Garlic [Carey et al. 95], OBSERVER [Mena et al. 96], InfoSleuth [Bayardo et al. 97], and MMM [Biskup et al. 97a,Biskup et al. 97b,Altenschmidt et al. 98]. There also appeared some contributions to security in mediated information systems [Candan et al. 96,Wiederhold et al. 97,Jajodia et al. 97].

The mediators may use different approaches to support the schema, e.g. materialized, virtual, and hybrid [Biskup et al. 97b]. The *materialized* approach retains all relevant and worthwhile information (results from the previous queries) in the persistent store of the mediator, such as attribute values of an object. If attribute values are subsequently needed for further queries they can simply be fetched, thereby avoiding their possibly time and resource consuming recomputation. This is a very important feature, if the queries have to be answered from multiple multimedia information sources. In the *virtual* approach the attribute values must be determined from external items by means of a communication each time they are accessed. The *hybrid* approach materializes only part of the relevant information. It means that some of the attribute values are available both by fetching the mediator's persistent storage and by querying the external items.

Some of the commonalities and the differences between federated database systems and mediated information systems are visualized in Figures 1 und 2.

3.2 Differing security requirements

Most interesting in the context of this paper are differences related to and affecting security issues of both approaches. We first observe that many of the differences result from differing motivations of participants of federated and mediated environments, respectively.

3.2.1 Security issues in federated database systems

In a federated system the federation establishment is stimulated by the members of the information source organization in order to support a closed group of client users. In many cases the client group is part of the organization which supports its interactions by means of the federation. Furthermore there exist dependencies between clients and information sources due to their identical organizational origin. The information sources of a federation act in a common interest anchored in the organization they belong to. This network of dependencies probably has had significant impact on specific security architectures as often found in federated database systems.

As mentioned above, the information sources directly belong to a holding organization and therefore are trusted. Most federated database systems do not authenticate information sources in a client-verifiable way. The methods used to integrate information sources at the federation layer often involve administrative interaction, which takes place before client queries can be accepted. This suggests, that the set of information source layer members is rather static than dynamic. Under the assumption of a closed world the static nature of this approach leads to temporary loss of service when one or more information sources, which hold information relevant to a client's query, are unavailable.

Opposed to information sources the federation clients are not trusted and require proper authentication and authorization. Because clients normally are members of the federation's organization, there is a closed group of registered users. New users are assigned predefined roles but some systems also support anonymous client accesses.

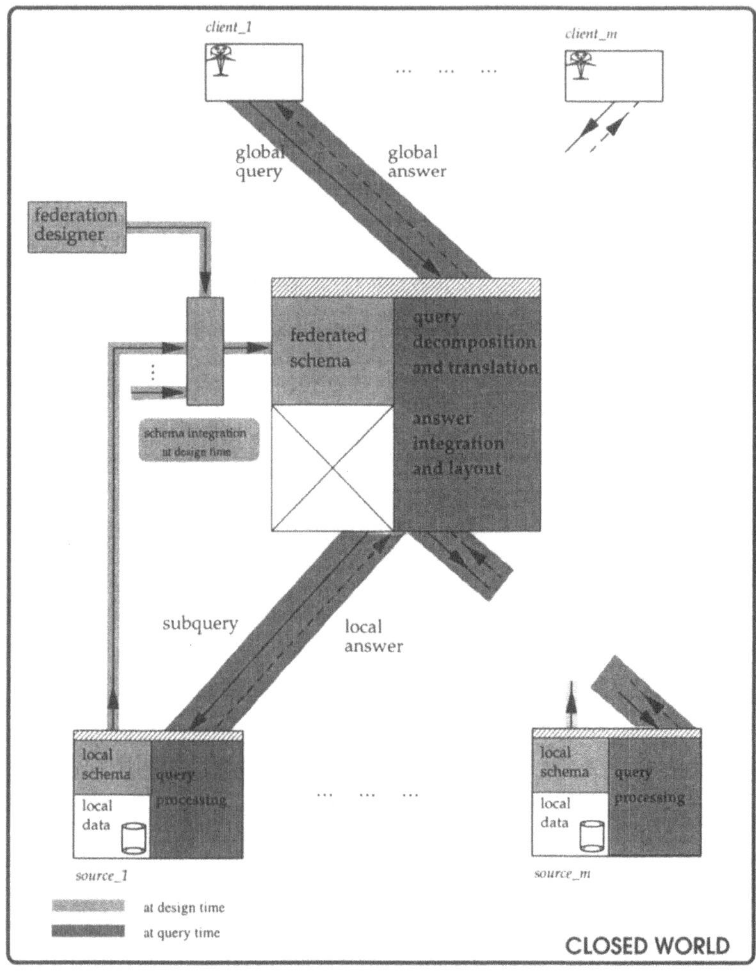

Figure 1: *Design of federated database systems*

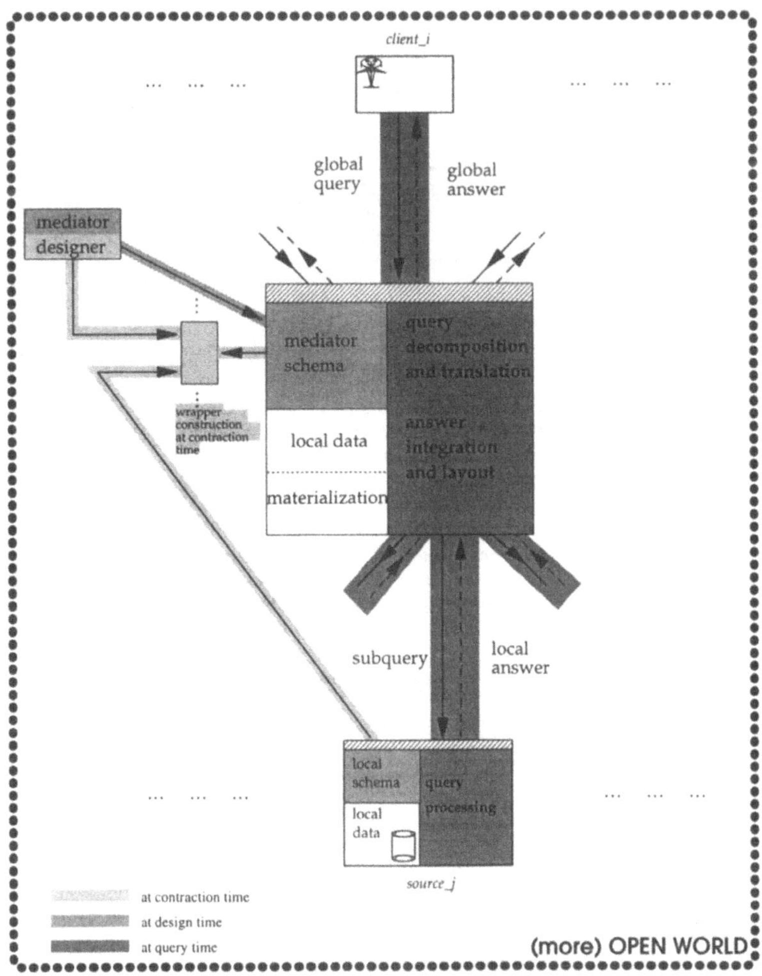

Figure 2: *Design of mediated information systems*

3.2.2   Security issues in mediated information systems

The motivation to integrate information sources using mediators is quite different. Clients demand systems enabling them to effectively work with heterogeneous information sources. This demand stimulates information sources to supply their information on an ad-hoc basis, in particular for purchase. Information sources are likely to meet the client's requirements and to cooperate with mediators. Like in a marketplace of demand and supply there exist different motivations for cooperation in each layer. Generally clients, information sources and mediators are independent of each other. Information sources exist in competitive and non-competitive relationships with other information sources. Obviously there is no base for mutual trust between arbitrary participants of a mediated information system.

While information sources probably will have cooperation contracts with mediators, it can be assumed that spontaneous clients are unknown beforehand. Clients thus cannot be registered in a static way with specific sources or mediators before their queries can be accepted. Even the group of information sources probably will not be as stable as found in federated database systems due to the lack of organizational associations in mediated information systems. Though one or more information sources may be temporarily unavailable a client query can be satisfied. There apparently is no useful assumption of a closed world in mediated information systems due to their inherent dynamics.

3.2.3   A case for mediated information systems

Table 1 summarizes some of those key differences between federated and mediated approaches, which also affect security considerations. Obviously both approaches are destined for quite different fields of employment. We believe that mediated information systems are more suitable to model dynamics and low trust of interacting parties. A mediator's top-down design paradigm allows for a stable presentation schema of integrated information at varying degrees of source fluctuation, whereas a bottom-up approach requires a redesign of the global integration schema each time a local schema changes or is added. Mediators strive for operational tolerance with respect to information provider failures and service ad-hoc clients which have not registered with the supplier beforehand. The latter forbids deployment of merely identity based identification approaches as traditionally used in federated database systems.

	federated approach	*mediated approach*
interoperability stimulated	by members	by spontaneous clients
relationship between participants	organizational	contractual
trust between participants	high	low
design	bottom-up	top-down
information sources	static	dynamic
union of source data	all relevant data (closed world)	all relevant data (open world)
data at the integration layer	virtual	hybrid
clients	static	Spontaneous & dynamic

Table 1: *Federated vs. mediated approach*

4 Secure mediated querying protocol

A secure mediation environment is based on a public-key infrastructure and digital credentials [Chaum 85,Rivest & Lampson 98,IETF SPKI Working Group 98]. In this environment clients have to provide evidence that they are eligible for requested information, and sources have to maintain mechanisms to inspect such evidence and to decide whether and which information is delivered.

We assume that there are trusted third parties (TTPs), trusted by all participants of a transaction, that signs a *credential* of the rough form

    <attribute, public (encryption) key, public (verification) key>,
thereby assuring the *attribute* specified by the first component is enjoyed by the owner of the matching secret keys for decryption and signing.

Given this basic informational environment, we can specify our basic secure mediation protocol as introduced in [Biskup et al. 98]. We distinguish a preparatory phase and a query phase.

In the *preparatory phase*, clients and sources do not yet interact. A client, wishing to request information later on, assembles *credentials* with his attributes supposed to provide evidence of his eligibility. Also a source, entitled to answer queries later on, defines a *security policy* with respect to confidentiality which relates sets of attributes to the amounts of information allowed for delivery. As input, the source security policy accepts an arbitrary set of credentials belonging to a unique owner. For instance, this is the case if all occuring public encryption keys are the same. It is important to observe that it is not necessary for the source to know the identity of that owner. Only based on the set of attributes included in the credentials, the policy states which kind of information is allowed to be delivered to the owner.

The protocol for the *query phase* is illustrated in Figure 3 and outlined as follows.

Protocol for secure mediated query answering:

In the query phase we distinguish a request phase and delivery phase:

(I) Request phase:

(a) A client sends a request including a global query and a set of credentials to a mediator.

(b) The mediator decomposes the global query into a set of subqueries, where each subquery is supposed to be appropriate for a certain source.

(c) The mediator sends the subquery and the received set (or an appropriate subset) of credentials to each corresponding source.

(II) Delivery phase:

(d) Each relevant source verifies each credential, checks whether the set of credentials is acceptable, i.e. belongs to a unique owner.

(e) Each relevant source determines the associated set of attributes.

(f) Each relevant source evaluates its subquery under the restriction that only such information is generated that, on the basis of the associated set of attributes, is allowed to be delivered.

(g) The result of the restricted query evaluation is considered as plaintext and encrypted with (some of) the public key(s) occuring in the shown credentials.

(h) Each relevant source sends its encrypted local answer back to the mediator.

(i) The mediator integrates the received local answers into a global answer and delivers it to the client.

The secure mediation protocol satisfies the following security properties:

Clients, sources and mediator exclusively have to trust the TTPs that signed credentials.

Sources are supposed to have an interest in checking eligibility which is supposed to be definable in terms of attributes. Thus, for instance, data subjects, the data of which is stored in a source, have to trust the source with respect to checking eligibility appropriately.

A client can stay anonymous with respect to a source, since in general there is no need for a direct connection between the client and a source.

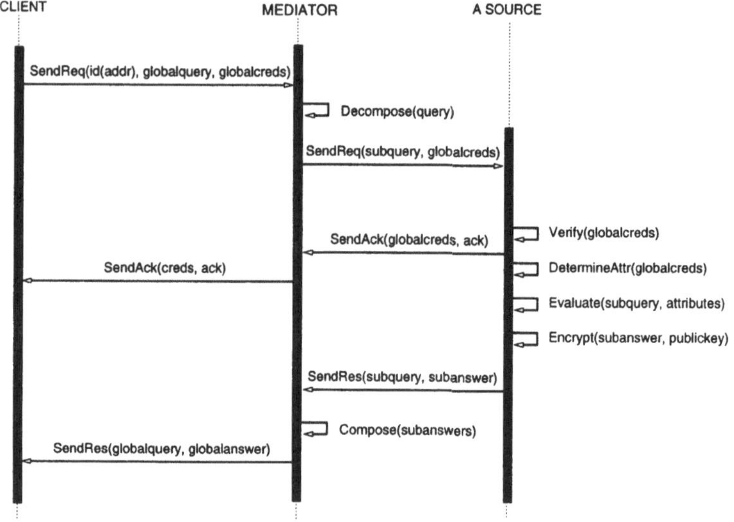

Figure 3: *Protocol for secure mediated querying*

Even in an untrusted network, only the unique owner of the verified credentials can recover the plaintext and thus gains the requested information.

We observe some minor restrictions in the secure mediation protocol. The mediator acquires knowledge about the client's credentials and thus could give raise to false blames about the sender of a request. In a dispute about the sender of the request nobody can exhibit any essential evidence pro or contra the blame. If there is an interest in documenting the sender of a request, the protocol must be extended by appropriately signing the request.

Further concerns about authenticity or requirements on integrity could be dealt with by additional actions that are based on appropriate signing.

In particular, if a source is concerned about a client redistributing received data without the source´s approval, the source can fingerprint [Pfitzmann & Waidner 97] the delivered copies of the data.

There are no specific provisions or additional obstacles to availability.

However, there are important observations dealt with in an advanced secure mediation protocol presented in [Biskup et al. 98]:

The mediator has to integrate and possibly materialize the local answers, sent back to the mediator by the sources to be finally delivered to the client. The functional requirements on the mediator may be seriously affected, because the mediator possibly can not perform the expected operations on the ciphertexts for integrating local answers. In [Biskup et al. 98] we propose some pessimistic and optimistic solutions to this problem.

In the secure mediation protocol presented above the mediator just forwards the received set of credentials to each of the relevant sources. A client may wish to present a minimal set of credentials to each source and thereby specify a desired level of quality with respect to the global answer. So, the mediator may assist a client in the management of credentials. Other aspects with respect to credential management are presented in [Biskup et al. 98].

Another important aspect is related to the secure query evaluation by the mediator. For this goal we intend to use a unified model of query evaluation and role based security enforcement [Sandhu 96,Sandhu et al. 96]. This issue is also explained in [Biskup et al. 98] in some detail.

5 Further topics for multimedia extensions

The acceptance of new multimedia communication services depends on whether suitable techniques for the protection of the multimedia providers' interests are available. In the following we would like to mention some multimedia specific security requirements and mechanisms.

5.1 Encryption of multimedia data

Multimedia applications need fast encryption mechanisms, handling up to tens and even hundreds of Mbit/s. Symmetric stream ciphers seem to be the most suitable option, and nowadays still hardware implementations are necessary [Crusselles et al. 95].

Normally, data compression must be performed before encryption, which itself must be performed before channel coding. This is not true in some applications for digital TV broadcasting [Macq & Quisquater 95]. Macq and Quisquater show in [Macq & Quisquater 95] the interest in developing new approaches, in which the secure coding is developed as combination of channel coding and cryptographic coding. [RAC94] and [Macq & Quisquater 95] have shown that the encryption of images and videos differs from the encryption of text files due to various reasons. It should also be possible to encrypt arbitrary areas of images. Different keys for different encrypted image parts may be used. This could be useful in the cases where different users are not allowed to see some parts of an image [Storck & Koch 97].

5.2 Image compression and encryption

An image compression algorithm can be modified such that its output can be decomposed into several parts [Cheng & Li 96]. The encryption process classifies each part into two types: the crucial parts and the remaining parts. The crucial parts contain the significant information about the original image. The remaining parts yield negligible information if the crucial parts are unknown. Only the crucial parts need to be encrypted. The remaining parts are left unencrypted and can be sent on demand. The concepts discussed in [Cheng & Li 96] can also be adopted to mediated information system environments.

5.3 Claim of origin

A limiting factor in using multimedia communication services is that providers of multimedia data are reluctant to allow the distribution of their documents in a networked environment because of electronic piracy.

Robust digital watermarking [Anderson 96] and fingerprinting [Pfitzmann & Waidner 97] represent suffcent deterrences, since they enable identification of source, owner, distributor or authorized consumer of digitized images, audio and video recordings. A digital watermark or a fingerprint is an identification code, permanently and imperceptibly embedded into digital data, carrying information pertaining to copyright protection and data authentication. A copyright protection code can contain a copyright notification, a unique serial number, a creator identifier, a distributor identifier, as well as other data attributes.

6 Conclusion

This paper has presented the flavour of a secure mediation environment. We addressed the different design styles and security requirements stemming from different motivations of participants in both federated and mediated environments. Within the secure mediation environment outlined in our work, clients seeking information and autonomous sources holding data can communicate with each other via mediators while complying with their security requirements. We mainly have focussed on the security requirements concerning confidentiality and authenticity. Our approach makes a specific contribution towards secure interoperation by combining the credential based authentic authorization with some kind of anonymity and of asymmetric encryption for confidentiality. Additionally, we have highlighted some multimedia specific security requirements and mechanisms.

Figure 4 illustrates which mutual security requirements of participants are covered by our concepts represented in [Biskup et al. 98]. We distinguish between two groups of security requirements. In the first group two participants mutually require a security property. For example, the requirement with respect to integrity must be fulfilled by both the mediator and the client. So, both of them wish digitally signed messages from each other. In the another group only one participant wishes a property to be fulfilled by other participant. For example, the mediator wants a client to show her credentials to check whether she is a legitimate user or not.

There are a number of promising areas for future work. First, there is a need for the mechanisms presented to be actually applied to emerging applications and to evaluate whether the mechanisms cover the specific requirements of those applications. Such research could reveal new kinds of security problems. For this reason we began to realise some of our concepts in a software prototype which is to be implemented in a student project.

Another area for further research is to investigate the tradeoff between efficiency and security in the context of materialization. This also is a promising research area for data warehousing applications. Typically, warehouses contain static collections of materialized views of multiple data sources with differing security policies.

Since our Multimedia Mediator (MMM) [Biskup et al. 97a,Biskup et al. 97b] bases on CORBA [Object Management Group 95], there is a need to explore the applicability of our approaches in the CORBA communication environment.

A final area of research would be to refine and formalize the model of role based query evaluation.

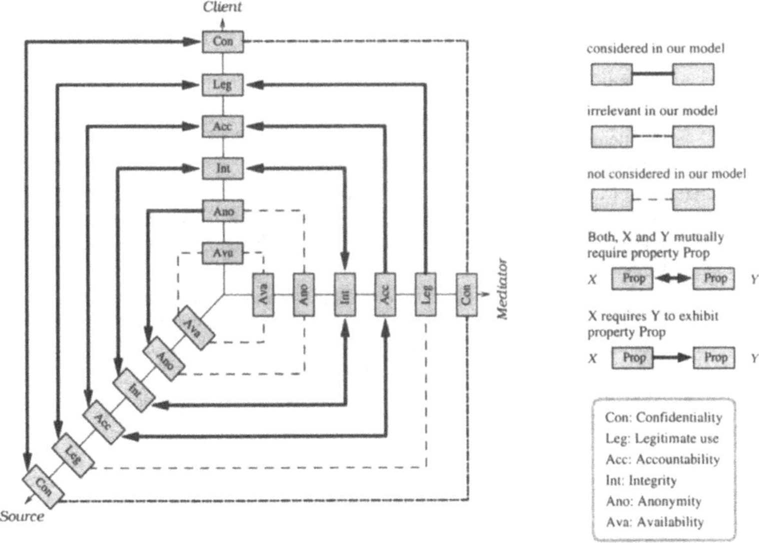

Many security requirements such as accountability imply a requirement for authenticity.

Figure 4: *Mutual security requirements of the participants in a mediated information system environment*

7 Bibliography

[A. & Ambite 97] A., K. C.; Ambite, J. L. (1997). Agents for Information Gathering. In: Bradshaw, J. M. (ed.): *Software Agents*. MIT Press, Cambridge. http://www.isi.edu/sims/knoblock/info-agents.html.

[Altenschmidt et al. 98] Altenschmidt, C.; Biskup, J.; Freitag, J.; Sprick, B. (1998). Weakly constraining multimedia types based on a type embedding ordering. In: *Proc. 4th Int. Workshop on Multimedia Information Systems*, pages 121-129. Istanbul, Turkey.

[Anderson 96] Anderson, R. (ed.) (1996). *1st International Workshop on Information Hiding*, LNCS, Cambridge, England. Springer-Verlag.

[Arens et al. 96] Arens, Y.; Knoblock, C. A.; Shen, W. (1996). Query Reformulation for Dynamic Information Integration. *Journal of of Intelligent Information Systems 6(2-3)*.

[Bayardo et al. 97] Bayardo, R. J. et al. (1997). InfoSleuth: Agent-based Semantic Integration of Information in Open and Dynamic Environments. In: *SIGMOD'97*, pages 195-206. Tucson, AZ, USA.

[Biskup et al. 97a] Biskup, J.; Freitag, J.; Karabulut, Y.; Sprick, B. (1997a). A Mediator for multimedia systems. In: *Proc. 3rd Int. Workshop on Multimedia Information Systems*, pages 145-153. Como, Italia.

[Biskup et al. 97b] Biskup, J.; Freitag, J.; Karabulut, Y.; Sprick, B. (1997b). Query Evaluation in an object-oriented multimedia mediator. In: *Proc. 4th Int. Conf. on Object-Oriented Information Systems*, pages 31-43. Springer Verlag, Brisbane, Australia.

[Biskup et al. 98] Biskup, J.; Flegel, U.; Karabulut, Y. (1998). Secure Mediation: Requirements and Design. In: *12th Annual IFIP WG 11.3 Working Conference on Database Security*. Chalkidiki, Greece.

[Candan et al. 96] Candan, K. S.; Jajodia, S.; Subrahmanian, V. S. (1996). Secure Mediated Databases. In: Y. W. Su, S. (ed.): *12th International Conference on Data Eng.*, pages 28-37. IEEE, IEEE Computer Society Press, New Orleans, Louisiana, USA.

[Carey et al. 95] Carey, M. J. et al. (1995). Towards Heterogeneous Multimedia Information Systems: The Garlic Approach. In: *Proceedings of the Fifth International Workshop on Research Issues in Data Engineering(RIDE): Distributed Object Management*, pages 123-130. L. A., California.

[Chaum 85] Chaum, D. (1985). Security without identification: Transaction systems to make big brother obsolete. *Communications of the ACM 28(10)*, pages 1030-1044.

[Cheng & Li 96] Cheng, H.; Li, X. (1996). On the application of image decomposition to image compression and encryption. In: Horster, P. (ed.): *Proceedings of the IFIP TC6/TC11 International Conference on Communications and Multimedia Security*, pages 116-127. Chapman & Hall, Essen, Germany.

[Crusselles et al. 95] Crusselles, E. et al. (1995). Secure Communications in Broadband Networks. In: *Proceedings of the 3rd International Conference on Telecommunication Systems*, pages 114-122. Nashville, Tennessee, USA.

[Genesereth & Ketchpel 94] Genesereth, M.; Ketchpel, S. (1994). Software Agents. *Communications of the ACM 37(7)*, pages 48-53.

[Heimbigner & McLeod 85] Heimbigner, D.; McLeod, D. (1985). A federated architecture for information management. *ACM Transactions on Office Information Systems 3(3)*, pages 253-278.

[Hull & Zhou 96] Hull, R.; Zhou, G. (1996). A Framework for Supporting Data Integration Using the Materialized and Virtual Approaches. In: *ACM SIGMOD'96*, pages 481-492. ACM, Montreal, Canada.

[IETF SPKI Working Group 98] IETF SPKI Working Group. (1998). *SPKI Certificate Documentation*. http://www.clark.net/pub/cme/html/spki.html.

[Jajodia et al. 97] Jajodia, S.; Samarati, P.; Subrahmanian, V.; Bertino, E. (1997). A Unified Framework for Enforcing Multiple Access Control Policies. In: *SIGMOD'97*, pages 474-485. Tucson, AZ, USA.

[Jonscher & Dittrich 94] Jonscher, D.; Dittrich, K. R. (1994). An Approach For Building Secure Database Federations. In: *Proceedings of the 20th international conference on very large databases*, pages 24-35.

[Levy et al. 96] Levy, A. Y.; Rajaraman, A.; Ordille, J. J. (1996). Querying Heterogeneous Information Sources Using Source Descriptions. In: *Proceedings of 22nd International Conference on Very Large Data Bases VLDB'96*, pages 251-262. Morgan Kaufmann, Mumbai (Bombay), India.

[Litwin et al. 90] Litwin, W.; Mark, L.; Roussopoulos, N. (1990). Interoperability of multiple autonomous databases. *ACM Computing Surveys 22(3)*, pages 267-293.

[Liu & Pu 95] Liu, L.; Pu, C. (1995). Distributed Interoperable Object Model and Its Application to Large-scale Interoperable Database Systems. In: *Proceedings of ACM International Conference on Information and Knowledge Management (CIKM'95)*.

[Macq & Quisquater 95] Macq, B.; Quisquater, J.-J. (1995). Cryptology for digital TV broadcasting. *Proceedings of the IEEE 83(6)*, pages 944-957.

[Mena et al. 96] Mena, E.; Kashyap, V.; Sheth, A.; Illarramendi, A. (1996). OBSERVER: an Approach for Query Processing in Global Information Systems based on Interoperation accross Pre-existing Ontologies. In: *First IFCIS International Conference on Cooperative Information Systems (CoopIS'96)*. Brussels, Belgium.

[Object Management Group 95] Object Management Group. (1995). *The Common Object Request Broker, Architecture and Specification, Revision 2.0.* http://www.omg.org/corba/corbiiop.htm.

[Pfitzmann & Waidner 97] Pfitzmann, B.; Waidner, M. (1997). Anonymous Fingerprinting. In: *EuroCrypt'97*, LNCS. Springer-Verlag, Berlin.

[RAC94] RACE Concertation. (1994). *Conditional Access Workshop, 44th RACE Concertation Meeting*, Brussel.

[Rivest & Lampson 98] Rivest, R. L.; Lampson, B. (1998). *A Simple Distributed Security Infrastructure (SDSI)*. http://theory.lcs.mit.edu/ cis/sdsi.html.

[Sandhu 96] Sandhu, R. (1996). Role hierarchies and Constraints for Lattice-based access controls. In: Bertino, E.; Kurth, H.; Martella, G.; Montolivo, E. (eds.): *ESORICS '96*, pages 65-79. Springer-Verlag, Rome, Italy.

[Sandhu et al. 96] Sandhu, R.; Coyne, E.; Feinstein, H.; Youman, C. (1996). Role-Based access control models. *IEEE Computer 2*, pages 38-47.

[Sheth & Larson 90] Sheth, A. P.; Larson, J. A. (1990). Federated Database Systems for Managing Distributed, Heterogeneous, and Autonomous Databases. *ACM Computing Surveys 22(3)*, pages 183-236.

[Storck & Koch 97] Storck, D.; Koch, E. (1997). Controlable User Access on Multimedia Data in World Wide Web. In: *Proceedings of the International Conference on Image Science, Systems, and technology (CISST'97)*, pages 270-278. Las Vegas, Nevada USA.

[Subrahmanian et al.] Subrahmanian, V. S.; Adali, S.; Brink, A.; Emery, R. et al. *HERMES: Heterogeneous Reasoning and Mediator System*. Submitted for publication. http://www.cs.umd.edu/projects/hermes/.

[Tomasic et al. 95] Tomasic, A.; Raschid, L.; Valduriez, P. (1995). Scaling Heterogeneous Databases and the Design of DISCO. In: *Proceedings of the International Conference on Distributed Computer Systems*. Hong Kong.

[Ullman 97] Ullman, J. D. (1997). Information Integration Using Logical Views. In: *Proceedings of the 6th International Conference on Database Theory, ICDT'97*, LNCS, pages 19-40. Springer-Verlag, Berlin, Delphi, Greece.

[Wells 96] Wells, D. (1996). *Wrappers: Survey*. http://www.isse.gmu.edu/I3_Arch/index.html.

[Wiederhold & Genesereth 97] Wiederhold, G.; Genesereth, M. (1997). The Conceptual Basis for Mediation. *IEEE Expert, Intelligent Systems and their Applications 12(5)*, pages 38-47.

[Wiederhold 95] Wiederhold, G. (1995). *I3 (Intelligent Integration of Information) Glossary*. http://www-db.stanford.edu/pub/gio/1994/vocabulary.html#value.

[Wiederhold et al. 97] Wiederhold, G.; Bilello, M.; Donahue, C.   (1997). Web Implementation of a Security Mediator for Medical Databases. In: Lin, T. Y.; Qian, S. (eds.): *Database Security XI: Status and Prospects, Proceedings of the 11th Annual IFIP WG11 Working Conference on Database Security*, pages 60-72. IFIP, Chapman & Hall, Lake Tahoe, California.

[Yang et al. 97] Yang, L. L.; Özsu, T.; Liu, L.   (1997). Accessing Heterogeneous Data Through Homogenization and Integration Mediators. In: *Second IFCIS Conference on   Cooperative Information Systems (CoopIS-97)*. Charleston, South Carolina.

Kopplung und Integration von Diensten im Elektronischen Handel

Sonja Zwißler

Forschungszentrum Informatik an der Universität Karlsruhe
zwissler@fzi.de

1 Zusammenfassung

In diesem Papier werden Möglichkeiten für die Kopplung und die Integration von Diensten im *Electronic Commerce* aufgezeigt. Dazu wird zunächst untersucht, was *Shops* bzw. *Malls* heute leisten und inwieweit *Malls* heute Kooperationen zwischen *Shops* unterstützen. Um insbesondere im *business-to-business* Bereich dienstübergreifende Kooperationen zu ermöglichen, wird eine Architektur zur zielgerichteten Kopplung von Einzeldiensten eingeführt, mit Hilfe derer Informationsgewinnung und Geschäftsprozesse *Shop*-übergreifend und darüber hinaus auch *Mall*-übergreifend realisiert werden können. Am Beispiel der Handwerks-Branche wird veranschaulicht, wie dies in der Praxis aussehen kann. Der Ansatz kann auf andere Bereiche übertragen werden. Das besondere an der Idee ist, daß sich der Benutzer die für ihn ideale Sicht auf das globale Dienstangebot selbst einrichten kann und gleichzeitig die Möglichkeit bekommt, Kooperationsabläufe mit Geschäftspartnern zu automatisieren.

2 Einführung

Die ersten Systeme im *Electronic Commerce* waren prototypische Einzellösungen mit der Folge, daß sich Benutzer in der entstehenden Dienstlandschaft weder beim Auffinden von Angeboten noch bei der Bedienung zurecht fanden. Als Lösung dieses Problems wurde die Zusammenfassung von Einzelangeboten in sogenannten *Malls* verfolgt, die neben einer hierarchischen Strukturierung auch den Vorteil einer einheitlichen Bedienung haben. Ursprünglich boten *Malls* nur die Koexistenz einzelner *Shops*, ohne weitergehenden Mehrwert. Erste Ansätze zur Kooperation bestehen in der *Shop*-übergreifenden Bestellung und Bezahlung. Durch die Integration dieser Kooperationsmuster in die *Mall*-Systeme können sie sich nur auf *Shops* einer einzigen *Mall* beziehen. Kooperation über *Mall*-Grenzen hinaus wird u.a. durch spezielle Agentensysteme verfolgt. Hierbei steht der Gedanke selbstorganisierender, mobiler, reaktiver und lernfähiger Einheiten im Vordergrund, die durch Kooperation autonom Lösung finden, ohne daß dabei der Lösungsweg im Detail vorgegeben ist.

Beim *Electronic Commerce* werden 70 % des Umsatzes nicht im Endkundenbereich, sondern im *business-to-business* Bereich erwartet. Hier besteht die technische Unterstützung vor allem in der Einführung von Austauschformaten wie EDI oder DCOM. Für die elektronische Abwicklung von Geschäftsabläufen fehlt heute noch die Möglichkeit, mit der EDV von Geschäftspartnern direkt zu kommunizieren. Dies gilt insbesondere für Branchen-Software kleiner und mittelständischer Unternehmen. Für diese sind *Malls*, obwohl sie eigentlich für den Endkundenverkauf ausgelegt sind, heute häufig die einzige verfügbare Basis für *Electronic Commerce* im *business-to-business* Bereich.

2.1 Malls heute

Recherchen zeigen, daß *Malls* heute von zwei Parteien stark vorangetrieben werden: Von öffentlichen Organisationen, insbesondere aber von der Wirtschaft selbst.

Traditionell besitzen die Kommunen sowie berufsbezogene Dachverbände wie Industrie- und Handelskammern oder Handwerkskammern die globalen Daten ihrer Zuständigkeitsbereiche und bemühen sich nun, ihr regionales bzw. fachspezifisches Engagement im Internet-Bereich unter jeweils *einem* virtuellen Dach zu konzentrieren. Insbesondere die Kommunen, wie z.B. die Stadt Mannheim, sind teilweise schon sehr fortschrittlich und bieten neben reinen Informationsangeboten bereits elektronische Formularbearbeitung an. Industrie- und Handelskammern, wie auch Handwerkskammern können durch ihre Position einzelne Berufszweige komplett und gut strukturiert präsentieren. Für Dienstleistungen, die über den Umfang reiner Branchenverzeichnisse und Informationsdienste hinausgehen, verweisen sie ihre Mitglieder jedoch i.d.R. an spezielle Provider (*web hosting*).

Die wirkliche kommerzielle Nutzung der neuen Technologie wird vor allem von der Wirtschaft vorangetrieben. Da hier der Geldfluß im Mittelpunkt steht, ist die Integration von Zahlungsmechanismen in *online*-Dienste bereits stark fortgeschritten. Die *Mall*-Aktivitäten im Wirtschaftsbereich werden hierbei grob von drei Parteien forciert:

Mittelgroße oder große Unternehmen bieten ihren Kooperationspartnern einen *Mall*-Betrieb an.

Banken unterstützen gegenwärtig verstärkt Händler bei der Einführung von Zahlungssystemen und bieten ihnen in diesem Zusammenhang oft die Teilnahme an einer von ihnen verwalteten *Mall*.

Schlußendlich sind in diesem Bereich natürlich viele Provider aktiv, die neben dem reinen Angebot von technischen Dienstleistungen im gezielten Aufbau von *Malls* ein neues Wirtschaftsfeld sehen. Sie haben i.d.R. viel *Know-How* und sind somit in der Lage, innovative Lösungen vorzustellen.

Alles in allem kann man sagen, daß bei der *Web*-Präsenz vieler Firmen nach wie vor hauptsächlich die Außendarstellung und Präsentation von Informationen im Vordergrund steht. Einkäufe sind lediglich bei einer verhältnismäßig kleinen Anzahl echter *Shops* und *online* Marktplätzen möglich. Interaktionen zwischen den Händlern finden in der Regel nicht statt. Während durch die öffentlichen Institutionen heute Dächer geschaffen werden, bei denen Vollständigkeit nach regionalen oder fachspezifischen Gesichtspunkten angestrebt wird, werden in der Wirtschaft Händler nach finanziellen Gesichtspunkten gebündelt. Sobald der gezielte Wunsch aus der Wirtschaft besteht, Lösungen flächendeckend anzubieten, müssen sich die Parteien arrangieren. Der Konkurrenzkampf ist sehr groß, an vielen Stellen fehlt die Vertrauensbasis, so daß ein rascherer Fortschritt dieser Entwicklungen oft behindert wird.

Erfahrungen der letzten zwei Jahre aus der Initiative „Telemarkt Regional" in der Region Karlsruhe, Beratungen einer Genossenschaftsbank und einzelner Primärbanken sowie Gespräche mit handwerksbezogenen Institutionen und Unternehmen in Baden-Württemberg zeigten immer wieder:

Händler[33] als potentielle Teilnehmer an einer *Mall*:

- verfolgen *Electronic Commerce* Entwicklungen mit großem Interesse.
- sehen oft noch keinen wirklichen Nutzen in den Diensten[34]

---

[33] Fokusierte Zielgruppe: Kleine und mittelständische Unternehmen

[34] Die Risikobereitschaft, dennoch aktiv zu werden ist sehr unterschiedlich.

- hinterfragen das Sicherheitsniveau solcher Dienste sehr kritisch.
- sind sich schlußendlich im Unklaren, wieviel Aufwand bzw. Unkosten mit dem Aufbau einer *online* Nutzung verbunden sind[35]
- haben Bedenken, was die Benutzerfreundlichkeit der Dienste angeht.

Bei potentiellen *Mall*-Betreibern, die nicht aus der IT-Branche kommen, aber sich durch Investitionen in neue Technologien Marktchancen versprechen, sieht dies im Prinzip genau gleich aus.

2.2 Erwartungen an business-to-business Szenarien

Die Erwartungen an den Einsatz neuer Medien im *business-to-business* Bereich erstrecken sich in erster Linie auf die Ausnutzung der hohen Aktualität und Interaktivität elektronischer Dienste. Die wichtigsten Punkte für Unternehmen sind heute:
- Effiziente Unterstützung bei bestehenden Geschäftsabläufen,
- Papierlose Kooperation mit Geschäftspartnern,
- Bessere Informationen in kürzerer Zeit,
- Einführung innovativer Kooperationsmuster, die erst durch die Vernetzung praktikabel werden,
- Arbeitsumgebungen, die direkt auf die Bedürfnisse eines Unternehmens oder einer Branche zugeschnitten sind.

In einzelnen Branchen, wie z.B. in der Automobilindustrie und der Tourismusbranche, hat sich die elektronische Unterstützung von Geschäftsabläufen bereits seit längerem in der Praxis bewährt. Außerhalb dieser eng umrissenen Bereiche werden die Erwartungen an *business-to-business* Lösungen bisher kaum erfüllt.

3 Kopplung und Integration von Diensten

Bei der genaueren Betrachtung, der *Electronic Commerce* Angebote und den Wünschen der Händler, die sehr stark von denen der Kunden gelenkt werden, zeigt sich schnell, daß die meisten Erwartungen heute eigentlich noch nicht erfüllt werden.

Der Zusammenschluß mehrerer *Shops* zu einer *Mall* erleichtert dem Benutzer das Auffinden und den Zugang zu elektronischen Angeboten. Der zentrale Gedanke, der mit der Einführung von *Malls* verfolgt wird, ist aber eigentlich die Zusammenführung aller relevanten Leistungen unter einem einzigen Zugang. Doch durch die Vielzahl von konkurrierenden Initiativen mit regionalen oder fachbezogenen Schwerpunkten und durch die Aufteilung des Markts zwischen mehreren *Mall*-Betreibern bleibt das Dienstangebot auch nach Einführung von *Malls* heterogen und unübersichtlich. Für den Benutzer, der mit Anbietern kooperieren muß, die in unterschiedlichen *Malls* organisiert sind, ergibt sich kein Vorteil gegenüber einer Flut von Einzelangeboten: Die Hauptprobleme liegen weiterhin bei der Orientierung im Dienstleistungsangebot, wenn es nun auch etwas strukturierter dargeboten wird.

Eine *Mall*, die dem Benutzer eine adäquate und effiziente Nutzung des Mediums, speziell im *business-to-business* Bereich ermöglicht, muß ihm neben einem schnellen Überblick über die für ihn relevanten Angebote vor allem auch die Möglichkeit bieten, nicht nur einzelne Leistungen interaktiv am Rechner zu bedienen, sondern insbesondere auch ganze Arbeitsprozesse weitgehend elektronisch ausführen zu lassen. Solche Arbeitsprozesse, die auch firmenübergreifende Aktionen auslösen, sind aber nur dann möglich, wenn sie technisch auch entsprechend unterstützt werden können. Hier stellt sich jetzt die Frage: Warum wird in der Praxis heute viel zu wenig auf genau diese Aspekte eingegangen?

---

[35] Beides wird häufig unterschätzt.

3.1 Funktionsumfang von Händlersystemen heute

Mit der Frage, was *Shop-* bzw. *Mall*-Systeme heute eigentlich leisten, haben wir uns in einer Recherche und Befragungen der am Markt führenden Unternehmen recht ausführlich beschäftigt.

Alle Systeme bieten zumindest den folgenden Funktionsumfang:

- Darstellung des Angebots,
- Aufbau von Bestellungen,
- Kaufabschluß,
- Verwaltung des Angbots.
- Mit zum Standardumfang gehören vermehrt auch:
- Bezahlung,
- Auslieferung digitaler Güter.

Zusammenfassend kann man sagen, daß die Systeme alle für den Verkauf zum Endkunden notwendigen Bausteine enthalten und inzwischen recht komfortabel gewartet werden können. Die Kopplung der Händlersysteme mit bestehenden EDV-Systemen gestaltet sich heute allerdings noch recht schwierig oder ist bisweilen sogar unmöglich. Dies gilt sowohl für die Integration der Händlersysteme in die betriebliche EDV, als auch umgekehrt für die Anbindung der EDV an Händlersysteme. Die Lösungen zur Gewährleistung der Sicherheit beschränken sich i.d.R. auf die grundlegend verwendeten Komponenten, d. h. auf die Sicherheit der Datenbanken oder der Betriebssysteme. Verschiedene Systeme können sogar ohne Protokolle zur gesicherten Datenübertragung (z. B. *SSL*) aufgesetzt werden. Der Stand der angebotenen Dienstleistungen, vgl. Abschnitt *Malls heute*, entspricht also im groben dem der auf dem Markt verfügbaren Produkte, obwohl heute noch sehr viele der betriebenen Händlersysteme Eigenimplementierungen sind.

Außer der Präsentation weitgehend unabhängiger Dienste „unter einem Dach" wird die Möglichkeit, Angebote zu kombinieren, quasi komplett außer Acht gelassen, obwohl deren Attraktivität doch eigentlich offensichtlich ist. Beispiele hierfür sind:

Ein Händler könnte ein Angebotspaket durch Hinzunahme eines Artikels eines zweiten Händlers einer anderen *Mall* noch attraktiver machen. Die automatische Abrechnung zwischen den beiden Händlern erfolgt elektronisch und erst nach Zustandekommen eines Verkaufs. Das Szenario hätte für alle drei beteiligten Parteien Vorteile: Der Kunde kann ohne großen Aufwand alle benötigten Artikel auf einmal einkaufen, der zweite Händler bekommt Einnahmen, obwohl er keinen Aufwand mit der Auslieferung seines Guts hat, und der erste Händler kann ein attraktiveres Angebot anbieten und damit seine Konkurrenzfähigkeit steigern.

Dieses Beispiel kann weiter ausgebaut werden, indem beispielsweise Auslieferungen innerhalb einer *Mall* oder zwischen *Malls* koordiniert und gemeinsam getätigt werden. Bei entsprechendem Betrieb können durch die Koordination Lieferservices wirtschaftlich werden, die heute außer Diskussion stehen. Für den Kunden bedeutet ein Bringdienst, der nicht teuer bezahlt werden muß, einen absoluten Komfort und steigert damit die Akzeptanz von *online*-Einkäufen ganz entscheidend.

Ein anderes Beispiel geht in die Richtung der automatischen Erstellung von Komplettangeboten: Der Kunde gibt einen Komplettauftrag ab, wie Wochenendurlaub nach Ort X inklusive Reiseticket, Verbindungen bei öffentlichen Verkehrsmitteln, Besuch des Freizeitparks Y, Reservierung der günstigsten Übernachtungsgelegenheit in der Nähe des Freizeitparks und ggf. Miete eines Autos für die angegebene Zeit. Der Kunde kümmert sich nicht um Einzelheiten, er wartet lediglich auf ein oder mehrere Angebote, von denen er eines bestätigt und die Gesamtsumme dann bezahlt.

3.2 Zielgerichtete Kopplung von Diensten

Zielgerichtete Kopplung von Diensten bedeutet die Kombination von Teildiensten zu speziellen Mehrwertdiensten. Beim kombinierten Dienst steht weniger ein möglichst umfangreiches Funktionsspektrum im Vordergrund, als vielmehr die besonders gute Anpassung an ein vorgegebenes, möglicherweise sehr individuelles Anwendungsszenario. Bei den Teildiensten kann es sich um reine Informationsdienste handeln, aber auch um komplexe Datenverarbeitungsvorgänge oder kommerzielle Transaktionen. Zentrale Anwendungsbereiche sind die Automatisierung wiederkehrender Abläufe sowie die Zusammenführung und Strukturierung unterschiedlichster Angebote einschließlich der Anpassung der Präsentation von Inhalten.

Diese Art der Kopplung von Diensten ist mit der heute verfügbaren Dienststruktur nicht direkt möglich. Die wesentliche Ursache liegt in der oftmals fehlenden Trennung zwischen der Dienstfunktionalität und der Darstellung. Selbst nachdem die Dienstfunktionalität entkoppelt von der Darstellungsfrage in Anspruch genommen werden kann, werden noch zusätzliche Komponenten für die Steuerung und Koordination der Teildienste sowie für die Zusammenfassung und Aufbereitung der Ergebnisse benötigt. Die heute zur Realisierung von Steuerungen im *WWW*-Bereich verwendeten *Skript*-Sprachen bieten kaum das richtige Abstraktionsniveau. Insbesondere bieten sie keine sinnvolle Unterstützung für die bei der Kopplung von Diensten immer wiederkehrenden Teilaufgaben.

Eine geeignete Architektur für die Realisierung zielgerichteter Kooperationen muß benötigte Werkzeuge und Basismechanismen bereitstellen sowie einen Anwendungsrahmen, der sich einfach auf die zu lösende Kopplungsaufgabe anpassen läßt. Benötigt werden:

- Unterstützung komfortabler Zugriffsmethoden für die gängigsten Internet-Protokolle und Datenbankschnittstellen.
- Automatische Selektion von Informationen aus bestehenden Dokumenten.
- Verknüpfung von Informationen, insbesondere Berechnung abgeleiteter Fakten und zeitlicher Verläufe.
- Ablaufsteuerung mit synchroner und asynchroner Beauftragung, Mehrfachbeauftragung, Synchronisation und Fehlerbehandlung, insbesondere durch automatische Wiederholung und Rückfallstrategien.
- Dokumentengenerierung mit Schablonen und Datenbankanknüpfung.

Um gleichermaßen Flexibilität und Robustheit bei der Kopplung zu erreichen und dennoch den Aufwand für die Definition neuer Interaktionsmuster gering zu halten, müssen die einzelnen Aspekte weitgehend unabhängig voneinander spezifiziert werden können. Die hier vorgestellte Architektur unterstützt dies durch getrennte Beschreibung der Ablaufsteuerung, der Kooperation mit Teildiensten, der Daten für Identifikation und Authentifikation bei den Teildiensten, der Informationsgewinnung und der Ergebnisaufbereitung. Diese Trennung erlaubt auch den Aufwand bei geänderten Vorgaben durch die Netzwerkumgebung gering zu halten, da nur die wirklich betroffenen Aspekte aktualisiert werden müssen. Darüber hinaus können spezialisierte Aspekte besser durch Werkzeuge unterstützt werden. Beispiele hierfür sind die Generierung von Zerteilern (*parser*) für die automatische Informationsselektion oder die gesicherte Verwaltung von Zugangsinformationen für die Authentisierung bei fremden Diensten. Ein integriertes Bibliothekskonzept stellt sicher, daß die eigentliche Ablaufsteuerung von Implementierungs- und Realisierungsdetails befreit werden kann. Bereits existierende Werkzeuge wie *HTML*-Generatoren lassen sich einfach in die Architektur einpassen. Mit der Höhe der Schichten in der Architektur steigt auch der Abstraktionsgrad.

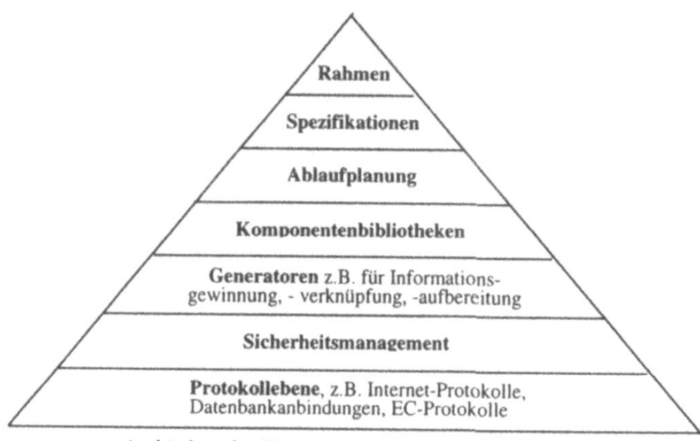

Architektur für Kopplung und Integration von Diensten

Die Kapselung von Protokollen und Datenbankzugriffen bietet den transparenten Zugriff auf lokale wie entfernte Daten. Die Informationsgewinnung, insbesondere die nachträgliche Trennung von Inhalt und Darstellung, wird mit der Einführung strukturierter Dokumente (z. B. *XML* und spezialisierter Protokolle wie *OTP*) zunehmend einfacher. Frameworks und Komponentenbibliotheken erlauben die einfache Erweiterung um Sichten und Abläufe.

4 Kopplung und Integration von Diensten im Handwerk

Am Beispiel des Handwerkbereichs wird im folgenden darauf eingegangen, wie dieser Ansatz in der Praxis aussehen kann. Das EU-Projekt Kooperation im Handwerk, *ADAPT-1551*, hat die Sensibilisierung von Handwerkern für das Internet, den Aufbau adäquater Kooperations-szenarien und die Einführung von Schulungen zum Inhalt, über die den Handwerkern das benötigte Know-How vermittelt wird. In dem Projekt sind Vertreter aller relevanten Parteien dieses Bereichs involviert, d. h. Handwerkskammer, Kreishandwerkerschaft, eine Innung, vertreten durch eine Bundesfachlehranstalt, die Stadt Karlsruhe, Handwerksunternehmen, ein Internet-Service-Provider und das Forschungszentrum Informatik (FZI).
Bei den Arbeitsabläufen eines Handwerkers kann durch *online* Unterstützung folgender Bereiche für den Handwerker ein praktischer Nutzen erreicht werden:

Business-to-business Bereich	*Business-to-customer* Bereich
Ausschreibungen und Angebotserstellung	Informationen
Fachbetriebe und Spezialisten	Aus- und Weiterbildung
Zulieferer	Schaufenster
Recyling und Entsorgung	Schulungen
Schwarzes Brett	

Man sieht, daß die Darstellung von Informationen problemlos über jeden Provider erfolgen kann. Wenn potentiell auch der Verkauf *online* erfolgen soll, z. B. von Kursunterlagen bei einer Schule oder von Material bei einem Zulieferer, ist die Nutzung eines *Mall*-Systems von Beginn an sinnvoll, da es alle für den Verkauf notwendigen Werkzeuge bereits zur Verfügung stellt.

Die größte Erleichterung kann dem Handwerker durch eine entsprechende Unterstützung im Zuliefererbereich und in der Recherche nach Fachbetrieben und Spezialisten geboten werden. Die Dienstleistungen, die für die Entsorgung anfallen, können technisch wie die der Fachbetriebe und Spezialisten betrachtet werden. Die *business-to-business* Aktivitäten stehen also klar im Vordergrund.

Beispiel: ein Handwerker möchte für eine Ausschreibung ein Angebot einreichen, wie kann er jetzt unterstützt werden? Zunächst macht er eine Planung, welche Tätigkeiten wann anfallen und welche Ressourcen wann benötigt werden. Die Planung der Tätigkeiten ist i.d.R. sehr individuell und kann damit nicht allgemein automatisiert werden. Bei der Planung der Ressourcen fallen aber relativ viele Routine-Tätigkeiten an, die elektronisch sehr gut unterstützt werden können. Der Handwerker erstellt Ausschreibungen für Unteraufträge, holt Angebote für Materialien ein und informiert sich, wo er anfallende Abfallstoffe entsorgen kann.

Gegenwärtig werden im Handwerk die meisten dieser Aktionen per Telefon oder Fax durchgeführt. Im Zuliefererbereich existieren oft Kataloge auf *CD-ROMS*, aber auch hier werden die Bestellungen an sich per Fax oder Post beauftragt bzw. mündlich ausgehandelt. Selbst wenn die einzelnen Beteiligten lokal EDV-Systeme einsetzen, behindern solche Medienbrüche die effiziente Planung und Verarbeitung ganz entscheidend. Insbesondere werden dadurch im allgemeinen viele Teilinformationen mehrfach erfaßt und bearbeitet.

Wesentlich für die realistische Einbeziehung von Internet-Diensten in die berufliche Praxis ist die maßgeschneiderte Unterstützung solcher Geschäftsprozesse. Ähnlich wie Branchensoftware direkt auf die Belange des Handwerks eingeht, müssen auch Netzwerkdienste auf branchenspezifische Anforderungen spezialisiert werden.

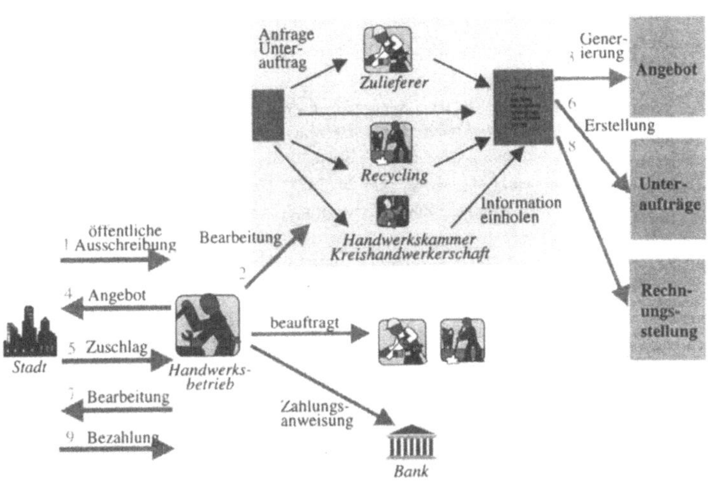

Kopplung und Integration bei der Angebotserstellung

Durch die elektronische Verarbeitung aller Auftragsdaten und die elektronische Kopplung der Arbeitsschritte bei den einzelnen Beteiligten kann die gesamte Bearbeitung sehr viel effizienter erfolgen. Wesentlich ist hierbei, daß die Auftragsdaten als feststehender Datensatz von Arbeitsschritt zu Arbeitsschritt weitergereicht und aktualisiert werden, und daß andere

Dokumente wie Angebote, Unteraufträge und Rechnungen daraus automatisch generiert werden. Im Beispiel hat dies zur Folge, daß Mehrfacherfassungen von Daten auf dem gesamten Weg von der Kenntnisnahme der Ausschreibung bis zur Abwicklung der Bezahlung nach erfolgreichem Abschluß des Auftrags nicht mehr notwendig sind.

Entsprechende Vorteile werden auch bei der Koordination von Zulieferern und Subunternehmern erreicht: Für die Recherche bei seinen Zulieferern werden Anfragen für die einzelnen Systeme automatisch aus der bislang bekannten Auftragsplanung generiert. Das System des Handwerkers meldet sich dazu automatisch bei den Systemen der Zulieferer an, die nach erfolgter Identifizierung und Authentisierung auch spezielle Konditionen für den Handwerker einräumen können. Das Ergebnis der Recherche ist eine tabellarische Übersicht über die Angebote unterschiedlicher Anbieter, deren Einträge auf die wesentlichen Informationen wie Qualität, Verfügbarkeit, Lieferfristen und Preise reduziert sind. Aus dieser Übersicht kann der Handwerker detailliertere Informationen anfordern, seine Auswahl treffen und Materialreservierungen für alle beteiligten *Malls* wiederum automatisch generieren. Auf diese Planung kann nach einem eventuellen Zuschlag wieder direkt zugegriffen werden, um die zugehörigen Bestellungen zu generieren. Im Fall eines nicht erhaltenen Zuschlags erfolgt eine Freigabe der Reservierungen.

5 Ausblick

Der Einsatz der hier vorgestellten Techniken im Handwerk bietet die Einführung branchen- oder unternehmensspezifischer Sichten und die weitgehende Automatisierung von Arbeitsabläufen, wobei organisatorische Einschränkungen der Dienststrukturen, wie sie durch *Malls* vorgegeben werden, überwunden werden können. Dieser Ansatz kann auf andere Bereiche übertragen werden.

6 Literatur

[Bend_98]   K. Bender, *Integrated Architecture of Electronic Mall Systems - How Strategies, Processes and Organizations Influence Information System Design*, Lecture Notes in Computer Science 1370, Springer, S. 114 ff., 1998.

[GeKT_98]   A. Geppert and M. Kradolfer and D. Tombros, *Market-Based Workflow Management*, Lecture Notes in Computer Science 1402, Springer, S. 179 ff., 1998.

[McGr_98]   Sean McGrath, *XML by Example: Building E-Commerce Applications*, Prentice-Hall, ISBN 0-13-960162-7, 1998.

[Schr_98]   S. Schreyjak, *Coupling of Workflow and Component-Oriented Systems*, Lecture Notes in Computer Science 1357, Springer, S. 364 ff., 1998.

[ShJJ_98]   Dongwook Shin, Hyuncheol Jang, Honglan Jin, *BUS: An Effective Indexing and Retrieval Scheme in Structured Documents*, DL'98: Proceedings of the 3rd ACM International Conference on Digital Libraries, Springer, S. 235 ff., 1998.

[SMDP_98] R. Strens, M. Martin, J. Dobson, S. Plagemann, *Business and Market Models of Brokerage in Network-Based Commerce*, Lecture Notes in Computer Science 1430, Springer, S. 315 ff., 1998.

[Udel_93]   Jon Udell, *WorkMan Needs Work: WorkMan, Reach Software's work-flow applications develoment package, is the first system to present a usable model for the creation of work-flow applications. Unfortunately, the implementation fails to deliver on the architecture's promise*, Byte Magazine 18, Nr. 9, S. 167 ff., 1993.

[Webs_94] Juliet Webster, *EDI in a UK Automobile Manufacturer: Creating Systems, Forming Linkages, Driving Changes,* Electronic Commerce Electronic Partnership, Proceedings The Seventh International EDI-IOS Conference, S. 249 ff., 1994.

Mobile Agenten auf elektronischen Märkten – Einsatzmöglichkeiten und Sicherheitsanalyse

Torsten Mandry, Günther Pernul, Alexander W. Röhm

Wirtschaftsinformatik und Informationssysteme
Universität Gesamthochschule Essen
mandry|pernul|roehm@wi-inf.uni-essen.de

1 Zusammenfassung

Mobile Agenten sind Softwareprogramme, die eigenständig Aufgaben ausführen können, und dafür ihre physikalische Laufzeitumgebung innerhalb eines Netzwerkes wechseln. Auf elektronischen Märkten finden diese Programme eine Reihe von Einsatzmöglichkeiten, die in manchen Fällen dem Benutzer einen großen Nutzen bringen können. Allerdings wirft der Einsatz von mobilen Agenten auch völlig neue Probleme im Bereich der Absicherung der Daten und der Ausführungsstrategie auf, die in geeigneter Weise behandelt werden müssen. In der Literatur existieren bereits eine Reihe von Ansätzen zur Absicherung von mobilen Agenten, deren Voraussetzungen und Nebenwirkungen jedoch die Anforderungen an elektronische Märkte und vor allem an die einzelnen Transaktionen stark beeinflussen. Ziel dieser Arbeit ist es, eine geeignete Lösungsansätze für dieses Problem aufzuzeigen.

2 Einleitung

In den letzten Jahren ist der Begriff des "Mobilen Agenten" immer öfter in wissenschaftlichen Arbeiten aufgetaucht. Gemeint sind damit Programme, die autonom Aufgaben ausführen und dabei in der Lage sind, ihre physikalische Position innerhalb eines Netzwerkes zu ändern. Auch auf elektronischen Märkten können diese Eigenschaften von mobilen Agenten abhängig von der jeweiligen Koordinationsform des Marktes [1] und der Transaktionsphase [2], mit mehr oder weniger großem Nutzen eingesetzt werden. Der Mobilitätsaspekt bringt dem Benutzer dabei den Vorteil, daß er seine Aufgaben asynchron erledigen kann, d. h. er kann einen mobilen Agenten mit einer Aufgabe belegen und nach dem Absenden dieses Agenten seine Verbindung zum Internet trennen. Der Agent führt die Aufgabe eigenständig aus und kehrt mit dem Ergebnis zu einem Server zurück, von dem der Benutzer ihn wieder abholen kann. Voraussetzung dafür ist, daß die Aufgabe so detailliert spezifiziert werden kann, daß der Agent tatsächlich in der Lage ist sie eigenständig auszuführen. Dafür müssen theoretisch alle Situationen definiert werden, die bei der Bearbeitung auftreten können. In der Praxis wird es allerdings darauf hinaus laufen, daß die wahrscheinlichsten Situationen definiert werden, so daß der Agent in der Regel eigenständig arbeiten kann. Kommt er in eine nicht definierte Situation, so muß entgegen dem Vorteil der Mobilität die Bearbeitung der Aufgabe unterbrochen und der Benutzer nach weiteren Instruktionen gefragt werden. Probleme, die bei der Unterbrechung von Geschäftsabläufen auftreten können, müssen durch die Ausführungsumgebung auf den einzelnen Marktservern abgefangen werden.

Den Vorteilen von mobilen Agenten stehen jedoch auch eine Reihe von Problemen gegenüber, die möglichst gelöst werden müssen, ohne vorteilhafte Eigenschaften zu verändern. Gewünschte Eigenschaften sind zum Beispiel die Effizienz eines solchen Systems oder die Robustheit gegenüber Ausfällen einzelner Agenten. Zentrale Probleme beim Einsatz von mobilen Agenten sind die Vertraulichkeit und die Integrität der Daten und der Strategie des Agenten, die einen völlig neuen Aspekt im Bereich der Sicherheit von elektronischen Märkten darstellen.

Wie wichtig dieser Punkt für das korrekte Funktionieren eines Marktes sein kann, zeigt das folgende Beispiel. Ein mobiler Agent wird vom Benutzer instruiert eine Reihe von Marktservern zu durchlaufen, den Preis für ein bestimmtes Produkt abzufragen und das Produkt schließlich beim günstigsten Anbieter zu erwerben. Dabei kann der Agent verschiedene Datenhaltungsstrategien verfolgen. Er kann zum einen sämtliche Preise mit den zugehörigen Server-Adressen sammeln und am Ende das günstigste Angebot ermitteln (Sammelanfrage). Eine zweite Möglichkeit wäre, sich immer nur den günstigsten Preis und den zugehörigen Server zu merken. In beiden Fällen kann ein betrügerisch programmierter Marktserver die Integrität des Agenten zu seinem Vorteil verletzen. Im ersten Fall kann er alle Preise in der Datenbasis des Agenten löschen, die günstiger sind als sein eigenes Angebot. Im zweiten Fall kann er noch einfacher sein Angebot als günstigstes in die Variablen des Agenten schreiben. Selbst wenn die Integrität des Agenten geschützt ist, kann ein Angreifer durch Auslesen der Daten einen Vorteil erlangen. Er hat die Möglichkeit, den oder die gespeicherten Preise auszulesen und seinen eigenen Preis soweit nach oben anzupassen, daß er gerade noch günstiger ist als die der anderen Anbieter. Um das Produkt beim günstigsten Server zu erwerben, muß der Agent entweder eine digitale Signatur seines Benutzers erzeugen oder den Betrag in Form von digitalem Geld übergeben. Enthält der Agent eine Funktion, die ein Dokument im Namen seines Benutzers digital signiert, so kann der Server diese Funktion generell auf alle Dokumente anwenden. Führt der Agent digitales Geld in Form von Daten mit sich, so ist es ein Leichtes für den Server, diese Daten auszulesen und zu benutzen, ohne daß ein Geschäft zustande gekommen ist.

Grundlegende Arbeiten zum Thema elektronische Agenten finden sich bei [3], [4], während sich [5] speziell mit der Problematik mobiler Agentensysteme beschäftigt.

Diese Arbeit betrachtet den sicheren Einsatz von mobilen Agenten aus der Sicht der Endbenutzer – also der Nachfrager auf den elektronischen Märkten. Dabei spielen die im obigen Beispiel angesprochenen Probleme eine entscheidende Rolle für die Akzeptanz des Systems.

Im folgenden zweiten Kapitel werden die Einsatzmöglichkeiten von mobilen Agenten unter verschiedenen Markt-Koordinationsformen diskutiert. Anschließend werden in Kapitel 3 verschiedene Anforderungen definiert, die unserer Meinung nach ein elektronisches Marktsystem auf der Basis von mobilen Agenten unterstützen sollte. In Kapitel 4 werden dann einige Ansätze zur Absicherung eines Agenten vor seinem ausführenden Server vorgestellt und anhand ihres Einflusses auf die in Kapitel 2 aufgezählten Anforderungen bewertet. In Kapitel 5 stellen wir eine Architektur vor, die es ermöglicht, unter Verwendung von mobilen Agenten Anonymität der Transaktionspartner zu gewährleisten. Im daran anschließenden sechsten Kapitel integrieren wir ein einfaches der vorgestellten Sicherungsverfahren in diese Architektur. Die Arbeit schließt in Kapitel 7 mit einem kurzen Resümee und einem Ausblick auf weitere Forschungsmöglichkeiten in diesem Bereich.

3 Mobile Agenten unter verschiedenen Markt-Koordinationsformen

Generell lassen sich vier verschiedene Koordinationsformen von Märkten unterscheiden: *unmittelbare Märkte*, *Broker-Märkte*, *Händler-Märkte* und *Auktionsmärkte* [1]. Diese treten auch auf elektronischen Märkten in Erscheinung. Der Nutzen, den mobile Agenten unter diesen unterschiedlichen Koordinationsformen stiften, variiert stark und hängt von den Möglichkeiten des Agenten ab. Im folgenden sollen diese Marktformen kurz vorgestellt und der Einsatz von mobilen Agenten auf diesen Märkten bewertet werden.

Die einfachste Marktform ist der *unmittelbare Markt*, auf welchem sich jeder Nachfrager aus einer Reihe von Anbietern einen bevorzugten Anbieter heraussucht, und das gesuchte Produkt bei diesem erwirbt. In der Informationsphase des Geschäfts muß der Nachfrager somit alle Angebote sammeln, um das günstigste Angebot zu finden. Oft wird er sich auch mit einem Angebot zufrieden geben, welches nicht ganz an das günstigste herankommt, um die Suche verkürzen zu können. Die Anfragen, die der Nachfrager dabei an die einzelnen Anbieter stellt, werden immer denselben Inhalt haben, damit die Angebote später vergleichbar sind. Dies ist auch der Grund, weshalb sie leicht automatisiert werden können. Selbst ein lokal auf dem Rechner des Nachfragers ablaufender Agent würde diesen Prozeß enorm vereinfachen, und dem Nachfrager einen großen Teil seiner Arbeit ersparen. Mobile Agenten haben zusätzlich den Vorteil, daß sie mit einem geringeren Verbindungsaufwand auskommen und daß der Benutzer seine Verbindung zum Internet während der Abarbeitung trennen kann. Das wird gerade bei Nutzern, die jede Online-Minute bezahlen müssen, zu erheblichen Kosteneinsparungen führen. Geht das Geschäft in die Vereinbarungsphase über, wird der Vorteil der Mobilität noch deutlicher. Verhandlungen über endgültige Preise, Lieferkonditionen usw. können in manchen Fällen sehr umfangreich sein und einen großen Kommunikationsaufwand hervorrufen. Würden solche Verhandlungen mit einem lokalen Agenten geführt, so müßte für jedes Angebot und jede Reaktion ein entsprechendes Datenpaket übertragen werden. Ein mobiler Agent wird dagegen zu Beginn der Vereinbarungsphase einmal auf den Marktserver übertragen und kann dann dort lokal die Verhandlungen führen. Handelt es sich bei dem nachgefragten Produkt um ein Gut in digitaler Form, so kann der Agent dieses direkt vor Ort erwerben. Voraussetzung dafür ist, daß er in der Lage ist, eine rechtskräftige digitale Signatur zu erzeugen bzw. daß er digitales Geld mit sich führt.

Während die Informationsphase noch relativ problemlos von mobilen Agenten durchgeführt werden kann, gibt es beim Einsatz in der Vereinbarungsphase und erst recht in der anschließenden Abwicklungsphase einige Einschränkungen in der praktischen Einsetzbarkeit. Es gilt die Frage zu klären, ob ein Agent, oder allgemeiner ein Programm, so programmiert werden kann, daß der Benutzer volles Vertrauen in die korrekte Ausführung haben kann.

Auf einem *Broker-Markt* übernehmen Broker gegen eine entsprechende Gebühr die Suche nach geeigneten Geschäftspartnern. Der Broker wird dabei in der Regel sein Spezialwissen einsetzen, mit dem er einfacher und günstiger an Informationen gelangt, als der Nachfrager. Da ein Broker regelmäßig mit vielen Marktteilnehmern in Kontakt tritt, hat er die Möglichkeit, einen fairen Preis für eine Transaktion zu erkennen. Er weiß bei einem Angebot, ob er leicht ein günstigeres finden kann, oder ob dieses Angebot schon sehr nah am günstigsten Preis liegt. Daher erleichtert ein Broker nicht nur die Suche, sondern er findet auch Geschäfte, die näher am günstigsten Preis liegen als die, welche üblicherweise auf einem unmittelbaren Markt gefunden werden. Da der Broker die Suche nach dem geeigneten Geschäftspartner übernimmt, wird die Informationsphase für den Nachfrager darauf reduziert, den geeigneten Broker zu finden. Der Nutzen von mobilen Agenten für den Nachfrager nimmt dadurch ab. Allerdings befindet sich der Broker seinerseits wieder auf einem unmittelbaren Markt und kann damit mobile Agenten für seine Zwecke gewinnbringend einsetzen.

Bei allen Vorteilen gegenüber einem unmittelbaren Markt kann ein Broker-Markt nicht garantieren, daß die in Auftrag gegebenen Geschäfte sofort ausgeführt werden, da der Broker selbst nie im Besitz der Ware ist. Dadurch entsteht unter Umständen ein Preisrisiko, welches ein Marktteilnehmer nicht eingehen will. Anders ist dies bei einem *Händler-Markt*, wo einige Händler ein bestimmtes Inventar an Gütern kaufen, um diese wieder gewinnbringend zu verkaufen. Der Nachfrager muß dadurch nicht für jedes gewünschte Produkt einen anderen Anbieter finden, sondern kann es bei Zwischenhändlern beziehen und dadurch Zeit gewinnen. Dadurch, daß die Händler die Produkte bereits erworben haben, und somit schon einen bestimmten Betrag dafür bezahlen mußten, werden sie eine relativ feste Preisvorstellung haben. Ebenso werden Sonderanfertigungen und Spezialausstattungen meist nicht zum Sortiment gehören, so daß sich die Vereinbarungsphase reduziert. Mobile Agenten stiften dadurch für den Nachfrager einen noch geringeren Nutzen. Lediglich die Suche nach einem geeigneten Händler bleibt als Aufgabe bestehen. In einigen Fällen kann es vorkommen, daß es für ein gesuchtes Produkt mehr Zwischenhändler als Hersteller gibt (bspw. bei der Suche nach einer ganz bestimmten Marke). In solch einem Fall wird der Nutzen von mobilen Agenten in der Informationsphase nicht reduziert, sondern kann sogar gesteigert sein. In vielen Fällen wird jedoch durch die geringere Zahl an Händlern und die Ansammlung mehrerer unterschiedlicher Produkte bei den einzelnen Händlern ein niedrigerer Kommunikationsaufwand erforderlich sein.

Auktions-Märkte funktionieren nach dem Auktionsprinzip und vereinen somit Angebot und Nachfrage zentral und simultan für alle Marktteilnehmer. Dadurch wird die kostenintensive Suche nach geeigneten Geschäftspartnern und das Aushandeln eines gemeinsamen Preises eliminiert. Die Vereinbarungsphase wird sehr einfach. Die Verhandlungsstrategie eines Nachfragers kann sich im einfachsten Fall darauf beschränken, zu warten bis das Angebot einen bestimmten Preis unterschreitet. Ein Einsatz von Agenten ist durch diese relativ einfachen Strategien sehr unproblematisch, bringt allerdings einen geringeren Nutzen mit sich, als unter den anderen Koordinationsformen.

Durchgehend durch alle Markt-Koordinationsformen bleibt die Möglichkeit der asynchronen Abarbeitung von Aufgaben bestehen. Somit können mobile Agenten auf allen Märkten gewinnbringend eingesetzt werden. Jedoch läßt sich zusammenfassend sagen, daß mobile Agenten den größten Nutzen auf unmittelbaren Märkten erzielen, da ihre Fähigkeiten, die Informationsphase zu vereinfachen, hier voll ausgeschöpft werden. Die anderen Koordinationsformen zeichnen sich dadurch aus, daß eine oder mehrere Phasen des Geschäftsprozesses vereinfacht werden, wodurch sich der potentielle Nutzen des Einsatzes von mobilen Agenten reduziert.

4 Anforderungen an ein elektronisches Marktsystem

Damit ein elektronisches Marktsystem erfolgreich eingesetzt werden kann und auch von den Teilnehmern akzeptiert wird, muß es eine Reihe von Anforderungen erfüllen. Die unserer Meinung nach wichtigsten Anforderungen sind:

- Sicherheit
- Anonymität bzw. Pseudonymität der Marktteilnehmer
- Rechtsverbindlichkeit der Transaktionen
- Fairness beim Werteaustausch
- Ergonomie
- Effizienz
- Robustheit
- Flexibilität

- Offenheit

Die Sicherheit eines Systems ist bei offenen elektronischen Systemen generell sehr bedeutend. Sie bezieht sich hauptsächlich auf den Schutz der Integrität, Authentizität und Vertraulichkeit der benutzen Daten, beinhaltet aber auch die Authentifizierung und Authorisierung der Benutzer und weitere Anforderungen wie Kommunikationsnachweise. In bestehenden Systemen werden diese Anforderungen durch verschiedene kryptographische Methoden realisiert. Durch den Einsatz von mobilen Agenten treten zusätzliche Sicherheitsanforderungen auf, die entsprechend behandelt werden müssen. In dieser Arbeit wird hauptsächlich der Schutz von mobilen Agenten vor deren ausführender Server-Umgebung betrachtet, bei dem die herkömmlichen Sicherheitsmechanismen wie kryptographische Methoden nicht ohne weiteres verwendet werden können. Bekannte Ansätze in diesem Bereich werden in Kapitel 4 vorgestellt. Andere Sicherheitsbereiche beim Einsatz von mobilen Agenten sind der Schutz des Servers vor den Agenten, der Schutz der unterschiedlichen Server voreinander und der Schutz vor unbefugten Zugriffen auf die einzelnen Server [9]. Die letzten beiden Punkte lassen sich hauptsächlich durch Kommunikationssicherungsmaßnahmen und Zugriffskontrollen realisieren. Der Schutz des Servers vor den mobilen Agenten entspricht in etwa der Situation, wie sie bei Java-Applets auftritt, nämlich der lokalen Ausführung von unbekanntem Code. Bei Java-Applets findet dazu ein sogenanntes Sandbox-Security-Modell Verwendung, durch welches der unbekannte Code in einer isolierten Laufzeitumgebung ausgeführt, und der Zugriff auf Systembereiche und Ressourcen unterbunden oder zumindest auf ein Minimum einschränkt wird [16]. Da fast alle bekannten mobilen Agentensysteme unter Java laufen, bietet es sich an, dieses mittlerweile ausgereifte Modell anzuwenden.

Die Anonymität der Marktteilnehmer hat den Zweck, zu verhindern, daß die unterschiedlichen Transaktionen einzelnen Benutzer zugeordnet und Benutzerprofile erstellt werden können. Die Geschäftspartner identifizieren sich in der Regel über beglaubigte Pseudonyme, die im Schadensfall von einer dritten Person aufgelöst werden können [6]. Somit kann trotz der Anonymität die Verbindlichkeit garantiert werden. Bei nicht-digitalen Gütern wird die Anonymität spätestens bei der Auslieferung aufgehoben, es sei denn es werden weitere Pseudonyme (wie z.B. ein Postfach) benutzt. In Kapitel 5 wird eine Architektur vorgestellt, die bei digitalen Gütern vollständige Anonymität auf elektronischen Märkten mit der Verwendung von mobilen Agenten kombiniert.

Die Rechtsverbindlichkeit einer Transaktion ist wichtig, um eine nicht korrekt durchgeführte Transaktion juristisch anfechten zu können. Ohne entsprechende Mechanismen wird die Durchführung von finanziell hochwertigen Geschäften auf elektronischen Märkten uninteressant. Rechtsverbindlichkeit kann bei elektronischen Transaktionen durch digitale Signaturen oder durch die Verwendung von vertrauenswürdigen Dritten (engl. *Trusted Third Parties*, TTPs) realisiert werden. Bisher existiert hierfür jedoch keine erfolgreiche Umsetzung.

Auf elektronischen Märkten ist ein fairer Werteaustausch eine wünschenswerte Eigenschaft. Dieser ist gegeben, wenn keiner der beteiligten Transaktionspartner den Werteaustausch abbrechen kann und dadurch in eine den anderen gegenüber vorteilhafte Position gelangt. So darf z. B. der Nachfrager die gehandelte Ware nicht erhalten, ohne daß der Anbieter einen rechtsgültigen Ersatz, wie z. B. Geld oder eine Forderung, bekommen hat. Der faire Werteaustausch läßt sich über Protokolle realisieren, wie sie z. B. in [7] vorgestellt werden.

Die Ergonomie beschreibt den Schwierigkeitsgrad bei der Benutzung des Systems. Ein Benutzer soll möglichst einfach in der Lage sein, seine Aufgaben zu definieren und dafür wenig Hintergrundwissen benötigen. Ferner sollte die Qualität des Ergebnisses – gerade in Bezug auf die Sicherheit – nicht zu stark von der Erfahrung des Benutzers abhängen, d. h. auch ein unerfahrener Benutzer sollte gute Ergebnisse erzielen können.

Kernpunkt der wirtschaftlichen Betrachtung ist die Effizienz des Systems. Die Anwendung des Systems soll keine unverhältnismäßig hohen Kosten in Bezug auf Hardware, Zeit oder Datenvolumen hervorrufen und auch für kleinere Transaktionen gewinnbringend eingesetzt werden können.

Die Robustheit bezieht sich auf Ausfälle des Systems, sei es durch einen Fehler oder durch einen absichtlichen Angriff. Das Marktsystem sollte in der Lage sein, solche Ausfälle zu überstehen und evtl. schadensregulierende Maßnahmen wie z. B. ein Recovery durchzuführen. Bei der Umsetzung dieser Anforderung werden in der Regel Protokolle und Sicherungskopien benutzt, die wiederum die Effizienz des gesamten Systems verringern.

Flexibilität stellt einen wichtigen Faktor bei der Wiederverwendung des Systems dar. Es sollte möglich sein, das System an viele Situationen anzupassen, ohne große Teile neu zu programmieren. Dieser Punkt ist aus Anwendersicht gerade bei der Verwendung von Agenten von Bedeutung. Die vorhandenen Agenten sollen nach Möglichkeit ohne großen Aufwand auf verschiedenen Märkten mit evtl. völlig unterschiedlichen Gütern eingesetzt werden können. Dabei muß abgewägt werden, wie weit die Flexibilität unterstützt werden darf, ohne die Effizienz und vor allem die Ergonomie zu stark zu beeinflussen.

Offenheit bedeutet freien Zugang zum Markt für alle Teilnehmer. Dabei kann zwischen der Teilnehmeroffenheit und der technischen Offenheit unterschieden werden. Teilnehmeroffenheit besagt, daß sich ein Marktteilnehmer nicht gegenüber einer Administrationsinstanz registrieren muß, um Zugang zum Markt zu erhalten, und auch nicht durch gesetzliche Einschränkungen von der Teilnahme am Markt ausgeschlossen wird [8]. Die Teilnehmeroffenheit beeinflußt natürlich die Anforderungen an die Sicherheit, an die Rechtsverbindlichkeit der Transaktionen und auch die Ergonomie des Systems. So muß beim Einsatz von digitalen Signaturen evtl. eine Anmeldung bei einer zentralen Instanz erfolgen, welche den Public-Key des Signaturschlüsselpaares zertifiziert. Diese Instanz muß nicht zwangsläufig Teil des Marktsystems sein. Auch eine öffentliche Zertifizierungsstelle kann diese Aufgabe übernehmen. Da es allerdings derzeit nur wenige erste Signaturgesetz-konforme [17] Zertifizierungsstellen für Signaturschlüssel gibt, werden gerade frühe elektronische Marktsysteme ihre eigene Zertifizierung vornehmen, und somit eine Quasi-Anmeldung der Benutzer erfordern.

Die technische Offenheit ist gerade für elektronische Märkte wichtig. Sie besagt, daß für den Zugang zum Markt keine spezielle Technik vorausgesetzt werden. So kann z. B. ein elektronisches Marktsystem auf der Basis des World Wide Web mittlerweile als technisch offen bezeichnet werden, obwohl zur Benutzung ein PC und ein Internet-Zugang erforderlich sind, da die verwendeten Protokolle sich als de-facto-Standard durchgesetzt haben. Die technische Offenheit versetzt die Benutzer in die Lage, mit einer grundlegenden Rechnerausstattung auf allen Märkten agieren zu können, ohne spezielle Vorkehrungen zu treffen. Dies ist gerade für neue Benutzer interessant, die so verschiedene Märkte besuchen können, um deren Möglichkeiten auszutesten.

Für die Betreiber von elektronischen Märkten oder die Programmierer von mobilen Agenten können eine Reihe von weiteren Anforderungen von Bedeutung sein, wie z. B. eine standardisierte Anfragesprache für Agenten oder ein möglichst geringer Ressourcenverbrauch. Diese Eigenschaften werden jedoch von den Endanwendern nicht beachtet und daher hier nicht berücksichtigt.

Durch das umfassende Einsatzspektrum beeinflußt die Realisierung eines bestimmten Sicherheitsniveaus nahezu alle weiteren Anforderungen. Besonders deutlich ist der Einfluß auf die Effizienz des Systems zu sehen, da alle Sicherungsmaßnahmen zwangsläufig Zeit und andere Ressourcen verbrauchen. Auch muß bei der Zugriffskontrolle darauf geachtet werden, daß die Anonymität der Benutzer nicht beeinträchtigt wird. Die Ergonomie darf nicht durch unnötige Sicherheitsabfragen eingeschränkt werden. Sinnvoll könnte die Realisierung eines vorgegebenen Sicherheitskonzeptes für unerfahrene Benutzer sein, das von einem erfahrenen Benutzer angepasst werden kann.

Der Fokus dieser Arbeit liegt auf der Sicherheit der mobilen Agenten auf einem elektronischen Markt. Die einzelnen Marktserver sollen nicht in der Lage sein, die Daten bzw. den Programmcode, also die Verhandlungsstrategie auszulesen bzw. zu manipulieren und daraus Vorteile zu erzielen. Im folgenden Kapitel werden einige aus der Literatur bekannte Ansätze vorgestellt, mit denen mobile Agenten mehr oder weniger umfangreich gegen solche Angriffe geschützt werden können. Außerdem wird dabei der Einfluß auf die oben genannten Anforderungen an elektronische Marktsysteme kritisch betrachtet.

5 Bekannte Sicherheitsansätze für mobile Agenten

Um mobile Agenten auf elektronischen Märkten sinnvoll einsetzen zu können, müssen die in Kapitel 1 genannten Probleme durch geeignete Sicherheitsvorkehrungen gelöst werden. Dabei lassen sich vier relevante Sicherheitsbereiche von mobilen Agentensystemen unterscheiden [9]:

Zum einen muß die Kommunikation und die Interaktion zwischen zwei Agenten geschützt werden, damit das Auslesen oder die Manipulation des Programmcodes oder der Daten eines Agenten durch einen anderen verhindert wird. Auch eine Maskierung, also das Vortäuschen einer falschen Identität, muß verhindert werden.

Den zweiten Bereich stellt die Beziehung zwischen einem Agenten und seiner Ausführungsumgebung dar, also dem Server, auf dem er läuft. Dieser läßt sich in den Schutz des Servers vor böswillig programmierten Agenten und den Schutz des Agenten vor böswillig programmierten Servern unterteilen. Die möglichen Angriffe sind weitgehend dieselben wie im ersten Bereich, lediglich das Verhältnis der Einflußmöglichkeiten hat sich geändert. Während der Server einen zweifelhaften Agenten einfach in seiner Ausführung unterbrechen oder von Anfang an in einem abgesicherten und isolierten Speicherbereich ausführen kann, sind Agenten, die sich einmal auf einem Server befinden, diesem ausgeliefert.

Die letzten beiden Sicherheitsbereiche, die Kommunikationssicherung zwischen zwei Servern und die Zugriffskontrolle eines Servers zum Schutz vor unautorisierten dritten Personen, sind durch gängige Sicherheitsprotokolle und Zugriffsschutzmechanismen ausreichend gelöst und werden in diesem Beitrag daher nicht betrachtet.

Im folgenden wird hauptsächlich der Schutz eines mobilen Agenten vor seiner Ausführungsumgebung betrachtet. Herkömmliche Sicherheitsmechanismen, wie zum Beispiel die Verschlüsselung, können hierfür nicht benutzt werden, da der Server freien Zugang zu den Daten und dem Programmcode des Agenten haben muß, um ihn ausführen zu können. Der Agent müßte bei einer Verschlüsselung also den benötigten Schlüssel mit sich führen, den ein Server dann auslesen könnte. Neben einigen Hardware-Ansätzen[36], die jedoch die geforderte technische Offenheit eines elektronischen Marktes zu stark einschränken und deshalb hier nicht betrachtet werden, gibt es verschiedene Software-Ansätze, welche die einzelnen Bereiche von mobilen Agenten mehr oder weniger gut schützen. Diese lassen sich in zwei Gruppen einteilen: Die eine Gruppe wirkt vorbeugend, indem die Agenten vor Angriffen geschützt werden, während die andere Gruppe Angriffe lediglich im Nachhinein erkennt. Diese zweite Gruppe ist auf elektronischen Märkten generell weniger geeignet, da der Benutzer nach einem Angriff einen unter Umständen enormen Aufwand treiben muß, um ein ungültiges Geschäft rückgängig zu machen und außerdem einmal bekannt gewordene, vertrauliche Daten einen dauerhaften und kostspieligen Schaden anrichten können.

Zwei Vertreter der zweiten Gruppe sind zum Beispiel der *Reputation-Ansatz* [10] und der *Detection-Objects-Ansatz* [11].

---

[36] Solche Ansätze finden u.a. Verwendung beim Schutz vor unberechtigtem Kopieren einer Software, bspw. sogenannte „Dongles".

Der Reputation-Ansatz basiert darauf, daß Teilnehmer (Server und Agenten) auf einem elektronischen Markt aufgrund ihres bisherigen Verhaltens einen bestimmten „Ruf" (Reputation) besitzen. Agenten, welche einen bestimmten Server besucht haben und von ihm korrekt ausgeführt worden sind, werden diesen an andere Agenten weiter empfehlen, während ein betrügerischer Server fortan gemieden wird. Dieser Ansatz bietet somit keine vollständige Sicherheit, da zumindest ein erfolgreicher Angriff durchgeführt worden sein muß, um einem Angreifer einen schlechten Ruf zuzuordnen. Außerdem wird zusätzlich ein Verfahren benötigt, welches Angriffe erkennt. Immerhin hat der Ansatz den Vorteil, daß er völlig flexibel in Bezug auf dynamisch hinzukommende Server oder unterschiedliche Einsatzgebiete ist.

Mit Hilfe von Detection Objects wird versucht, betrügerische Modifikationen der Daten eines Agenten zu erkennen. Es werden Dummy-Datensätze in den Agenten eingefügt, die nur für den Benutzer als solche zu erkennen sind. Sind diese Datensätze nach der Rückkehr des Agenten unverändert, kann der Benutzer relativ sicher sein, daß keine betrügerische Manipulation der Daten stattgefunden hat. Auch bei diesem Ansatz ist keine völlige Sicherheit gegeben. Der erreichte Sicherheitslevel hängt stark von der Wahl des Detection Objects ab, welches schwierig zu bestimmen ist. Es kann wegen der benötigten Authentizität kein generelles Detection Object genommen werden, sondern es muß für jeden Einsatz neu definiert werden.

Beiden Ansätzen ist gemeinsam, daß die Daten des Agenten in keiner Weise vor Auslesen geschützt sind bzw. ein Auslesen nicht erkannt werden kann. Es können somit keine sensitiven Daten und Funktionen, wie Signierfunktionen oder digitales Geld, vom Agenten mitgeführt werden, wodurch ein direkter Werteaustausch durch den Agenten nicht realisierbar ist. Schließlich stellen beide Verfahren keine Maßnahmen gegen Ausfälle des Agenten zur Verfügung. Bei einem Netzwerkfehler oder ähnlichem bleibt somit nur ein Neustart des Agenten als Maßnahme.

Ein weiterer Vertreter der erkennenden Gruppe ist der *Fault-Tolerance-Ansatz* [12], der aus einem Ansatz für fehlertolerante mobile Agentensysteme weiterentwickelt wurde. Bei diesem Ansatz gibt es eine feste Reihenfolge, in welcher die einzelnen Server durchlaufen werden. Dadurch lassen sich zwei identische Agenten erstellen, welche die Reihe von Servern in entgegengesetzter Richtung durchlaufen. Existiert genau ein betrügerischer Server, so gelangt immer ein Agent zuerst an diesen und erst später an den Server mit dem günstigsten Angebot. Gibt es mehr als einen betrügerischen Server, was auf elektronischen Märkten nicht unwahrscheinlich ist, so funktioniert dieser Ansatz allerdings nicht mehr zuverlässig. Außerdem schränkt die im voraus feststehende Reihenfolge der Marktserver die Flexibilität des Systems stark ein, da keine Server besucht werden können, die erst während der Laufzeit bekannt werden. Bei einem Ausfall eines Agenten erhält der Benutzer zwar das Ergebnis des anderen Agenten, er kann jedoch keine Aussage über eine evtl. Integritätsverletzung machen, wodurch dieses Ergebnis wertlos wird. Ein Werteaustausch auf dem Marktserver wird nicht behandelt.

Ein letztes erkennendes Verfahren, und gleichzeitig das umfangreichste dieser vier ist das *Tracing-Verfahren* [13]. Hierbei wird durch Statusmeldungen und Ausführungsprotokolle (Execution Traces) eine Manipulation identifiziert und kann sogar einem bestimmten Server zugeordnet werden. Durch den Einsatz von Trusted Third Parties für den Empfang der Status- und Protokollmeldungen ist gleichzeitig die Möglichkeit von Kommunikationsnachweisen gegeben, und somit die Rechtsverbindlichkeit von Geschäftstransaktionen gewährleistet.

Das Auslesen von vertraulichen Informationen kann jedoch auch bei diesem Ansatz nicht erkannt werden. Das Versenden der einzelnen Statusmeldungen und Protokolle hat eine positive und eine negative Wirkung: Zum einen kann bei einem Ausfall des Agenten der zum Ausfallzeitpunkt aktuelle Daten- und Ausführungsstatus ermittelt und wiederhergestellt werden, wodurch ein Neustart des Agenten unnötig wird. Auf der anderen Seite schränken die vielen Meldungen die Effizienz des Systems jedoch stark ein und wirken einem der Vorteile von mobilen Agenten, nämlich dem geringeren Übertragungsaufwand, direkt entgegen.

Der *Trust-Ansatz* [14] ist ein Verfahren der vorbeugenden Gruppe von Sicherheitsmechanismen. Er beruht darauf, den kritischen Prozeß der Berechnung der Ergebnisse auf einen Server auszulagern, der das volle Vertrauen des Benutzers besitzt. Das Berechnungsprogramm wird dafür mit dem öffentlichen Schlüssel dieses Servers verschlüsselt und entweder dem Agenten angehängt oder direkt an den Server gesendet. Ebenso kann mit den gesammelten Daten verfahren werden. Wenn jeder Marktserver seine Ergebnisdaten signiert und mit dem öffentlichen Schlüssel des Trustservers verschlüsselt, ist deren Integrität und Vertraulichkeit gesichert.

Nachteil dieses Ansatzes ist, daß die Auswertung der Daten nicht mehr vor Ort, also auf den einzelnen Servern durchgeführt wird, was dazu führen kann, daß eine große Datenmenge übertragen werden muß, obwohl nur ein relativ kleiner Teil für das Ergebnis relevant ist. Damit hängt die Effizienz des Verfahrens von der Art und vom Umfang des Ergebnisses ab. Auch ist die Wahl eines geeigneten vertrauenswürdigen Servers nicht einfach, da für die Durchführung von rechtsverbindlichen Geschäften eine Signierfunktion und damit der private Schlüssel des Benutzers auf den Trust-Server übertragen werden muß, was ein extrem hohes Maß an Vertrauen in den Server voraussetzt. Bei einem Ausfall des Agenten sind evtl. schon Teile der Ergebnisdaten auf den Trust-Server übertragen worden, so daß ein neuer Agent die unterbrochene Arbeit unter Umständen fortsetzen kann.

Ein weiterer vorbeugender Ansatz ist das *Code-Mess-Up* [9]. Hier wird versucht die Zeit zu maximieren, die ein Angreifer benötigt, um eine zielgerichtete Manipulation durchzuführen, indem der Programmcode in eine von der Programmsemantik her identische, jedoch sehr schwer zu lesende Form gebracht wird. Zusätzlich wird durch Expiration Dates dafür gesorgt, daß sicherheitssensitive Teile des Agenten nach einer bestimmten Zeit ungültig werden, und der Agent als „abgelaufen" markiert wird. Andere Server werden einen abgelaufenen Agenten nicht mehr ausführen, so daß er wertlos wird.

Über eine bestimmte Zeit bietet dieser Ansatz einen umfassenden Schutz. Dadurch, daß dieser Schutz jedoch abläuft, können keine dauerhaft sensitiven Daten wie Signierfunktionen mitgeführt werden, was dazu führt, daß kein rechtsverbindlicher Werteaustausch durchgeführt werden kann. Außerdem können Verzögerungen im Netz unter Umständen schon zu Problemen bei der Ablaufzeit führen, was die Robustheit stark einschränkt.

Das letzte vorgestellte Verfahren ist der *Computing-Encrypted-Functions-Ansatz* [15]. Hier wird zur Zeit versucht ein Verfahren zu entwickeln, mit welchem verschlüsselte Funktionen ausgeführt werden können, ohne diese zu entschlüsseln. Dafür werden Programme erzeugt, die in der Lage sind, diese verschlüsselten Funktionen zu interpretieren, ohne etwas über die Funktionen auszusagen. Diese Interpreter müssen mitsamt dem Agenten übertragen werden, was zu einer Einschränkung der Effizienz führt. Sollte dieses Verfahren jedoch einmal fertig entwickelt sein, wäre eine völlige Sicherheit der Daten und des Programmcodes erreichbar, die sogar Signierfunktionen auf den Marktservern selbst zulassen würde.

Zusammenfassend läßt sich sagen, daß es bis jetzt noch kein Sicherungsverfahren für mobile Agenten gibt, welches alle geforderten Eigenschaften erfüllt. So lassen sich rechtsverbindliche, faire Transaktionen bisher nur bedingt beim Tracing-Ansatz (über eine Trusted Third Party) und beim Trust-Ansatz (von einem Trust-Server aus) durchführen. Bei beiden Verfahren wird die Effizienz durch ein gesteigertes Datenvolumen reduziert, was jedoch ein Wiederaufsetzen bei Ausfällen möglich macht. Während das Tracing-Verfahren lediglich durchgeführte Angriffe erkennt, bietet der Trust-Ansatz einen vorbeugenden Schutz, vorausgesetzt, es gibt einen Server, dem der Benutzer das nötige Vertrauen entgegen bringt.

6 Anonymität unter Verwendung von mobile Agenten

Bei herkömmlichen elektronischen Transaktionen wird die Anonymität über Pseudonyme gewährleistet. Diese Pseudonyme werden von einer vertrauenswürdigen Instanz signiert, wodurch der jeweilige Geschäftspartner weiß, daß diese Instanz den Besitzer des Pseudonyms im Schadensfall deanonymisieren kann. Werden auf einem elektronischen Markt mobile Agenten benutzt, um Transaktionen durchzuführen, so können diese anstelle von Pseudonymen benutzt werden, um den Benutzer anonym zu halten. Dazu darf der Agent weder den Namen des Benutzers noch irgendwelche anderen identifizierenden Daten (wie z. B. IP-Adressen) mit sich führen. Abbildung 1 zeigt eine einfache Architektur, die eine Form der Anonymität unter Verwendung von mobilen Agenten realisiert.

In Schritt 1 besorgt der Benutzer sich einen Agenten. Dafür hat er generell zwei Möglichkeiten: Zum einen kann er einen vorprogrammierten Agenten von einem *Agent Provider* beziehen, und nur seine Aufgaben definieren. Der Programmcode wird dabei nicht mehr verändert und kann somit vom Provider signiert werden. Die andere Möglichkeit ist,

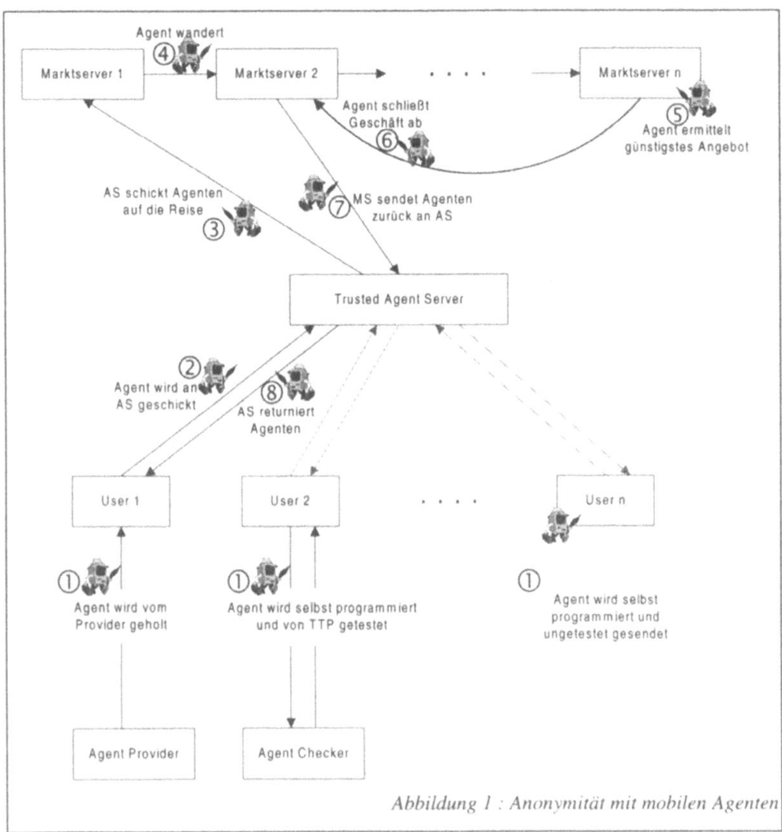

Abbildung 1 : Anonymität mit mobilen Agenten

daß der Benutzer seinen Agenten mit Hilfe einer Entwicklungsumgebung, wie z. B. der Aglets-Workbench von IBM, selbst programmiert. Einen selbst programmierten Agenten kann der Benutzer bei einem *Agent Checker* überprüfen und als korrekt zertifizieren lassen, damit die Marktserver bereit sind diesen auszuführen. Wird bei den Marktservern ein Sandbox-Prinzip wie bei den Java-Applets von Sun Microsystems verwendet, so ist dieser sehr aufwendig zu realisierende Agent-Check überflüssig.

In Schritt 2 sendet der Benutzer seinen instruierten Agenten an einen *Agent Server*. Dieser Server hat die Aufgabe, den Agenten von seiner Herkunftsadresse zu trennen und an die Marktserver weiterzuleiten. Der Agent Server merkt sich die Adresse und einen Identifikator des Agenten, um diesen nach seiner Rückkehr wieder dem Benutzer zuordnen zu können.

Die Schritte 3 bis 7 beschreiben die eigentliche Transaktion des Agenten. Er durchläuft die einzelnen Marktserver und sammelt die benötigten Informationen. Danach ermittelt er das für ihn günstigste Angebot und wandert zum entsprechenden Marktserver. Dort schließt er das Geschäft ab, und kehrt zum Agent Server zurück. Der Agent Server ordnet dem Agenten schließlich in Schritt 8 wieder seine Herkunftsadresse zu und sendet ihn an diese weiter.

Dadurch, daß der Agent Server den Agenten ohne seine Herkunftsadresse weitersendet, kann keiner der Marktserver herausfinden, von wem dieser Agent ursprünglich gesendet wurde. Der Benutzer ist also gegenüber den Marktservern völlig anonym. Allerdings haben die Marktserver keine Gewähr, daß der Benutzer ein liquider und vertrauenswürdiger Geschäftspartner ist. Bei herkömmlichen Pseudonymen bescheinigt dies eine TTP, die den Benutzer gegebenenfalls identifizieren kann. In der vorgestellten Architektur bietet sich der Agent Server für diese Aufgabe an, da er den Benutzer anhand der zugeordneten Herkunftadresse identifizieren kann. Der Agent Server kann den Agenten in seiner Rolle als Pseudonym signieren und somit dem anonymen Benutzer seine Vertrauenswürdigkeit zertifizieren. Dazu muß sich der Benutzer einmal beim Agent Server unter seinem richtigen Namen anmelden und gegebenenfalls durch Zertifikate einer Bank bzw. einer anderen vertrauenswürdigen Stelle seine Kreditwürdigkeit nachweisen. Die Einschränkung der geforderten Marktoffenheit läßt sich leider nicht vermeiden, wenn rechtsverbindliche Geschäfte abgeschlossen werden sollen.

Bisher ist lediglich die Anonymität der Nachfrager gewährleistet, während die Anbieter sehr wohl bekannt sind. Im Fall von großen Anbieterfirmen scheint dies auch nicht unbedingt erforderlich zu sein. Bei Markttransaktionen zwischen Einzelpersonen kann es jedoch gewünscht sein, daß sowohl der Nachfrager als auch der Anbieter anonym bleiben. Dazu muß der Anbieter seinerseits einen mobilen Agenten über einen Agent Server auf einen Marktserver senden, auf dem sich beide Agenten treffen und verhandeln. Dieser Agent Server kann prinzipiell derselbe sein, den auch der Nachfrager benutzt. Abbildung 2 zeigt ein solches Szenario. Sowohl Anbieter als auch Nachfrager senden ihren Agenten zu einem Agent Server, von welchen dann beide an den

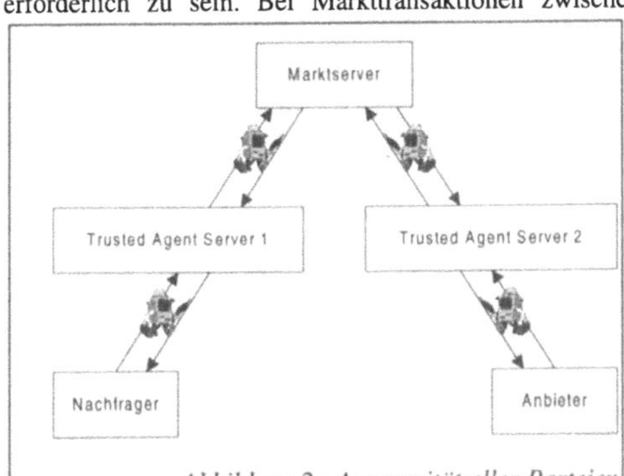

Abbildung 2 : Anonymität aller Parteien

Marktserver weitergesendet werden. Die Agenten verhandeln auf dem Marktserver und kehren danach erst zum jeweiligen Agent Server und schließlich zum Nachfrager bzw. Anbieter zurück. Bei gleichem Agent Server kann man vereinfachend den Marktserver und den Agent Server zusammenlegen und reduziert damit den Übertragungsaufwand um die Hälfte. Ergebnis wäre ein vertrauenswürdiger Marktplatz, welcher die Agenten der einzelnen

Teilnehmer empfängt, den identifizierenden Adressteil abtrennt, und die anonymen Agenten in einer isolierten Ausführungsumgebung verhandeln läßt, wie in Abbildung 3 illustriert.

Ob dieser letzte Schritt der Integration von Agent Server und Marktserver positiv oder negativ zu bewerten ist, ist nicht einfach zu beantworten. Zwar wird dadurch ein großer Teil des Übertragungsaufwandes eingespart, jedoch wird auch das nötige Vertrauen in den Server dadurch größer. Außerdem wird der Server funktionell sehr stark beansprucht. In Abbildung 3 vereint er schon eine Vielzahl von nicht-trivialen Aufgaben, wie:
die Zertifizierung der mobilen Agenten und Zuordnung zwischen Agent und Herkunftsadresse,

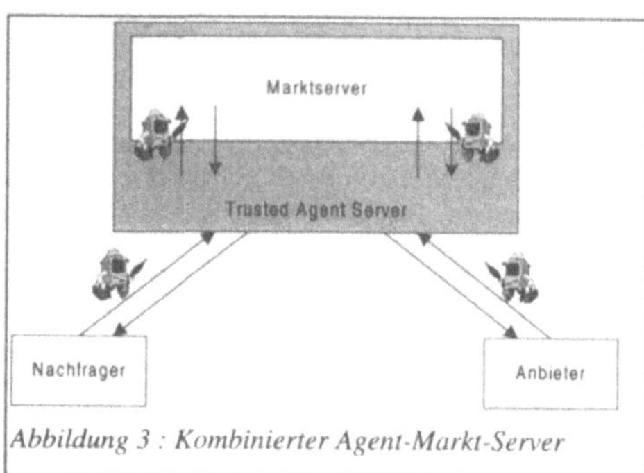

Abbildung 3 : Kombinierter Agent-Markt-Server

- die Verwaltung einer Vielzahl von unterschiedlichen Marktservern, sowie die Ermittlung einer für einen bestimmten Agenten geeigneten Teilmenge dieser Server,
- die Bereitstellung einer isolierten Ausführungsumgebung mit den nötigen Funktionalitäten, um Agenten verhandeln zu lassen,
- die Absicherung der Ausführungsumgebung, so daß
  - die Agenten sich nicht untereinander auslesen und manipulieren können (Sicherung der Integrität und der Vertraulichkeit der Agenten untereinander),
  - die Agenten keinen Zugriff auf Systemressourcen des Servers haben (Sicherung der Integrität und der Vertraulichkeit des Servers),
  - die Agenten keinen Zugriff auf die Herkunftadressen anderer Agenten haben (Sicherung der Anonymität).

Ein generelles Problem bei der Benutzung eines Anbieter-Agenten ist die Informationsphase des Geschäftes. Auch hier muß die Anonymität schon gewährleistet sein, so daß der Agent die geforderten Auskünfte geben muß. Dazu muß er entweder alle Produktinformationen mit sich führen oder nach der Anfrage des Nachfrager-Agenten eine Verbindung zu einem Datenserver des Anbieters aufbauen und die Daten nachladen. Beides stellt eine Verschlechterung der Effizienz des Systems dar, welche allerdings nicht verhindert werden kann. Lediglich bei privaten Anbietern, die nur wenige Informationen bereitstellen können, hält sich der zusätzliche Aufwand in Grenzen.

Im folgenden Kapitel wird der in Kapitel 4 vorgestellte Trust-Ansatz als Sicherheitsmechanismus in die vorgestellte Architektur integriert. Dabei bleibt der in Abbildung 3 vorgestellte vertrauenswürdige Marktserver unberücksichtigt.

7 Integration von Sicherheit

Verwaltet der Agent Server vertrauliche Daten des Benutzers wie Name, Bankverbindung, usw., so muß er das Vertrauen des Benutzers besitzen. Es bietet sich deshalb an, den in Kapitel 3 vorgestellten Trust-Ansatz zur Absicherung der Agenten zur benutzen, der genau solch einen vertrauenswürdigen Server voraussetzt. Der Agent Server wird damit zusätzlich zum *Trust Server*, und die Architektur ändert sich wie in Abbildung 4 gezeigt.

Die Schritte 1 und 2 bleiben identisch. In Schritt 3 trennt der Trusted Agent Server jedoch den Query-Teil des Agenten von seinem Ergebnis-Berechnungsteil, und sendet nur den Query-Teil an den ersten Marktserver. Der Marktserver verschlüsselt und signiert die nachgefragten Daten und hängt sie an den Agenten an, bevor er diesen in Schritt 4 weiterschickt. Nachdem der Agent alle Marktserver durchlaufen hat, wird er in Schritt 5 zurück an den Trusted Agent Server gesendet, auf welchem der Berechnungsteil des Agenten in Schritt 6 aus den gesammelten Daten das günstigste Angebot ermittelt. In Schritt 7 wird dann das Geschäft abgeschlossen, wobei dies nun entfernt über das Netzwerk geschieht und nicht mehr, wie in Abbildung 1, lokal auf dem Marktserver. Das hat den Grund, daß durch den Trust-Ansatz eine Ausführung nur dann geschützt ist, wenn sie auf dem Trusted Agent Server abläuft. Auf dem Marktserver wäre der Agent nicht geschützt, und könnte vom Marktserver manipuliert werden. Ein korrekter Geschäftsabschluß wäre dadurch nicht mehr gewährleistet. In Schritt 8 wird schließlich der Agent an den Benutzer zurückgeschickt.

Wie in Kapitel 4 bereits erwähnt ist diese Lösung nicht ideal im Sinne der Beeinflussung der vorgestellten Anforderungen. So wird durch die ausgelagerte Berechnung des Ergebnisses unter Umständen eine große Menge an Daten gesammelt und bei jeder Übertragung des Agenten mitgesendet. Außerdem ist die entfernte Abwicklung des Geschäftes über das Netzwerk nicht das, was man von einem mobilen Agenten erwartet. Trotzdem ließe sich

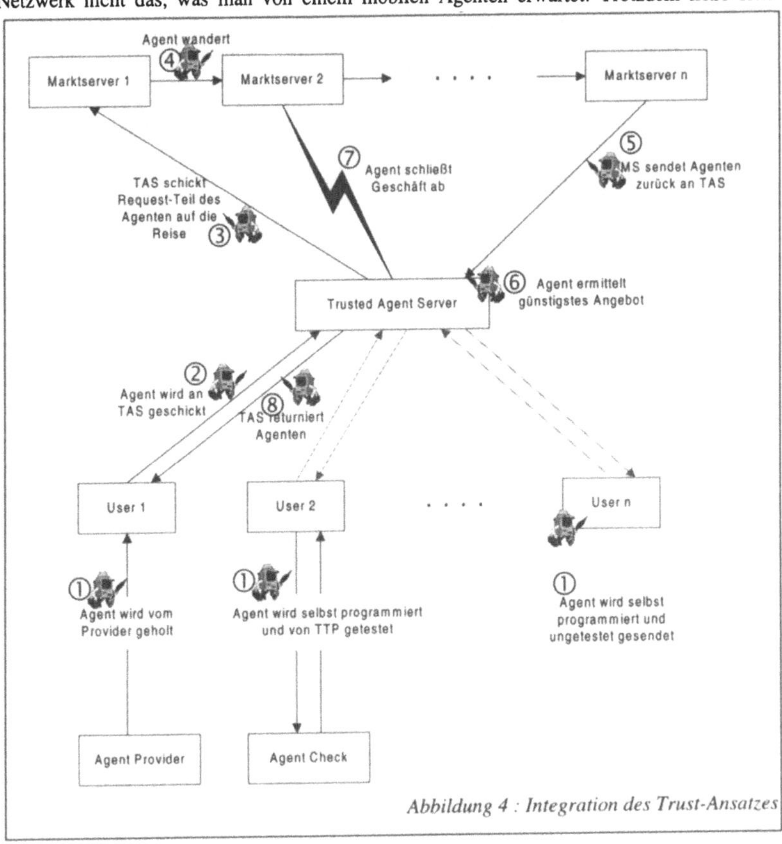

Abbildung 4 : Integration des Trust-Ansatzes

dieser Ansatz aufgrund seiner den gegebenen Eigenschaften entsprechenden Anforderungen sehr leicht in die bestehende Architektur einbinden und somit wenigstens ein gewisses Maß an Sicherheit der Agenten realisieren.

8 Resümee und Ausblick

In diesem Beitrag wurde gezeigt, welchen Nutzen mobile Agenten auf elektronischen Märkten der unterschiedlichen Formen stiften und welche Probleme bei deren Einsatz auftreten. Bei der Vorstellung der einzelnen aus der Literatur bekannten Vorschläge zur Absicherung von mobilen Agentensystemen kristalisierten sich zwei heraus, die zumindest einen rechtsverbindlichen Werteaustausch zulassen. Der Tracing-Ansatz hat den Nachteil, Angriffe erst im Nachhinein zu erkennen, wodurch er für elektronische Märkte weniger gut geeignet ist. Der Trust-Ansatz setzt einen vertrauenswürdigen Server voraus, welcher evtl. nicht problemlos gefunden werden kann.

Weiter wurde eine einfache Architektur vorgestellt, die unter Verwendung von mobilen Agenten die Anonymität der Benutzer sicherstellen kann. Diese konnte so erweitert werden, daß ebenfalls die Anonymität der Anbieter gewährleistet ist, indem diese ihrerseits einen mobilen Agenten auf einen Marktserver senden, um die Verhandlungen zu führen. Probleme ergeben sich in der Informationsphase, in welcher der Anbieter-Agent entweder alle Produktinformationen mit sich führen muß oder diese gegebenenfalls auf dem Server des Anbieters abruft. Kernstück der vorgestellten Architektur ist ein Agent Server, der ein gewisses Maß an Vertrauen der Benutzer besitzt. Da ein solcher vertrauenswürdiger Server die einzige Voraussetzung des Trust-Ansatzes ist, bot sich dieser zur Integration in das System an.

Die Analyse der Stärken und Schwächen dieser integrierten Architektur sowie Verbesserungen an den Schwachstellen wird Gegenstand der weiteren Forschung in diesem Bereich sein. Vielleicht finden sich bessere Ansätze die zu einer zufriedenstellenderen Lösung führen. Auch bleibt abzuwarten, inwieweit sich die vorgestellten Sicherungsmechanismen weiterentwickeln. Gerade der vielversprechende Computing-Encrypted-Functions-Ansatz könnte zu einer wesentlichen Verbesserung der Ergebnisse führen. Das hängt jedoch davon ab, wie groß der zusätzliche Übertragungsaufwand für den interpretierenden Programmteil ist.

9 Literatur

[1] Garbade, K.: *Securities Markets*; McGraw-Hill Book Company; New York; 1982.

[2] Schmid, B.: *Elektronische Märkte*; Wirtschaftsinformatik; Vol. 35, Nr. 5; Vieweg Verlag; 1993; S. 465-480.

[3] Woolridge, M; Jennings, N. R.: *Agent Theories, Architectures and Languages : A Survey*; Proc. of the ECAI-94 Workshop on Agent Theories, Architectures and Languages (Eds.: Woolridge, M. J.; Jennings, N. R.); Berlin; Springer-Verlag; 1995.

[4] Special Issues on *Intelligent Agents*; Communications of the ACM; Vol. 37, No. 7; ACM Press; 1994.

[5] Rothermel, K.; Hohl, F.; Radouniklis, N.: *Mobile Agent Systems: What is Missing?*; Proc. of IFIP WG 6.1 International Working Conference on Distributed Applications and Interoperable Systems; Cottbus, Germany; 1997.

[6] Pfitzmann, B.; Waidner, M.; Pfitzmann, A.: *Rechtssicherheit trotz Anonymität in offenen digitalen Systemen*; Datenschutz und Datensicherung DuD 14/5-6; 1990; S. 243-253, 305-315.

[7] Asokan, N.; Schunter, M.; Waidner, M.: *Optimistic Protocols for Fair Exchange*; IBM Research Report RZ 2858 (#90806); 1996.

[8] Merz, M.: *Elektronische Märkte im Internet*; Intern. Thomson Publishing; Bonn; 1996.

[9] Hohl, F.: *An Approach to Solve the Problem of Malicious Hosts in Mobile Agent Systems*; submitted for publication; 1997.

[10] Rasmusson, L.; Jansson, S.: *Simulated Social Control for Secure Internet Commerce*; Position Paper at the New Security Paradigms Workshop; Lake Arrowhead, CA; 1996.

[11] Meadows, C.: *Detecting Attacks on Mobile Agents*; Position Paper at the Workshop on Foundations for Secure Mobile Code; Monterey, California; 1997.

[12] Yee, B. S.: *A Sanctuary for Mobile Agents*; Position Paper at the Workshop on Foundations for Secure Mobile Code; Monterey, California; 1997.

[13] Vigna, G.: *Protecting mobile Agents through Tracing*; Proc. of the Mobile Object Systems ECOOP Workshop'97; Jyväskylä, Finland; 1997.

[14] Farmer, W. M.; Guttman, J. D.; Swarup, V.: *Security for Mobile Agents: Authentication and State Appraisal*; Proc. of the 4th European Symposium on Research in Computer Security; Springer Verlag; Berlin; 1996; pp. 118-130.

[15] Sander, T.; Tschudin, C.: *Towards Mobile Cryptography*; Technical Report 97-049; International Computer Science Institute; University of California, Berkeley; 1997.

[16] Fritzinger, J. S.; Mueller, M.: *Java Security*; Sun Microsystems Whitepaper; 1996

[17] Beschluß des Bundeskabinetts: IuKDG Informations- und Kommunikationsdienste Gesetz. DuD Datenschutz und Datensicherheit 21; Verlag Vieweg; Wiesbaden; 1997

Sicherheitsaspekte von Online-Subskription in einer TINA-Umgebung

Klaus-Peter Eckert, Petra Hoepner, Evgenia Rosa

GMD FOKUS, Kaiserin-Augusta-Allee 31, D-10589 Berlin
Kontakt: hoepner@fokus.gmd.de

1 Zusammenfassung

Das Telecommunications Information Networking Architecture Consortium (TINA-C) hat in den vergangenen Jahren eine Familie von zusammengehörenden Architekturen für den Entwurf von Telekommunikationsdiensten entwickelt. Diese Architekturen sind in diversen nationalen und internationalen Projekten von der GMD FOKUS erweitert und anhand prototypischer Implementierungen validiert worden [1]. Im vorliegenden Papier werden die im Projekt "TINA-Internet Integration[37]" durchgeführten Arbeiten zur Anpassung der TINA-C Architekturen an die Gegebenheiten in einer durch Internet-Konventionen geprägten Umgebung vorgestellt. Dabei wird ein Schwerpunkt auf Sicherheitsanforderungen bei Online-Vertragsabschlüssen zwischen Dienstbetreibern und Kunden gelegt.

2 Einführung in TINA

TINA-C ist ein internationales Konsortium bestehend aus Netzwerkbetreibern und Herstellern aus der Telekommunikations- und Computerindustrie. Im Rahmen einer globalen Gesamtarchitektur [2],[3] hat TINA-C eine Dienstearchitektur (service architecture), Verarbeitungsarchitektur (computing architecture), Management Architektur (management architecture) und eine Netzwerkarchitektur (network resource architecture) erarbeitet.
Die Dienstearchitektur beschreibt wie Telekommunikationsdienste entwickelt, bereitgestellt und betrieben werden und wie die Mobilität von Nutzern, Endgeräten und Sitzungen erreicht wird: Nutzer können in unterschiedlichen Umgebungen auf ihre gewohnte Arbeitsumgebung zugreifen, sie können mobile Endgeräte verwenden und sie können Sitzungen jederzeit unterbrechen und anschließend, auch in anderen Umgebungen, wieder aufnehmen. Daher kann die Dienstearchitektur als Grundlage für einen elektronischen Marktplatz angesehen werden, auf dem beliebige multimediale Telekommunikationsdienste unter Verwendung einheitlicher Subskriptions- und Abrechnungsmechanismen angeboten und genutzt werden können [4]. Vorteile des objektorientierten TINA-C Ansatzes für Electronic Commerce Szenarien sind, im Gegensatz zu Internet-basierten Lösungen [5][6], in der Verteilungstransparenz und der einfachen Integrier- und Komponierbarkeit von neuen

---

[37] "TINA-Internet Integration" wird gemeinsam vom Forschungszentrum Darmstadt und dem Entwicklungsze ntrum Berlin der Deutschen Telekom AG, der GMD FOKUS (Forschungsinstitut für Offene Kommunikationssysteme im Forschungszentrum Informationstechnik GmbH) und der Professur für Verteilte Systeme und Betriebssysteme, Fachbereich Informatik an der Johann Wolfgang Goethe-Universität Frankfurt am Main (VSB) durchgeführt.

Dienstobjekten zu sehen. Allerdings wurde bisher keine Sicherheitsarchitektur in TINA-C standardisiert.

Weiterhin definiert TINA-C ein für den Bereich der Telekommunikation als charakteristisch anzusehendes Geschäftsmodell. Das Modell identifiziert unterschiedliche Rollen (siehe Abbildung 1) die von Organisationen aber auch von Individuen eingenommen werden können.

Der sogenannte *Betreiber* (retailer) verkauft unterschiedliche Telekommunikationsdienste an seine *Kunden* (customer). Bevor ein Dienst benutzt werden kann, muß er von dem Kunden abonniert (subscription) werden. Im Rahmen der Subskription schließt der Kunde mit dem Betreiber Verträge über die Nutzung der von letzterem angebotenen Dienste ab. Der Dienstkunde seinerseits gestattet seinen Mitarbeitern als Endnutzern die Verwendung der subskribierten Dienste, d.h. der Kunde autorisiert seine *Nutzer* (user) für die Benutzung des Dienstes.

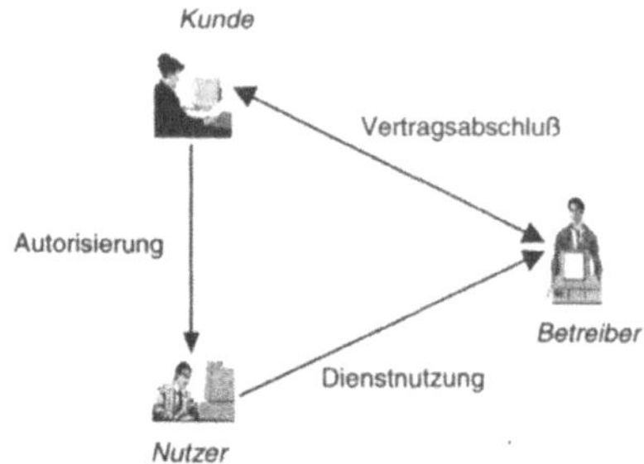

Abbildung 1: Rollen im TINA-C Geschäftsmodell

Der Betreiber speichert Beschreibungen aller von ihm angebotenen Dienste und der vertraglichen Regelungen in sogenannten Subskriptionskomponenten. Rechte einzelner Nutzer und persönliche Präferenzen der Dienstnutzung werden ebenfalls im Subskriptionsbereich bzw. als nutzerspezifische Informationen gehalten und in der Dienstzugangsphase ausgewertet. Nachdem der Nutzer sich dem TINA-System gegenüber authentifiziert hat, kann er einen Dienst auswählen und die eigentliche Dienstnutzung beginnen. Während der Nutzung werden Informationen über die reservierten und verbrauchten Ressourcen von den Dienstkomponenten erfaßt und in sogenannten Abrechnungskomponenten (accounting) gesammelt, entsprechend den vertraglich vereinbarten Tarifen bewertet und letztendlich zur Rechnungsstellung aufbereitet.

Zusätzlich zu den dem Betreiber bekannten, autorisierten Nutzern, die entsprechend den vereinbarten vertraglichen Beziehungen die Dienste des Betreibers nutzen können, kann auch anonymen, nicht-autorisierten Nutzern der Dienstzugang ermöglicht werden. Anonyme Nutzer können ohne besondere vertragliche Regelungen kostenfrei Dienste bzw. bestimmte Dienstfunktionen in Anspruch nehmen. Um jedoch ein erweitertes Dienstangebot zu erhalten, ist wiederum eine Subskription erforderlich.

Grundsätzlich werden TINA Dienste streng sitzungsorientiert (siehe Abbildung 2) zwischen Kunde und Betreiber abgewickelt. Dabei werden die folgenden Phasen unterschieden: Dienstzugang (access session), Dienstnutzung (service session) und Kommunikation (communication session).

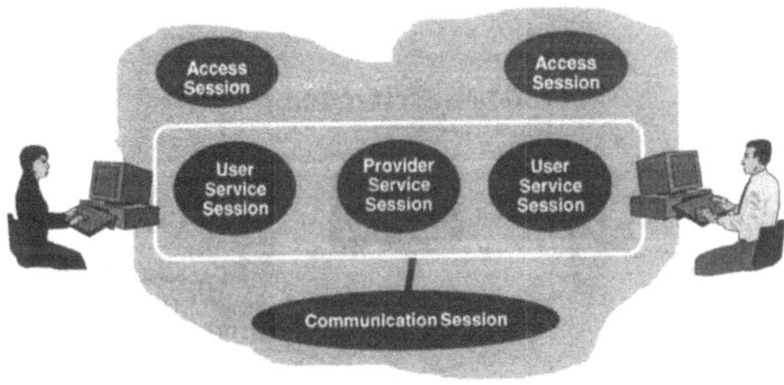

Abbildung 2: Das TINA Session Konzept

Zur Beschreibung der Relationen zwischen den dargestellten Rollen im Geschäftsmodell definiert TINA-C Referenzpunkte. Jeder Referenzpunkt beschreibt ein Protokoll, das die Träger der Rollen bei ihrem Zusammenspiel zu beachten haben. Dieser Ansatz stellt eine notwendige Bedingung für eine erfolgreiche Kooperation zwischen beliebigen Rollenträgern bzw. für das Zusammenspiel zwischen den Komponenten, die die Rollenträger repräsentieren, dar.

Die von der GMD FOKUS realisierte TINA-Plattform unterstützt bislang den Offline-Abschluß von Nutzungsverträgen sowie die Abrechnung in Anspruch genommener Dienstleistungen. Die derzeit entwickelten Erweiterungen in Bezug auf einen gesicherten Online-Abschluß von Nutzungsverträgen werden im folgenden beschrieben.

3 Sicherheit im "TINA-Internet Integration" Projekt

Im Rahmen der TINA-C Evaluierung wird im "TINA-Internet Integration" Projekt [7] angestrebt, TINA-konforme Dienste auch in der Internet-Umgebung unter Berücksichtigung von Sicherheitsaspekten zur Verfügung zu stellen. Beispielhaft wird dabei ein Dienst "Kleinanzeigenmarkt" entwickelt.

Der Zugang zum "Kleinanzeigenmarkt" erfolgt über das World Wide Web mit einem Java-fähigen Browser. Der bereitgestellte Dienst basiert auf einer wissensbasierten Abfragetechnik und erweiterten, multimedialen Darstellungsmöglichkeiten der inserierten Angebote. Der Kleinanzeigenmarkt wird auf einen existierenden Dienstvermittler (Trader) aufgebaut, der ursprünglich für andere Einsatzzwecke an der Universität Frankfurt entwickelt wurde. Das Forschungsinteresse liegt dabei aber erst in zweiter Linie auf der eigentlichen Funktionalität eines Kleinanzeigenmarkts. Im Mittelpunkt stehen vielmehr die Fragen, die sich aus der Integration von TINA- und Internet-Konzepten ergeben.

3.1 Online-Subskription

In einer durch das Internet geprägten Umgebung kann das im Kapitel "Einführung in TINA" skizzierte TINA Geschäftsmodell simplifiziert werden, da die Rollen von Kunden und Nutzern überwiegend nicht unterscheidbar sind. Das bedeutet, daß ein Kunde gleichzeitig auch der Nutzer des Dienstes ist.

Im Projekt "TINA-Internet Integration" wird für diese Situation ein Online-Subskriptionsdienst (OLS) entwickelt, der dem Kunden die Möglichkeit bietet, nach der kostenfreien Probenutzung eines Dienstes online einen Nutzungsvertrag abzuschließen, der den Zugriff auf eine erweiterte, kostenpflichtige Dienstfunktionalität zuläßt.

Abbildung 3: Rollenwechsel durch Online-Subskription

Der in Abbildung 3 dargestellte Rollenwechsel von der anonymen Gast-Rolle zur Kunden-Rolle läßt sich in drei Phasen aufteilen. Die erste Phase besteht im anonymen Zugang zum System (Schritt 1) und in der Nutzung des Kleinanzeigendienstes als anonymer Nutzer (Schritt 2). Die zweite Phase setzt ein, wenn der Kleinanzeigendienst aufgrund fehlender Berechtigung das Registrieren des Nutzers und das Abonnieren des Dienstes verlangt, wobei der Online-Subskriptionsdienst gestartet wird (Schritt 3). Wurde dieser Dienst erfolgreich ausgeführt, beginnt die dritte Phase. In dieser Phase wechselt der Nutzer in den Kontext eines autorisierten Zugangs (Schritt 4), wobei der Kleinanzeigendienst über die neuen Berechtigungen des Nutzers informiert wird und die weitere Nutzung des Kleinanzeigendienstes nun ausgeführt werden kann. Kostenpflichtige Aktionen werden vermerkt und abgerechnet (Schritt 5) und vom Kunden erfolgt eine Zahlung für die Dienstnutzung (Schritt 6).

Generell wird in einem Online-Subskriptionsdienst (OLS) ein Vertrag zwischen dem Dienstbetreiber und dem Kunden geschlossen. Dabei werden die Rechte des Kunden und seine persönlichen Präferenzen der Dienstnutzung sowie nutzerspezifische Profile (Attribute) festgelegt, die in der Dienstzugangsphase (TINA access session) ausgewertet werden.

Der OLS Dienst stellt dafür folgende Funktionalität zur Verfügung:

- Registrieren/Abmelden eines Kunden, sowie Änderung bestimmter Kundendaten;

- Abonnieren/Kündigen von Diensten (Abschluß/Änderung/Aufhebung der Dienstverträge);

- Ändern von Dienstattributen eines bestimmten Dienstes im Rahmen des Vertrags.

Um eine kunden-, dienst- und nutzerbezogene Abrechnung zu ermöglichen, können bestimmte Tarife für die Nutzungsdaten eingestellt werden. Für den Kleinanzeigenmarkt sind zum Beispiel folgende Tarife vorgesehen:

- Preise/Tarife für Bekanntgabe der Kontaktierungsdaten
- Preise/Tarife für Aufgabe eines Inserats
- Preise/Tarife für Unterscheidung nach privater/kommerzieller Anbieter

- Preise/Tarife für Dauer der Inserats-Speicherung und Zeiteinheit
- Preise/Tarife für das Erscheinen des Inserats in mehreren Regionen
- Preise/Tarife für volumenbasierte Abrechnung

Unmittelbar in Zusammenhang mit dem OLS ist bei der Umsetzung des allgemeinen Geschäftsmodells und der damit verbundenen Trennung der Rollen von Kunden und Nutzern die Administration von Dienstnutzern erforderlich, die durch einen Nutzer-Administrationsdienst ermöglicht wird. Dieser Dienst stellt folgende Funktionalität zur Verfügung:

- Verwaltung von Nutzern, d.h. Einrichten, Ändern und Löschen von Nutzern und deren Attributen;

- Verwaltung von Nutzergruppen (meist nicht für Internet-Nutzer, da Kunde und Nutzer kongruent sind);

- Verwaltung von Dienstprofilen;

- Zuordnung Dienstprofil zu Nutzer bzw. Nutzergruppe, d.h. Reglementierung der Nutzung eines Dienstes für einen bestimmten Nutzer.

3.2 Sicherheitszielsetzungen

Die Dienste "Online-Subskription" sowie "Kleinanzeigenmarkt" im "TINA-Internet-Integration" Projekt bergen diverse Sicherheitsrisiken hinsichtlich der Integrität, Vertraulichkeit und Abrechenbarkeit von Nutzer- und Nutzungsdaten.
Folgende Sicherheitszielsetzungen wurden daher identifiziert:

Authentifizierung
> Die Authentifizierung von Dienstnutzern und Dienstbetreibern ist erforderlich, um sicherzustellen, daß die beteiligten Kommunikationspartner tatsächlich die sind, die sie vorgeben zu sein.

Autorisierung
> Kostenpflichtige Aktionen dürfen nur von autorisierten (subskribierten) Dienstnutzern ausgeführt werden, um die Abrechenbarkeit der Aktionen zu gewährleisten. Modifikationen von bestimmten Attributen, sowie von bestimmten dienstspezifischen Inhalten dürfen nur durch privilegierte, autorisierte Nutzer (z.B. Eigentümer eines Inserats) vorgenommen werden.

Abrechenbarkeit
> Die kostenpflichtige Nutzung von Dienstressourcen (z.B. der Abruf von Inseraten) muß in Übereinstimmung mit dem Nutzungsvertrag durch die Abrechnungskomponente registriert werden.

Kommunikationssicherheit
> Nutzerdaten die zwischen Dienstnutzer und Dienstbetreiber übertragen werden sind vertraulich und kostenpflichtige Informationen sind unverfälscht zu übermitteln.

Interoperabilität
> Interoperabilität von Sicherheitsmechanismen und -protokollen (d.h. von Produkten) ist erforderlich.

4 Sicherheitsarchitektur

Im TINA-C Rahmenwerk wurde bisher noch keine Sicherheitsarchitektur standardisiert, Vorschläge sind jedoch in [8] und [9] zu finden. Da die Realisierung der TINA Verarbeitungsumgebung durch CORBA (Common Object Request Broker Architecture) Komponenten und Mechanismen erfolgt, kann man derzeit davon auszugehen, daß eine zukünftige TINA-C Sicherheitsarchitektur auf der bereits spezifizierten CORBA Sicherheitsarchitektur [10] basiert.

4.1 Domänenmodell

Die Interaktionen zwischen Kunde/Nutzer und Dienstbetreiber werden in der Spezifikation des TINA-C Retailer Reference Points (RetRP) [11] festgelegt. Dabei werden die Komponenten des Dienstzugangs und der Dienstnutzung bestimmten Domänen zugeordnet. Als interagierende Domänen werden am RetRP die Nutzer- und die Betreiberdomäne unterschieden.

Die derzeitigen Entwürfe einer TINA Sicherheitsarchitektur gehen von der Annahme aus [9], daß sich die Objekte innerhalb einer Domäne gegenseitig vertrauen, dies jedoch im allgemeinen nicht für domänenübergreifende Aktionen gilt. Übertragen auf die im "TINA-Internet-Integration" Projekt implementierten Dienste bedeutet dies, daß die Aktionen zwischen Betreiberdomäne und Nutzerdomäne gesichert werden müssen. Aktionen innerhalb der Betreiber- bzw. der jeweiligen Nutzerdomäne gelten als sicher, da hier ein gegenseitiges Vertrauen der Komponenten vorausgesetzt bzw. eine interne, nicht durch TINA festgelegte Sicherheitspolitik angewendet wird.

Basierend auf der Voraussetzung, daß nur domänenübergreifende Aktionen gesichert werden müssen, bedeutet dies für den Dienstzugang, daß die Registrierung und Authentifizierung der Dienstnutzer sowie deren Autorisierung für die Dienstnutzung sicherheitskritisch sind.

Für die Dienstnutzungsphase obliegt dem jeweiligen Dienst die Autorisierung für bestimmte Dienstfunktionalitäten (z.B. Modifikation von Nutzer- und Dienstattributen und Vertragsänderungen im "OLS"; Lesen von Inserentendetails, Modifizieren von Inseraten im "Kleinanzeigenmarkt"), die Sicherung der kommunizierten Daten gegen Abhören und Modifikation, die korrekte Übermittlung von Verbrauchsdaten an die Abrechnungskomponente, sowie gegebenenfalls weitere notwendige dienstspezifische Sicherheitsmaßnahmen.

4.2 Registrierung

Um eine Subskription von Kunden zu ermöglichen, muß deren Identität festgelegt werden, d.h. es muß eine Registrierung erfolgen. In herkömmlichen Systemen erfolgt diese Registrierung offline, indem sich der Kunde bei einem Betreiber nach dessen Vorschriften, z.B. durch bestimmte schriftliche Vereinbarungen, durch Identitätsnachweise, durch Vorlage amtlicher Dokumente ausweist.

Bei der Online-Registrierung muß die Identität eines Kunden, reglementiert durch eine definierte Vertrauenspolitik, festgelegt werden. Die Vertrauenspolitik obliegt dem Betreiber und kann in Abhängigkeit vom Diensttyp und Kostenrisiko sehr unterschiedlich ausgeprägt sein: z.B. immer ohne Beweis, bei Kenntnis eines bestimmten Passwords, bis zu einem bestimmten Kostenvolumen (dann muß erst einmal die Rechnung bezahlt werden), nach Beantwortung einer Registrations-Email durch den Kunden oder Beweis der Identität durch ein Zertifikat einer vertrauenswürdigen Instanz. Letzteres bedeutet jedoch, daß der Betreiber sowie der Kunde einer gemeinsamen Zertifizierungsinstanz vertrauen und das jeder potentielle Kunde ein Zertifikat besitzen muß.

4.3 Authentisierung

Kommunizieren Nutzer- und Betreiberkomponenten über den RetRP, so muß eine gesicherte Verbindung zwischen Nutzer- und Betreiberdomäne instanziiert werden. Eine solche Verbindung kann im TINA Kontext auf zwei verschiedene Arten aufgebaut werden:

- Eine sichere Verbindung wird *implizit* durch die CORBA Security Services zur Verfügung gestellt. Dabei werden Domänen- und andere Authentisierungsinformationen ausgetauscht und sowohl Nutzer als auch Betreiber gegenseitig authentifiziert.

- Eine sichere Verbindung wird nicht durch die CORBA Security Services zur Verfügung gestellt, sondern *explizit* aufgebaut. Ein spezielles Authentifizierungs-Interface, das i_RetailerAuthenticate Interface, wird am RetRP zur Verfügung gestellt. Dieses Interface erlaubt dem Nutzer und dem Betreiber die gegenseitige Verifikation ihrer Domänen. Dies bedeutet nicht notwendigerweise, daß auch der Nutzer dabei persönlich identifiziert wird. Die Domänenauthentifizierung wird dabei ohne Festlegung des einzusetzenden Mechanismus durch die folgenden Funktionen unterstützt:

getAuthenticationMethods():
> Liefert eine Liste der vom Betreiber unterstützten Authentisierungsmethoden;

authenticate()
> Erlaubt die Auswahl einer Authentisierungsmethode und das Übermitteln von Authentisierungsinformationen;

continueAuthentication()
> Erlaubt Folgeaktionen in Abhängigkeit von der ausgewählten Authentisierungsmethode.

In den Retailer Reference Point Spezifikation (RetRP) werden die Begriffe 'user authentication' und 'domain authentication' zwar verwendet, jedoch nicht immer klar unterschieden, da sie teilweise synonym benutzt werden. Durch die Einführung des OLS ist jedoch eine klare Unterscheidung (siehe Abbildung 4) sowohl auf konzeptioneller als auch auf ausführender Ebene erforderlich:

- Die Domänenauthentifizierung umfaßt die Authentisierung der beteiligten Domänen, nämlich der Nutzer- und der Betreiberdomäne in der Dienstzugangsphase zwischen den Agenten der beteiligten Kommunikationspartner:, d.h. dem Provider Agent (PA) in der Nutzerdomäne und dem Initial Agent (IA) in der Betreiberdomäne.

- Die Nutzerauthentifizierung erfolgt durch den Vergleich der übermittelten Identifikationsdaten mit den durch die Zugangskomponenten der TINA-Plattform verwalteten Nutzerdaten. Bei einer positiven Überprüfung ist der Nutzer zum Dienstzugang berechtigt und seine Zugriffsrechte auf Dienste bzw. Dienstfunktionen werden festgelegt, indem der ihm zugeordnete User Agent (UA) in der Betreiberdomäne instanziiert und ein Nutzerprofil angelegt wird.

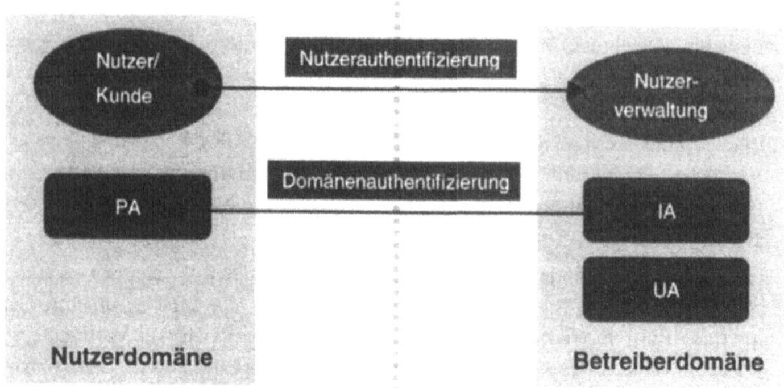

Abbildung 4: Nutzer/Kunde vs. Domänen Authentifizierung

Da Dienste auch anonym genutzt werden können, wird am RetRP zwischen sogenannten namedUAs für authentifizierte, subskribierte Nutzer und zwischen anonUAs für anonyme, nicht subskribierte Nutzer unterschieden. Diese Unterscheidung erweist sich als problematisch, da durch diese Instanziierung verschiedener UAs die Autorisierung der Dienstnutzung abgeleitet wird. Eine solche Unterscheidung ist aus Sicherheitsüberlegungen heraus nicht sinnvoll, da die Nutzung von Diensten nicht durch die Art des UAs sondern durch die Zugriffskontrolle gesteuert werden sollte. Dieses Problem zeigt sich besonders, wenn man an anonyme Nutzer denkt, die mit einer Paycard ihre Dienstnutzung vorab bezahlen, und somit auch die volle Dienstfunktionalität in Anspruch nehmen können. Ebenfalls kann man auch an autorisierte Nutzer denken, die in einer TINA Umgebung bestimmte Dienste bewußt anonym nutzen wollen, andere Dienste jedoch als subskribierte Nutzer. Für solche Nutzer müßten sowohl ein namedUA als auch ein anonUA gleichzeitig aktiv sein.

Aufgrund dieser Unklarheiten in den TINA-C Spezifikationen für anonyme Nutzer wird derzeit im "TINA-Internet-Integration" Projekt eine Lösung favorisiert, die die anonyme Nutzung durch einen speziellen Nutzernamen (z.B. guest) ermöglicht. Somit kann auch für anonyme Nutzer ein namedUA eingerichtet werden, jedoch mit entsprechend reduzierten Zugriffsrechten auf Dienste bzw. Dienstfunktionalitäten.

4.4 Autorisierung und Zugriffskontrolle

Die Autorisierung umfaßt die Festlegung/Zuteilung bestimmter Rechte für den Zugriff auf Ressourcen in Abhängigkeit von der Rolle des Dienstnutzers. Im "TINA-Internet-Integration" Projekt können verschiedene Rollen mit unterschiedlichen Zugriffsrechten identifiziert werden:

Anonymer Nutzer:
> Ein Nutzer gilt als anonym, solange er sich nicht authentifiziert hat. Er kann alle vom Betreiber für Gäste freigegebenen Dienste nutzen.

Bekannter, autorisierter Nutzer:

Ein authentifizierter, subskribierter Nutzer ist dem TINA System bekannt. Er darf zusätzlich zu den kostenfreien auch alle abonnierten Dienste nutzen, jedoch in Abhängigkeit von den für ihn bzw. mit dem Dienstkunden vertraglich vereinbarten Dienstmerkmalen. Zum Beispiel darf ein autorisierter Nutzer des Kleinanzeigenmarkts Inserate aufgeben bzw. Kontaktadressen anfordern, ein Kundenadministrator darf neue Nutzer einrichten und ein Administrator des Betreibers darf neue Dienste einbringen. Durch die Personalisierung und Identifizierung von Nutzern werden bestimmte Nutzerattribute vergeben und im Nutzerprofil abgelegt, welches in der Betreiberdomäne für Autorisierungsentscheidungen hinsichtlich des Zugriffs auf bestimmte Ressourcen wie Subskriptionsdaten oder dienstspezifische Daten verwendet werden kann.

5 Sicherheitsmechanismen

Die Realisierung des "TINA-Internet Integration" Projektes basiert im wesentlichen auf zwei Technologien, der Browser/Java-Technologie für den Einstieg in ein TINA System und der auf CORBA basierenden TINA-Plattform. Einzusetzende Sicherheitsmechanismen müssen daher die Sicherheitsaspekte beider Technologien integrieren.

Eine weitere wesentliche Entscheidungsgrundlage für die Spezifikation der erforderlichen Sicherheitspolitik und der erbringenden Sicherheitsmechanismen im "TINA-Internet Integration" Projekt ist die Abwägung des Risikos gegenüber dem Einsatz sicherheitsrelevanter Mechanismen, da eine erhöhte Sicherheit sowohl durch Performance-Verluste 'erkauft' wird, als auch 'abschreckend' auf potentielle Nutzer wirken kann, z.B. wenn Authentifizierung ausschließlich durch die Verwendung von Zertifikaten erfolgen würde, was zum heutigen Zeitpunkt für 'normale' Internet-Nutzer noch nicht vorausgesetzt werden kann.

5.1 SSL

Sicherheitsmechanismen in der Browser-Umgebung werden im wesentlichen durch SSL (Secure Sockets Layer) bereitgestellt [12]. SSL wurde von Netscape spezifiziert und direkt in deren Browser integriert. Daher ist SSL heute weit verbreitet. SSL ist ein kryptographisches Protokoll zwischen einem Client und einem Server, welches bidirektionale Kommunikationskanäle sichert. SSL unterstützt Vertraulichkeit durch den Einsatz von Verschlüsselungsalgorithmen, Integrität durch die Anwendung kryptographischer Hash-Funktionen und Authentizität durch den Einsatz von X.509v3 Zertifikaten in digitalen Signaturen. Dabei können jeweils unterschiedliche Algorithmen für die verschiedenen Sicherheitsziele eingesetzt werden.

5.2 CORBAsec

CORBA definiert eine eigene, umfangreiche Sicherheitsarchitektur (CORBAsec). Die primäre Zielsetzung der CORBAsec Architektur ist es, unabhängig von speziellen Mechanismen die wesentlichen Sicherheitsdienste wie Identifizierung/Authentifikation, Autorisierung/Zugriffskontrolle, Kommunikationssicherheit, Nachweisbarkeit von Aktionen, Nichtabstreitbarkeit (optional) und deren Administrationsanforderungen zu definieren [10], [13], [14].

Generell werden zwei Sicherheitslevel definiert:

Level 1 für Anwendungen, die keine speziellen Sicherheitsbedürfnisse haben (security-unaware) und

Level 2 für Anwendungen, die komplexe Sicherheitsumgebungen mit unterschiedlichsten Anforderungen und Sicherheitspolitiken erfordern (security-aware)

Sicherheitsrelevante Aktionen können dabei von allen Teilnehmern (principals), d.h. menschlichen Nutzern oder Objekten ausgeführt werden. Um die Schutzziele nicht individuell für jeden Teilnehmer administrieren und überwachen zu müssen, können die Teilnehmer in Domänen zusammengefaßt werden, wobei in jeder Domäne eine bestimmte Sicherheitspolitik durchgesetzt wird. Eine Sicherheitspolitik legt dabei die Regeln und Bedingungen für sicherheitsrelevante Aktionen fest.

Sogenannte Credentials enthalten die Sicherheitsinformationen für Teilnehmer in Form von Attributen. Die Attribute können entweder öffentlich (d.h. nicht-authentifiziert) sein oder erst nach erfolgreicher Authentifizierung gesetzt werden, wie Identitäts- und Berechtigungsattribute. Der Aufbau einer sicheren Verbindung (secure association) zwischen Objekten erfolgt durch Authentifizierung, Übermittlung der Credentials und Vereinbarung eines Sicherheitskontextes, welcher den Zustand der Verbindung inklusive Credentials und Session Keys in Sicherheitskontextobjekten enthält. Der Sicherheitskontext kann für mehrere Interaktionen gültig sein.

Um eine größtmögliche Flexibilität zu erreichen, wurden ursprünglich keine bestimmten Protokolle/Mechanismen festlegt. Aufgrund von Interoperabilitätsanforderungen wurden zusätzlich zu CORBAsec die Common Secure Interoperability (CSI) Feature packages definiert, die bestimmte Mechanismen und Protokolle wie das Secure Inter-ORB Protocol (SECIOP) über SPKM, GSS Kerberos oder CSI-ECMA (SESAME profile) Protokoll oder das Secure Sockets Layer (SSL) Protokoll oder SECIOP plus DCE-CIOP unterstützen.

5.3 Nutzung von CORBAsec in TINA

CORBAsec erlaubt eine Zusammenfassung von Teilnehmern in Domänen, wobei verschiedene Typen von Domänen unterschieden werden:

- Security (Policy) Domain:

  Domäne, die eine bestimmte Sicherheitspolitik (z.B. für Authentifizierung, Zugriffskontrolle, Delegation und Nachweisbarkeit) durchsetzt;

- Security Environment Domain:

  Domäne, die eine Sicherheitspolitik in einer umgebungsspezifischen (möglicherweise auch CORBA-externen) Art und Weise durchsetzt

- Security Technology Domain:

  Domäne, die die gleiche Sicherheitstechnologie bzw. gemeinsame Sicherheitsmechanismen für die Durchsetzung der Sicherheitspolitik nutzt

Die Interoperabilität zwischen Domänen wird in CORBAsec bisher nur sehr rudimentär spezifiziert. Dabei werden CORBA 2 Interoperability Bridges für interoperierende ORBs mit gleicher Technologie und Gateways für die Umsetzung von unterschiedlichen Sicherheitstechnologien und gegebenenfalls Sicherheitspolitiken zwischen Domänen angedacht, wobei die Komplexität eines Gateways sehr unterschiedlich geartet sein kann, in Abhängigkeit vom gegenseitigen Vertrauen, der Föderationsmöglichkeit von Sicherheitspolitiken, der Sicherheitstechnologie und der Umsetzbarkeit von Credentials. Interoperabilität zwischen Domänen wird als zukünftiger Arbeitspunkt für CORBAsec vorgesehen.

Im Abschnitt "Domänenmodell" wurde bereits dargestellt, das am TINA-C Retailer Reference Point die Interaktionen zwischen Nutzer- und die Betreiberdomäne gesichert werden müssen. Wird für die Interaktionen der beiden Domänen eine gemeinsame Sicherheitspolitik (vom Betreiber festgelegte Authentifizierungs- und Autorisierungspolitik) und die gleiche Sicherheitstechnologie wie z.B. SSL (siehe Abschnitt "Implementierung") genutzt, so muß kein explizites Gateway integriert werden.

Die domäneninternen Sicherheitspolitiken werden nicht durch TINA reglementiert. CORBAsec böte ebenso die Möglichkeit, die Kommunikation zwischen den domäneninternen Komponenten zu sichern. Betrachtet man z.B. die Betreiberdomäne, können CORBAsec-Credentials aufgrund der Authentifizierung des Nutzers während der Dienstzugangsphase erzeugt, und in der Dienstnutzungsphase verwendet werden. Die TINA-Dienstearchitektur spezifiziert ein Informationsobjekt, welches attributierte Nutzerinformationen enthält, das Nutzerprofil (user profile), welches somit ebenfalls die Sicherheitsattribute integrieren sollte. Da das Nutzerprofil von den Komponenten der Dienstnutzungsphase verwendet wird, wäre die Übergabe von Credentials zwischen Dienstzugangs- und Dienstnutzungssitzung innerhalb der Betreiberdomäne verwirklicht. Inwieweit eine besondere Sicherung des Nutzerprofils innerhalb der Betreiberdomäne erforderlich ist, kann sicherlich nur der jeweilige Betreiber entscheiden.

6 Implementierung

Für die Realisierung des "TINA-Internet Integration" Projektes ist es erforderlich, die Interoperabilität der CORBA-basierten TINA Plattform und der Browser-orientierten Internet-Welt zu ermöglichen.

Da ein Interworking sowohl von Sicherheitsmechanismen als auch von -produkten derzeit noch problematisch ist, wurde entschieden, etablierte Internet-Protokolle, die auch in der CORBA Umgebung unterstützt werden, zu verwenden. Aus diesem Grund wird SSL eingesetzt, da dieses Protokoll sowohl in der Internet-Welt als auch neuerdings in der CORBA-Welt Anwendung findet und somit die Interoperabilität zumindest theoretisch möglich ist.

Die von der GMD FOKUS zur Verfügung gestellte TINA Plattform orientiert sich an den Konzepten der TINA-C Service Architektur Version 4.1/5 sowie der Version 1.0 der Spezifikation des Retailer Reference Points (RetRP) und hier insbesondere an der Spezifikation des Access Parts. Einen Überblick wie der Online-Subskriptionsdienst in diese TINA-C konforme Umgebung eingebettet werden kann gibt die Abbildung 5:

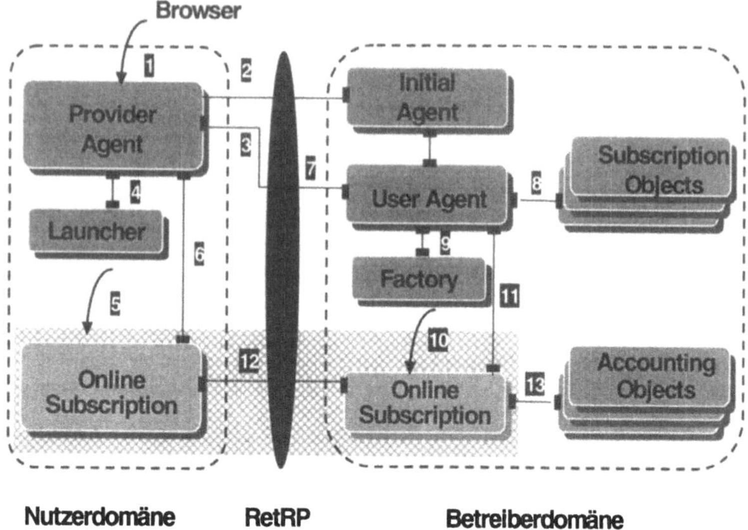

Abbildung 5: Integration des Online-Subskriptionsdienstes in die TINA Plattform

1. Start des Provider Agents einschließlich der zugehörigen Oberfläche durch Systemmechanismen, z.B. als dynamische geladene Applets in einem Browser;
2. Start der Access Session als anonymer oder bekannter, authentifizierter Nutzer;
3. Information über verfügbare Dienste und Auswahl des zu startenden Dienstes;
4. Laden und
5. Starten der Oberfläche des ausgewählten Dienstes;
6. Veranlassung des Starts des Dienstes beim Provider Agent und
7. Delegation der Startanforderung an den User Agent
8. Überprüfung der Berechtigung zum Starten des Dienstes und Bereitstellung nutzerspezifischer Initialisierungsinformationen
9. Veranlassung der Erzeugung der beim Dienstanbieter (Provider) ablaufenden Teile des Dienstes bei der Service Factory und
10. Start des Dienstes und der zugehörigen Service Session;
11. Weitergabe von Kontrollinformationen an den User Agent und Kommunikation zwischen
12. Dienst und dessen Oberfläche, wobei
13. Informationen über verbrauchte Ressourcen an Accounting Objekte gesendet werden.

Inprise VisiBroker-SSL wird als CORBA Security Service für den Dienstzugang genutzt. Dabei ist zu beachten, daß SSL zur gegenseitigen Identifizierung der Domänen (zwischen PA und IA) dient. Eine Voraussetzung für diese Identifizierung ist, daß beide Domänen (Komponenten) ein X.509v3 konformes Zertifikat besitzen. Diese Zertifikate können sowohl durch private, firmeninterne CAs als auch durch 'offizielle' CAs (z.B. VeriSign etc.) vergeben werden. Wichtig ist dabei nur, daß eine gegenseitige Verifikation der Zertifikate erfolgen kann. Die in TINA-Internet einzusetzenden Zertifikate müssen noch ausgewählt werden.

Die Authentifizierung von Dienstnutzern wird durch den traditionellen UserID-Password-Mechanismus durchgeführt. Dies ist die derzeit am weitesten verbreitete Authentifizierungsmethode. Es wurde kein zertifikatsbasierter Ansatz gewählt, da man im Internet-Umfeld *nicht* davon ausgehen kann, daß jeder Nutzer ein Zertifikat besitzt. UserID und Password werden durch SSL verschlüsselt und sind somit während ihrer Übertragung vor dem Abhören bzw. Modifikation durch Dritte geschützt.

Wird in der Dienstnutzungsphase zwischen den ORBs der Nutzer- und der Betreiberdomäne ebenfalls SSL eingesetzt, kann die Integrität und Vertraulichkeit der übermittelten Informationen gewährleistet werden. Voraussetzung ist hier ebenso die Verfügbarkeit von X.509 Zertifikaten für die beteiligten Komponenten.

Als problematisch ist jedoch anzusehen, daß aufgrund von Exportbeschränkungen SSL nur in der Exportversion mit reduzierten Schlüssellängen eingesetzt werden kann.

Nimmt man an, daß Nutzer Zertifikate von einer domänenübergreifenden, vertrauenswürdigen Instanz besitzen, so wäre eine Authentifizierung von Nutzern unter Benutzung von SSL zwar technisch möglich, da das in SSL verwendete X.509v3 Zertifikat auch einen Nutzer repräsentieren könnte. Dies impliziert jedoch weitere Sicherheitsmängel, da SSL die Zertifikate nur für den Authentifizierungsvorgang benutzt. Beim SSL-Handshake wird ein symmetrischer Schlüssel zwischen den kommunizierende Komponenten vereinbart. Dieser symmetrische Schlüssel ist geheim, müßte jedoch nutzerseitig den teilnehmenden TINA-Komponenten weitergereicht werden, wobei jede dieser Komponenten den Nutzer repräsentieren würde. Selbst nach Beendigung der SSL Verbindung könnte unter bestimmten Voraussetzungen mittels eines gekürzten SSL Handshakes mit der SessionID der vorherigen Verbindung eine neue Verbindung ohne erneute Authentifizierung aufgebaut werden, die somit ebenfalls diesem Nutzer zugeordnet wäre, obwohl eventuell ein anderer Nutzer (oder eine andere Rolle) den Dienst nutzt.

7 Ausblick

Um komplexere, sichere Kommunikationsabläufe für rollenbasierte Anwendungen [15] und Dienstszenarien zu unterstützen, ist eine TINA-Sicherheitsarchitektur erforderlich, die funktionale Erweiterungen bezüglich der Spezifikation von Domänen und Politiken, deren Interoperabilität, für Authentifizierung, Autorisierung und Delegation von Sicherheitsattributen enthält. Dies kann jedoch nur auf der CORBA Level 2 Sicherheitsfunktionalität basieren.

Eine Erweiterung TINA Plattform auf den CORBA-Sicherheitslevel 2 hängt von der Verfügbarkeit von Implementierungen der CORBA Sicherheitsdienste für die entsprechend eingesetzten ORB Implementierungen ab.

Verfügbare CORBAsec Level-2 Produkte waren bis Mitte 1998 nur spärlich vorhanden, jedoch kann man derzeit mehrere Produktankündigungen beobachten, die teilweise sogar universell, d.h. mit verschiedenen ORBs einsetzbar sein sollen.

8 Literatur

[1]   Eckardt, T.; Pensivy, S.; Egelhaaf, C.; Akram, A.; Guy, D.; Peresbaskine, V.; Ostrowski, E.: *Field Trial of Global Telecommunication and Information Service Prototypes Based on the TINA Service Architecture*, in: Proceedings of the Distributed Object Computing in Telecommunications (DOCT'97), Frankfurt (D), 07 - 08 October 1997

[2]   TINA-C: WWW-Server Homepage; http://www.tinac.com/

[3]   Prozeller, P.: *TINA and the Software Infrastructure of the Telecom Network of the Future*, Journal of Network and Systems Management, Vol. 5, No. 4, December 1997, pp. 393-410

[4]   Eckert, K.-P.; Schoo, P.: *Engineering Frameworks: A Prerequisite for the Design and Implementation of Distributed Enterprise Objects*, in: Milosevic, Z. (ed.), Proceedings of the First International Enterprise Distributed Object Computing Workshop (EDOC'97), IEEE Computer Society Press, Los Alamitos (USA), Gold Coast (Australia), 24 - 26 October 1997, pp. 170 - 181, ISBN: 0-8186-8031-8

[5]   Schunter M.; Waidner, M.: *Architecture and Design of a Secure Electronic Marketplace*, 8th Joint European Networking Conference (JENC8), Edinburgh, June 1997, 712.1-712.5, http://www.semper.org/info/index.html

[6]   Lacoste, G.: *SEMPER: A Security Framework for the Global Electronic Marketplace*, IIR London, September 1997, http://www.semper.org/info/index.html

[7]   Eckert, K.-P.; Alireza A.; Geihs, K.; Farsi, R.: *TINA im Internet - eine innovative Architektur für Entwicklung und Betrieb von Telekommunikationsdiensten*, 2. Anwenderfachtagung der ITG im VDE: Internet - frischer Wind in der Telekommunikation, Oktober 1998, Stuttgart

[8]   Garcia-Lopez E.: *Security Architecture Version 1.3*, TINA-C Engineering Note, March 5, 1996

[9]   Staamann S.; Buttyán L.; Wilhelm, U.: *Security in TINA*, in: Proceedings of the 14th IFIP International Information Security Conference (IFIP/SEC'98), Vienna/Budapest, Chapman & Hall, August 1998

[10] Object Management Group (OMG), CORBAservices: Common Object Services Specification, *Chapter 15: CORBA Security Services Specification*, Dec. 1997; WWW-Server OMG Homepage: http://www.omg.org/

[11] TINA-C: *Retailer Reference Point Specifications*, Version 1.0, Januar 1998

[12] Gardner, J.: *Security On The Internet and SSL*, special report, http://www.i-net.com.au/features/ssl/ssl.html

[13] Lang, U.; Schreiner, R.: *Schutz und Trutz - Sicherheit in CORBA-basierten Systemen*, iX, 10/98, pp. 112-117

[14] Deng, R.H.; Bhonsie, S.K.; Wang, W.; Lazar, A.A.: *Integrating Security in the CORBA Architecure*, Theory and Practice of Object Systems, Vol.3, No.1, 1997, pp. 3-13

[15] Simon, R.T.; Zurko, M.E.: *Separation of Duty in Role-Based Environments*, in: Proceedings of the Computer Security Foundations Workshop (CSFW), Rockport, MA, USA, 10-12 June 1997, http://www.camb.opengroup.org/RI/SecWeb/adage/docs/sep-duty.ps

ALMO$T:
Eine Modellierungsmethode für sichere elektronische Geschäftstransaktionen

Gaby Herrmann, Alexander W. Röhm

Universität GH Essen
Wirtschaftsinformatik
{herrmann|roehm}@wi-inf.uni-essen.de

Zusammenfassung

In diesem Artikel wird eine Modellierungsmethode und die Grundzüge einer Spezifikationssprache für sichere Geschäftstransaktionen entwickelt. Dazu werden in Abschnitt 2 die Grundlagen von Geschäftstransaktionen besprochen und die technologischen Bedingungen diskutiert unter denen eine sichere Abwicklung von elektronischen Geschäftstransaktionen in offenen IT-Systemen möglich ist. Aufbauend darauf wird dann in Kapitel 3 unser Modell zur Realisierung von sicheren Geschäftstransaktionen vorgestellt. Teil davon ist die Modellierungsmethode ALMO$T (A Language for Modelling $ecure Business Transactions) auf die in Abschnitt 4 eingegangen wird. Die Beschreibung der ALMO$T Spezifikationssprache für sichere Geschäftstransaktionen steht in dieser Arbeit im Mittelpunkt. Zu ihrer Veranschaulichung wird eine Geschäftstransaktion zum Handel mit elektronischen Umweltzertifikaten betrachtet. Der Artikel endet mit einem Ausblick auf weitere Arbeiten.

1 Einleitung

Mit dem Beginn der kommerziellen Nutzung des Internet hat Electronic Commerce eine neue Entwicklungsstufe erreicht, da sich vor allem durch die Offenheit des zugrundeliegenden Netzwerkes neue Möglichkeiten bieten. Electronic Commerce ist die gemeinsame Nutzung von Geschäftsinformationen, die Unterhaltung von Geschäftsbeziehungen und die Durchführung von Geschäftsprozessen und Markttransaktionen mittels Informationstechnologien (IT) [Zwas96]. Der Einstieg in Electronic Commerce bringt durch sinkende Informationskosten und stärkere Integration der einzelnen Teile von Geschäftsprozessen faszinierende neue Möglichkeiten der effizienten Durchführung von Geschäften mit sich [MaBY87]. Dem stehen neue Risiken gegenüber, die bei der Gestaltung von Electronic Commerce beachtet werden müssen.

Ziel von Basistechnologien für Electronic Commerce sollte sowohl die optimale Nutzung der Chancen von Electronic Commerce als auch die Absicherung gegenüber den spezifischen Risiken, die in offenen IT-Systemen vorhanden sind, sein. Dieser Artikel soll diesbezüglich einen Beitrag auf dem Gebiet der Modellierung von sicheren Geschäftstransaktionen sein. Wir verwenden hier den Begriff „Geschäftstransaktion", der sich zusammensetzt aus dem Wort „Geschäft", das für Geschäftsprozeß steht, und dem Wort „Transaktion", welches für

Markttransaktion steht. Dahinter steht die Idee, daß obwohl Geschäftsprozesse und Markttransaktionen verschiedene Grundlagen haben und verschiedenen Gesetzen folgen, sie aber mit den gleichen Techniken zum Beispiel mit Workflow Management Methoden modelliert werden können. Auch die Sicherheitseigenschaften von Geschäftstransaktionen sind in solche Techniken integrierbar.

2 Sichere Elektronische Geschäftstransaktionen

Traditionell werden Modellierungsmethoden für Geschäftsprozesse zur Spezifikation von Vorgängen in Firmen (Hierarchien) verwendet. Sie können jedoch genauso zur Beschreibung von Markttransaktionen verwendet werden. Heute ist in bezug auf Sicherheitsanforderungen an Geschäftstransaktionen in elektronischen Hierarchien und elektronischen Märkten eine Angleichung festzustellen. Sichtbar wird dies, wenn man die Entstehung virtueller Firmen ins Blickfeld nimmt, die verteilt über das offene Netzwerk Geschäftsprozesse ausführen. Weil hier die gleiche Basistechnologie verwendet wird, treten auch die gleichen Risiken und damit Sicherheitsanforderungen wie bei elektronischen Märkten auf.

In den folgenden zwei Abschnitten stehen zuerst die Makttransaktionen und dann die Geschäftsprozesse im Mittelpunkt. Im dritten Abschnitt werden, die sich ergänzenden Sicherheitsaspekte von Geschäftsprozessen und Markttransaktionen, beschrieben und zu einem Sicherheitsbegriff aggregiert, der den folgenden Überlegungen zugrunde liegt.

2.1 Transaktionen auf elektronischen Märkten

Die klassische *Markttransaktion* ist der Vorgang eines Tausches auf einem Markt, bei dem materielle oder immaterielle Güter zwischen den verschiedenen beteiligten Transaktionsparteien ausgetauscht werden. Eine Markttransaktion kann daher definiert werden als eine endliche Menge von Interaktionsprozessen zwischen Marktteilnehmern in unterschiedlichen Rollen, mit dem Ziel, eine vertragliche Vereinbarung des Austausches von Gütern anzubahnen, zu vereinbaren und abzuwickeln [ScLi97].

Transaktionen auf Märkten bestehen aus mehren *Phasen*, die nacheinander durchlaufen werden. Bekannt ist die Aufteilung in drei Phasen, die in nebenstehender Abbildung dargestellt ist. Danach besteht eine Markttransaktion aus der Informations-, Verhandlungs- und Abwicklungsphase[38].

Ziel der *Informationsphase* ist es geeignete Angebote und Transaktionspartner zu finden. Auf Seite der Nachfrager geht es zunächst darum herauszufinden, welche Produkte und

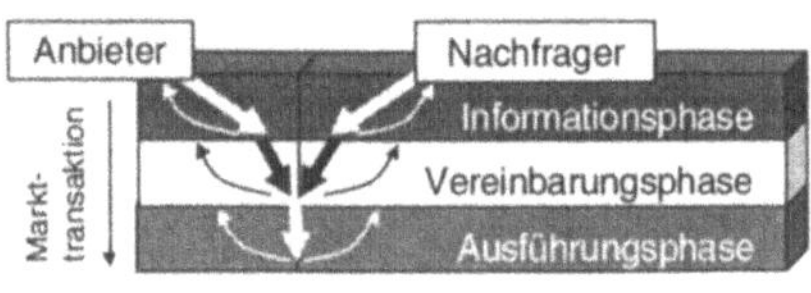

Abbildung 1: Phasen der Markttransaktion.

Dienstleistungen existieren, die für die Bedarfsdeckung oder Problembewältigung in Betracht kommen. Die Spezifikationen der verschiedenen Produkte, die in Frage kommen, müssen besorgt werden und es muß ermittelt werden bei wem sie bezogen werden können. Eventuell werden Angebote eingeholt, die Konditionen für einen möglichen Kauf beschreiben. Die eingeholten Angebote müssen geprüft und verglichen werden.

In der *Vereinbarungsphase* wird Kontakt mit den Transaktionspartnern aufgenommen, um mit ihnen, auf der Grundlage des Angebotes, die Zahlungsbedingungen, Liefertermine, Lieferkonditionen, Garantieleistungen etc. zu vereinbaren. Der Vertragsabschluß in dieser

---

[38] Manchmal wird die Abwicklungsphase weiter untergliedert in die Auslieferungs- und Anpassungsphase.

Phase bildet die rechtliche Voraussetzung für die Transaktion und die Grundlage für die Abwicklungsphase.

Die *Abwicklungsphase* dient zur eigentlichen Erfüllung des Vertrages. Neben Primärtransaktionen, die sich auf den Leistungsübergang beziehen, gehören zu dieser Phase auch indirekte unterstützende Sekundärtransaktionen wie z. B. Finanztransaktionen, Versicherung, Transport und Verpackung. Es findet die Zahlung statt und die vereinbarte Gegenleistung wird erbracht.

Elektronische Märkte etablieren sich, wenn sie einen Mehrwert für die Beteiligen schaffen, oder eine signifikante Senkung der Kosten, die zur Durchführung der Transaktion aufgewendet werden, bewirken. Das Maß in dem Elektronische Märkte Transaktionskosten sparen hängt von dem Grad der Unterstützung durch IT ab. Das Ideal hierbei kann man in einem Elektronischen Markt sehen, der vollständig mittels IT realisiert ist und auf dem selbst das Gut digital gehandelt werden kann [ChSW97].

2.2 Geschäftsprozesse

Ein *Geschäftsprozeß* beschreibt eine Menge von zusammengehörigen Aktivitäten, die der Realisierung von Unternehmenszielen dienen und inhaltlich abgeschlossen sind [GaFa94]. Häufig wird davon ausgegangen, daß Geschäftsprozesse mindestens einen externen Marktpartner referenzieren. Dieses ist jedoch nicht notwendig, da auch rein unternehmensinterne Abläufe als Geschäftsprozesse angesehen werden können, gerade da heute immer mehr die Wirtschaftlichkeit bezogen auf einzelne Abteilungen betrachtet wird. Dadurch können beim Erbringen von Dienstleistungen für andere firmeninterne Abteilungen diese wie firmenexterne Kunden als Geschäftspartner an sehen werden.

In den meisten Fällen sind Geschäftsprozesse mit Sicherheitsanforderungen behaftet, die bei ihrer Ausführung berücksichtigt werden müssen (z. B. Vertraulichkeit und Rechtsverbindlichkeit von Daten, anonymisierte Entscheidung oder Kommunikationsnachweise). Der Gewährleistung von Sicherheit kommt besonders bei Geschäftsprozessen zwischen unterschiedlichen Organisationen oder innerhalb einer Organisation, die physisch auf mehrere Betriebsstätten verteilt ist, eine wichtige Rolle zu. Dieses wird insbesondere dann evident, wenn als Kommunikationsmedium nicht dedizierte Leitungen sondern unsichere öffentliche Netze, wie z. B. das Internet verwendet werden. Dieses trifft bei außerbetrieblichen Geschäften im Electronic Commerce zu, da im allgemeinen die Teilnahme an einem Geschäftsbereich nicht auf eine Personengruppe beschränkt und der Teilnehmerkreis leicht erweiterbar sein soll.

2.3 Sicherheit

In der Literatur findet bei der Betrachtung von Sicherheit bezüglich Geschäftsprozessen zumeist nur Autorisierung und Zugriffskontrolle Beachtung (z. B. [BeFA97, ThSa96]). Es kommen jedoch im Zusammenhang mit Geschäftsprozessen, wie in allen IT-Systemen, eine Reihe weitergehender Sicherheitsanforderungen, wie z. B. die Nichtabstreitbarkeit des Erhaltes eines Dokumentes, vor. Unser Verständnis von Sicherheit bezüglich Geschäftsprozessen umfaßt darum die folgenden Punkte:

- Allgemeine Anforderungen: Vertraulichkeit, Integrität, Verfügbarkeit
- Geistiges Eigentum: Urheberrecht, Eigentumsrecht, Nutzungsrecht, Originalität
- Bindungen: Rechtsverbindlichkeit, gegenseitige Abhängigkeit, Nichtabstreitbarkeit
- Datenschutz: Anonymität, Unbeobachtbarkeit

Sicherheitsanforderungen an Geschäftsprozesse können aus unterschiedlichen Beweggründen gestellt werden. Sie können firmenintern oder firmenextern sein. Firmenexterne Gründe spiegeln die öffentliche Meinung wider und können in Gesetzen manifestiert sein. Jede

Sicherheitsanforderung kann in unterschiedlichen Gewichtungen (Sicherheitsstufen) auftreten (z. B. vertraulich, sehr vertraulich), wobei zur Realisierung unterschiedlicher Sicherheitsstufen unterschiedliche Methoden benötigt werden. Des weiteren besitzt nicht jede Sicherheitsanforderung Relevanz bezüglich jeder Geschäftsprozeßkomponente.

Bei der Betrachtung von Geschäftstransaktionen ist jedoch die wichtigste Forderung, die Forderung nach Sicherung des Wertes des (digital) gehandelten Gutes, was wir mit *Integrität der Ware* bezeichnen. Sie kann je nach Ware sehr unterschiedlich sein und läßt sich mit den bereits oben genannten Sicherheitsanforderungen beschreiben. Als Beispiel seien hier auf einem elektronischen Markt frei handelbare Lizenzen (z. B. Umweltzertifikate) erwähnt, welche nur als Original gültig sind. Damit die Integrität des Gutes gewährt bleibt, muß also unter anderem die Sicherheitsanforderung Originalität erfüllt werden. Bei Umweltzertifikaten kann neben der Originalität sowohl aus datenschutzmäßigen als auch aus ökonomischen Gründen zudem Anonymität von Bedeutung sein [GeRö97]. Auf dieses Beispiel gehen wir genauer in Abschnitt 4.3 ein.

3 Framework zur Modellierung und Realisierung

Zur Realisierung von sicheren elektronischen Geschäftstransaktionen haben wir das in Abbildung 2 dargestellte Modell entwickelt [HePe97]. Auf der oberen Ebene der linken Seite (2) werden graphische Konzepte zur Darstellung von Sicherheitsanforderungen an Geschäftsprozesse zur Verfügung gestellt. Zum Beispiel symbolisiert das Zeichen „§" an einem Dokument, daß der Inhalt dieses Dokumentes rechtsverbindlich sein soll. Um diese Forderung zu erfüllen, muß eventuell der dargestellte Geschäftsprozeß entsprechend angepaßt werden. Hilfestellung bei einer solchen Anpassung wird durch eine Sammlung von Fallbeispielen, die sich ebenfalls auf dieser Modellarchitekturebene befindet, gegeben. Die Fallbeispiele enthalten Änderungsangaben für die unterschiedlichen Modellierungsperspektiven (statische, dynamische, organisatorische und funktionale Perspektive) der Geschäftsprozesse. Für unser Beispiel der Rechtsverbindlichkeit findet sich darin für die statische Perspektive, die die Informationseinheiten, ihren Aufbau und ihre Beziehungen untereinander beschriebt, die Erweiterung um Public-Key-Zertifikate, falls Public-Key-Zertifikate noch nicht in ihr enthalten sind [HePe98]. Die Verfeinerung soll auf dieser Ebene einen Detaillierungsgrad bezüglich der Sicherheitsanforderungen erreichen, der

- entweder sicherheitsbehaftete Aktionen enthält, die bereits zur Verfügung stehen,
- oder Sicherheitsgrundelemente enthält.

Unter Sicherheitsgrundelementen verstehen wir Elemente, die eine abstrakte Beschreibung eines elementaren sicherheitskritischen Vorganges darstellen, jedoch alle Informationen zu seiner technischen Realisierung beinhalten (z. B. „Prüfe Digitale Signatur R von angeblichem Unterzeichner S"). Sicherheitsbehaftete Aktionen sind inhaltlich abgeschlossene Teile einer Geschäftstransaktion, die mit Sicherheitsanforderungen behaftet sind (z. B. „liefere Lizenz original und anonym aus").

In der oberen rechten Ecke (1) von Abbildung 2 befindet sich eine modellhafte Darstellung einer Infrastruktur für elektronische Märkte. Die drei Ebenen (I, V, A) entsprechen den Phasen einer Markttransaktion; die Ecken dagegen stellen unterschiedliche Marktteilnehmer dar. Hier finden sich sowohl die in jedem Markt vertretenen Teilnehmer Nachfrager, Anbieter und Intermediäre aber auch Marktteilnehmer, die unterstützende Funktionen anbieten wie Anbieter vertrauenswürdiger Dienste oder Informationsdienste. Die Marktteilnehmer interagieren zum Erbringen von Diensten. Diese Kooperation wird mittels Protokollen beschrieben. Diese Protokolle lassen sich mit den gleichen Darstellungsmethoden wie die Fallbeispiele auf der linken Seite der Architektur beschreiben. Die Protokollbeschreibungen enthalten ebenfalls Sicherheitsgrundelemente.

In der mittleren Ebene (Ebene 2) wird eine Sammlung von bereits modellierten Lösungen für Sicherheitsgrundelemente und sicherheitsbehafteten Aktionen sowie eine zugehörige Modellierungsmethode (ALMO$T) angeboten. Diese Methode ist das Bindeglied zwischen den Sicherheitsgrundelementen bzw. bereits verfeinerten sicherheitsbehafteten Aktionen und den für ihre Realisierung eingesetzten Soft- und Hardware-Grundbausteinen. Zum Beispiel kann eine Lösung für das Sicherheitsgrundelement „Prüfe Digitale Signatur R von angeblichem Unterzeichner S" die Grundbausteine „fordere Zertifikat an" und „prüfe die Digitale Signatur mittels MD5 und RSA" benötigen. Die Spezifikationen auf Ebene 2 sollen so aufgebaut sein, daß sie automatisch ausgeführt werden können. Auf der untersten Ebene befindet sich eine Sammlung von Sicherheitsmechanismen, die zum Erbringen der Sicherheitsdienste angewendet und kombiniert werden können.

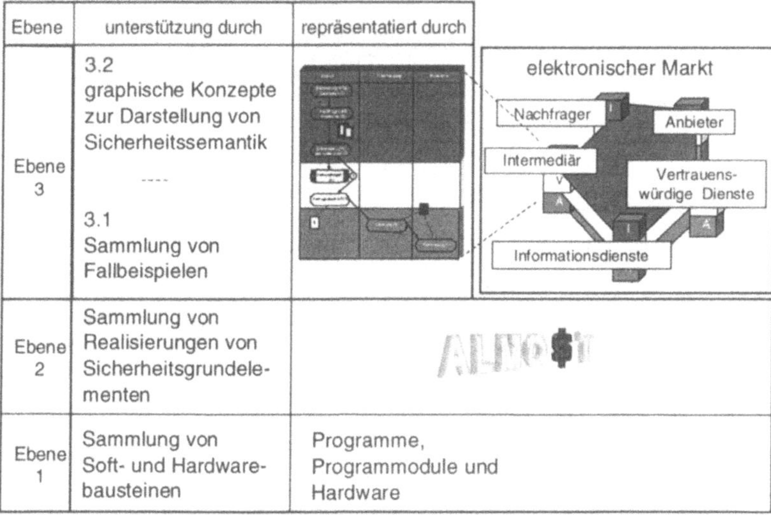

Abbildung 2: Modellierung und Realisierung von sicheren Geschäftstransaktionen

Da die lokale Anwendung von Sicherheitsmechanismen in vielen Fällen nicht ausreicht, wird eine Infrastruktur benötigt, die ergänzende Dienste anbietet. Im Falle der Digitalen Signatur werden vertrauenswürdige Dienste, wie zum Beispiel eine Zertifizierungsinstanz und auch Dienste denen nur sehr wenig Vertrauen entgegengebracht werden muß, wie einem Public-Key-Directory benötigt.

4 ALMO$T

Zur Erbringung von Dienstleistungen, die zur Realisierung von Sicherheitsgrundelementen benötigt werden, wird auf bereits vorhandene Soft- und Hardwarebausteine (z. B. Implementierung von RSA) zurückgegriffen. Unterschiedliche Diensteigenschaften werden in Abbschnitt 4.1 betrachtet. In Abschnitt 4.2 wird darauf aufbauend der Aufbau von ALMO$T vorgestellt. In Abschnitt 4.3 wird zur Veranschaulichung ein beispielhafte Spezifikation in ALMO$T gegeben. Abschnitt 4.4 skizziert das graphische Konzept von ALMO$T.

4.1 Dienstcharakteristiken

Zur Erbringung von Sicherheit in Geschäftstransaktionen werden Dienste benötigt, die von ausgezeichneten Parteien (third parties) erbracht werden. Die Lokalisierung dieser Parteien kann sowohl firmenintern (*lokal*), firmenextern (*global*) als auch der nachfragenden Partei (*privat*) zugeordnet sein. Die gewünschte Umgebung kann explizit angegeben werden. Falls keine Vorgabe stattfindet, findet die Suchstrategie (privat -> lokal -> global) Anwendung. Die Vorgabe einer Umgebung kann Auswirkungen auf die Geschäftstransaktion haben, da zum Beispiel die Verwendung eines lokalen Adreßbuchs für öffentliche Schlüssel im Gegensatz zur Verwendung eines entsprechenden globalen Adreßbuchs zu veralteter Information führen kann, da das lokale Adreßbuch nicht entsprechend gepflegt wurde und einige enthaltene Schlüssel mittlerweile für ungültig erklärt wurden.

Bei der Einbeziehung dritter Parteien kann der angebotene Dienst zum Zeitpunkt der Nachfrage (*online*) erbracht werden oder er kann bereits erbracht worden sein und nur das Ergebnis wird abgerufen (*offline*). Diese Unterscheidung ist relevant, da die Diensterbringung online zu Kapazitätsproblemen und eine offline Diensterbringung zu nicht aktueller Information führen kann.

Zusammenfassend lassen sich die Umgebungen lokal, global und privat sowie die Erbringung der Dienste offline und online unterscheiden.

4.2 Aufbau von ALMO$T

Die in Abschnitt 4.1 aufgezeigten Dienstcharakteristiken müssen sich im Aufbau von ALMO$T niederschlagen. Zuerst wird die Syntax von ALMO$T dargestellt. Gefolgt von einer Auflistung vordefinierter Objekte, Klassen und Schnittstellen. In Abschnitt 4.2.3 wird auf die unterschiedlichen Umgebungen und die Verwendung unterschiedlicher Parteien eingegangen. Die zur Beschreibung von Geschäftstransaktionen benötigten Strukturen werden in Abschnitt 4.2.4 dargestellt, gefolgt von den verwendeten Namenskonventionen. Zur Veranschaulichung wird in 4.3 ein Beispiel gegeben. Die für ALMO$T entwickelte graphische Notation wird in Abschnitt 4.4 kurz umrissen.

4.2.1 ALMO$T-Syntax

ALMO$T basiert auf der im folgenden vorgestellten Grammatik G =(VN,VT,P,S). Dabei repräsentiert VN die Menge der Nichtterminale.

VN = {bt, sequence, statement, identifier, object, method, arguments, digit, letters, integer, real, boolean}

„bt" steht für eine Geschäftstransaktion. „statement" repräsentiert eine Aktivität. „object" repräsentiert ein Objekt, „method" eine Methode eines Objekts und „arguments" sind Objekte, die bei Methodenaufrufen übergeben werden. Weitere Nichtterminale sind „boolean", das in die Wahrheitswerte `true` und `false` abgeleitet werden kann, „integer" und „real", die in Integer- und Realwerte abgeleitet werden können, „digit" und „letter", die Ziffern beziehungsweise Buchstaben repräsentieren. Die Menge der Terminale VT enthält alle in der beschriebenen Geschäftstransaktion verwendeten Bezeichner für Objekte und Methoden. Sie enthält außerdem das Leerobjekt ε.

VT = {<alle im Geschäftsprozeß bt verwendeten Bezeichner für Objekte und Methoden>,ε}

Das Startsymbol S repräsentiert den betrachteten Geschäftsprozeß (S = bt). Im folgenden sind die in der Menge der Produktionsregeln P enthaltenen Regeln aufgeführt, dabei steht A°B für die Konkardination AB von A und B.

(1)	digit	->	`0|1 | ... |9`
(2)	boolean	->	`true|false`
(3)	integer	->	digit I integer°digit
(4)	real	->	integer, integer
(5)	letters	->	`a|b|c...|z|A|B...Z|-|_|` digit
(6)	identifier	->	letter I identifier°letter
(7)	object	->	identifier I integer I real I boolean
(8)	method	->	identifier
(9)	arguments	->	arguments, arguments I object.method(arguments) I object I ε
(10)	statement	->	object.method(arguments) I object
(11)	sequence	->	ε I sequence statement
(12)	bt	->	sequence

4.2.2 Klassen, Objekte und ihre Schnittstellen

Da einige Objektarten in vielen unterschiedlichen Geschäftsprozessen benötigt werden (z. B. Dokumente) enthält ALMO$T vordefinierte Klassen. Folgende Klassen sind momentan vordefiniert:

`c_doc`	repräsentiert die Klasse der Dokumente.
`c_kCrypto`	repräsentiert die Klasse der schlüsselbasierten kryptographischen Verfahren.
`c_net`	repräsentiert die Klasse der Kommunikationsnetze. Soll ein spezielles Kommunikationsnetz (z. B. das Internet) verwendet werden, so kann die entsprechende Klasse aus der Klasse `c_net` abgeleitet werden.
`c_db`	repräsentiert die Klasse der Datenbanken.

Alle Klassen in ALMO$T sind Teil der selben Klassenhierarchie, deren Wurzel die Klasse `c_object` ist. Alle anderen ALMO$T-Klassen sind Erweiterungen dieser Klasse. Zu jeder vordefinierten Klasse existiert ein vordefiniertes Klassenelement, das den Namen der Klasse ohne den Präfix „c_" als Bezeichner besitzt.
Jede Klasse besitzt ihre spezifische Schnittstelle. Gemeinsam sind ihnen die Schnittstelle der Klasse `c_object`, die eine Methode für Zuweisungen `set` und Methoden für Vergleiche enthält. Die Methoden für Vergleiche setzen sich aus dem entsprechenden mathematischen Symbol gefolgt von einem Fragezeichen zusammen (z. B. =?, ≠?). Die Klasse `c_kCrypto` besitzt zum Beispiel die zusätzlichen Methoden `encrypt`, `decrypt` und `verify`. Diese Methoden benötigen als Parameter ein Element der Klasse `c_doc`, das die bearbeiteten Daten repräsentiert, und den Parameter `key`, der den verwendeten Schlüssel enthält (Beispiel: `RSA.encrypt(key,data)`, wobei RSA Element einer von `kCrypto` abgeleiteten Klasse ist und `doc` ein Element der Klasse `c_doc`). Die vordefinierten Klassen und ihre Schnittstellen sind in Tabelle 1 zusammengefaßt. Desweiteren ist die Spezifikation eines Geschäftsprozesses ebenfalls ein Objekt und seine Aktionen werden durch entsprechende Methoden repräsentiert.
Ebenso wie bestimmte Objektarten eine herausragende Bedeutung für Geschäftstransaktionen haben, so existieren auch Objekte, die besondere Relevanz für die Sicherheit von Geschäftstransaktionen besitzen. Dazu gehören alle Objekte, die mit der Schlüsselverwaltung

in Zusammenhang stehen. Daher wurden die Objekte `pKey`, `sKey` und `pKeyring`, wie in Tabelle 2 gezeigt, vordefiniert.

`c_object`	abstrakte Basisklasse aller anderen Objekte
`create(object)`	Standardobjektkonstruktor
`<relation>?(object)`	vergleicht zwei Objekte entsprechend der angegebenen Relation$\in \{=, \neq, ...\}$
`set(object)`	weist dem Objekt einen Wert zu
`c_boolean`	Klasse boolean
`<op>(boolean)`	Operationen der bool'schen Algebra, $<op>\in$ {and, or, xor, not}
`c_doc`	Basisklasse für alle Dokumente
`attach(doc)`	erweitert das Dokument um doc
`detach(doc)`	löst doc vom Dokument entsprechend FIFO-Strategie
`get_attr(id)`	Selektor für Attribute
`set_attr(id,object)`	äquivalent zu doc.get_attr(id).set(object)
`c_kCrypto`	Basisklasse für schlüsselbasierte Kyptographie
`encrypt(key,doc)`	verschlüsselt doc unter Verwendung des Schlüssels key
`decrypt(key,doc)`	entschlüsselt doc unter Verwendung des Schlüssels key
`verify(key,doc)`	verifiziert doc unter Verwendung des Schlüssels key
`c_net`	Basisklasse für Kommunikationsnetze
`send(doc,id)`	sendet doc zu id
`receive(doc,id)`	empfängt doc von id
`c_db`	Basisklasse der Datenbankobjekte
`remove(object)`	entfernt object aus der Datenbank
`add(object)`	fügt object der Datenbank zu
`get(object)`	liest object aus der Datenbank aus

Tabelle 1: Beschreibung vordefinierter ALMO$T-Klassen und ihrer Schnittstellen

`pKey` repräsentiert den öffentlichen Schlüssel eines Objekts und `sKey` dessen privaten Schlüssel. Da `pKey` und `sKey` an ein Objekt gebunden sind und dieses nicht als Parameter auftritt, können diese Objekte ausschließlich lokal auftreten. `pKeyring` dagegen ist die Sammlung aller bisher erhaltenen öffentlichen Schlüssel.

`pKey, sKey`	öffentlicher bzw. privater Schlüssel eines Geschäftstransaktionsteilnehmers innerhalb seiner privaten Umgebung
`pKeyring`	Liste bereits erhaltener und abgespeicherter öffentlicher Schlüssel von Geschäftspartnern

Tabelle 2: vordefinierte Objekte

4.2.3 Umgebungskonzept

Im allgemeinen sind mehrere Parteien in eine Geschäftstransaktion involviert. Daher erlaubt ALMO$T Geschäftstransaktionen sowohl für eine wie auch für mehrere Parteien, die Angehörige der gleichen oder unterschiedlicher Unternehmen sein können, zu spezifizieren. Zur Darstellung von mehreren Teilnehmern an einer Geschäftstransaktion erhält die tabellarische Darstellung einer Geschäftstransaktion für jeden Teilnehmer eine Spalte. Einträge in dieselbe Reihe bei unterschiedlichen Spalten drücken eine parallele Ausführung der entsprechenden Anweisungen aus.

Da mehrere Parteien innerhalb einer Sicht in ALMO$T spezifiziert werden können, ist ein Umgebungskonzept notwendig, durch das die Wahl des gewünschten Objekts bei gleicher Benennung mehrere Objekte in unterschiedlichen Umgebungen vorgegeben wird. Die Einführung eines Umgebungskonzepts hat starke Auswirkungen auf die Sicherheitsbetrachtungen, da öffentliche Dienste wie auch private Objekte ihren bestimmten vordefinierten Platz in der Umgebung besitzen müssen, der eventuell vor unberechtigtem Zugriff geschützt werden muß. ALMO$T verwendet eine geschachtelte Umgebungsstruktur. Die folgende

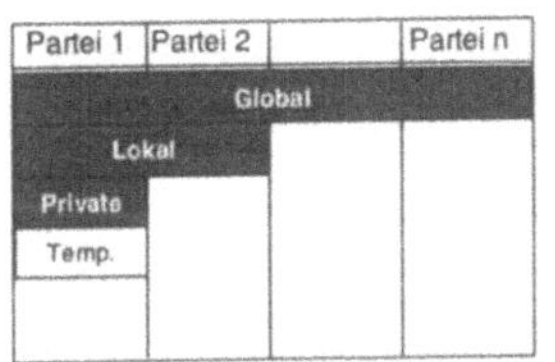

Abbildung 3: Geschäftstransaktion mit mehreren Parteien

Aufzählung führt die unterschiedlichen Schachtelungsebenen von der innersten bis zur äußersten Ebene auf.

- *Temporale* Umgebung einer Methode
- *Private* Umgebung einer Partei
- *Lokale* Umgebung zu der eine Menge von Parteien Zugriff haben
- *Globale* Umgebung.

Wie bereits in Abschnitt 4.1 geschildert kann die Verwendung eines Objekts des gleichen Namens aus unterschiedlichen Umgebungen zu unterschiedlichen Ergebnissen führen. Daher wurde folgende Priorisierung der Umgebungen eingeführt: Falls nicht anders explizit vorgegeben, wird zuerst die temporale Umgebung nach dem gewünschten Objekt durchsucht. Falls das Objekt sich nicht in dieser Umgebung befindet, werden entsprechend die private Umgebung gefolgt von der lokalen Umgebung und zuletzt die globale Umgebung betrachtet.

Bei der expliziten Angabe der Umgebung ändert sich die Suchstrategie. Es wird von der angegebenen Umgebung ausgehend zu den äußeren Umgebungen hin nach dem Objekt gesucht. Bei `env.global(db.get(Boss))` zum Beispiel wird in der globalen Umgebung nach unserem Chef gesucht.

Abbildung 4 veranschaulicht die Beziehungen zwischen den verschiedenen Umgebungen. Die globale Umgebung ist für jede Partei einer Geschäftstransaktion relevant. Zum Beispiel ist die Sicherheitsinfrastuktur aus Abschnitt 3.1 in der globalen Umgebung angesiedelt. Die lokalen Umgebungen beziehen sich jeweils auf

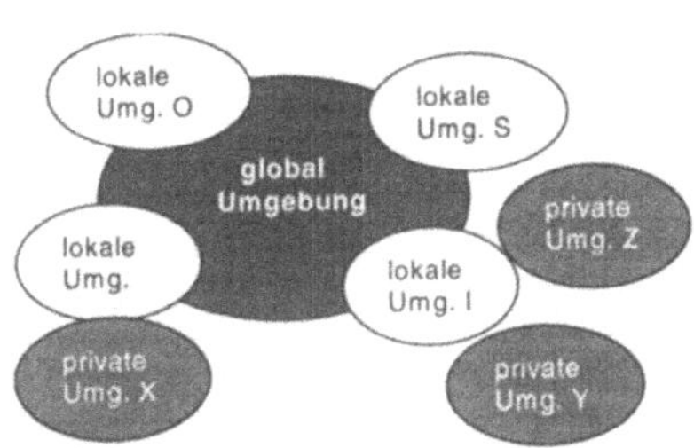

Abbildung 4: Umgebungen

ein Unternehmen und die privaten Umgebungen enthalten die Objekte, die innerhalb einer Partei angesiedelt sind. Private Umgebungen besitzen mit keiner anderen Umgebung Überschneidungen. In den privaten Umgebungen sind die sensibelsten Objekte wie zum Beispiel die privaten Schlüssel angesiedelt.

4.2.4 Konstrukte

Da der Ablauf in Geschäftstransaktionen nicht nur rein sequentiell ist, führen wir für Verzweigungen das if_else-Konstrukt und für Wiederholungssequenzen das while_do-Konstrukt ein. Die Menge der Produktionsregeln P muß um diese beiden Konstrukte erweitert werden. Des weiteren müssen aus einem Statement diese Konstrukte ableitbar sein.

Daher wird die Produktionsregel für `statement` wie folgt erweitert:

```
statement      ->      if_else | while_do
```

Für die neuen Konstrukte werden die folgenden Produktionsregeln in P aufgenommen:

```
while_do     ->      while <statement> do <sequence> while_end

if_else      ->      if <statement> <sequence> if_end |
                     if <statement> <sequence> else <sequence> if_end
```

4.2.5   Namenskonventionen

Zum besseren Verständnis von ALMO$T-Ausdrücken führen wir die folgenden Namenskonventionen ein. Wie bereits angemerkt kann Vertrauen in die in die Geschäftstransaktion involvierten Parteien gefordert werden. Da eine solche Forderung Auswirkungen auf die Auswahl einer Partei hat, führen wir zur Kennzeichnung dieser Forderung bzw. dieser Eigenschaft den Präfix „t_" (trust) ein. Dieser Präfix kann zur Kennzeichnung der Eigenschaft vertraulich für jedes Objekt verwendet werden. Da Vertrauen ein subjektiver Tatbestand ist, drückt dieses Präfix das Vertrauen einer einzigen Person aus. Das hier geschilderte Konzept kann dahingehend erweitert werden, daß mehrere subjektive Aussagen über das Vertrauen der einzelnen Teilnehmer in ein Objekt formuliert werden können.

Beim elektronischen Geschäftsverkehr spielen Daten und damit auch ihre Speicherung eine große Rolle. Zur Kenntlichmachung eines Objektes als Datenbank, führen wir das Kürzel „db_" ein, das dem Bezeichner einer Datenbank vorangestellt wird. Tabelle 3 faßt die getroffenen Namenskonventionen zusammen.

`t_<object>`	dem Objekt wird vertraut bzw. muß vertraut werden
`db_<object>`	das Objekt ist eine Datenbank

Tabelle 3: Namenskonventionen

Für die Realisierung von Sicherheitsanforderungen in Geschäftstransaktionen werden unter anderem kryptographische Verfahren eingesetzt. Dabei spielen Schlüssel eine wichtige Rolle. Daher haben wir für die den öffentlichen bzw. privaten Schlüssel einer Geschäftspartei repräsentierenden Objekte vordefinierte Bezeichner eingeführt: `pKey` und `sKey`. Diese Bezeichner besitzen nur in der jeweiligen privaten Umgebung Gültigkeit. Bereits erhaltene öffentliche Schlüssel von Geschäftspartnern werden im Objekt `pKeyring` gehalten. Zur Angabe einer Umgebung führen wir den Bezeichner `env` ein. Tabelle 4 gibt einen Überblick über die bisher vorbenannten Objekte.

`pKey, sKey`		öffentlicher bzw. privater Schlüssel eines Geschäftstransaktionsteilnehmers innerhalb seiner privaten Umgebung
`pKeyring`		Liste bereits erhaltener und abgespeicherter öffentlicher Schlüssel von Geschäftstransaktionspartnern
`env`		Umgebungsauswahlobjekt
	`gobal(object)`	referenziert <object> aus der globale Umgebung
	`local(object)`	referenziert <object> aus der lokalen Umgebung
	`private(object)`	referenziert <object> aus der privaten Umgebung

Tabelle 4: vorbenannte Objekte

4.3 Beispiel

Zur Veranschaulichung wird in diesem Abschnitt eine Geschäftstransaktion mit ALMO$T spezifiziert. Als Beispiel für eine Geschäftstransaktion eines digitalen Gutes werden nachfolgend Umweltzertifikate verwendet, deren Besitz eine vorgegebene Menge Umweltgifte zu emittieren erlaubt [GeRö97]. Wir spezifizieren sowohl die sicherheitsbehaftete Vereinbarungs- wie auch die sicherheitsbehaftete Auslieferungsphase dieser Geschäftstransaktion.

In der Informationsphase fordert der Nachfrager potentielle Lieferanten auf Angebote zu erstellen. Nach deren Erhalt wählt er einen potentiellen Lieferanten aus. In der Vereinbarungsphase werden mit dem potentiellen Lieferanten Vertragsverhandlungen aufgenommen, deren Inhalt vertraulich sein soll und die in einen Vertragsabschluß münden oder zur erneuten Auswahl eines möglichen Lieferanten führen. Für den Vertragsabschluß wird rechtliche Bindung der Vertragspartner an den Vertragsinhalt gefordert. In der Auslieferungsphase geht das Umweltzertifikat vom Lieferanten auf den Nachfrager über. Da man mit einem Zertifikat nur einmal die lizenzierte Menge Umweltgifte emittieren darf, hängt der Wert eines Zertifikats von dessen Originalität ab. Beim Handel mit Umweltzertifikaten kann neben der Originalität des Umweltzertifikats auch dessen Anonymität gefordert werden. Anonymität kann notwendig sein, da durch Bekanntwerden seines Besitzes und dem damit möglichen Einsatz dem Unternehmen Nachteile (Prestigenachteile und daraus folgenden Absatznachteile) entstehen können. Die Integrität der Ware fordert also sowohl Originalität wie auch Anonymität.

In der Vereinbarungsphase wird bei der Aushandlung der Übereinkunft zwischen dem Nachfrager und dem Lieferanten Vertragsentwürfe, verschlüsselt mit dem öffentlichen Schlüssel des Verhandlungspartners, beginnend beim Nachfrager, ausgetauscht bis es zu einer Übereinkunft kommt oder eine der beiden Parteien feststellt, daß es zu keiner Übereinkunft mehr kommen kann. Bei der Vertragsunterzeichnung wird der Vertrag zuerst vom Käufer unterzeichnet, der ihn an den Verkäufer weiterleitet. Falls die digitale Signatur korrekt ist, unterzeichnet der Verkäufert und übergibt den Vertrag an den Käufer zur Überprüfung der getätigten Signatur. Da zwischen der Signierung des Vertrags durch den Verkäufer und der Signierung durch den Käufer eine größere Zeitspanne liegen kann und die Partei, die die Übereinkunft zuerst signiert hat, bereits gebunden ist, wird aus Fairneßgründen eine Zeitüberwachung eingeführt, die zu einem Abbruch des Signiervorgangs führen kann. Bei der Abwicklungsphase ist die Integrität der Ware von immenser Bedeutung. Für ein Umweltzertifikat wird hierbei Originalität und Anonymität gefordert, wodurch in einer sicheren Auslieferungsphase verschiedene kryptographische Algorithmen und Protokolle Anwendung finden. An der Auslieferung sind drei Parteien beteiligt: der Käufer, der Verkäufer und eine staatliche Stelle, die als Herausgeber der Lizenzen fungiert. Zunächst sendet der Käufer an den Verkäufer einen, von ihm mittels eines kryptographischen Zufallszahlengenerators erzeugten, symmetrischen Schlüssel K. Der Schlüssel ist mit einem asymmetrischen Verfahren unter Zuhilfenahme des öffentlichen Schlüssels der staatlichen Stelle verschlüsselt, so daß nur sie den Schlüssel K entschlüsseln kann. Die Nachricht muß zudem vom Käufer unterzeichnet sein, da sonst kein Schutz gegen einen man-in-the-middle Angriff vorhanden wäre.

In unserem Beispiel betrachten wir sicherheitsbehaftete Aktionen und verwenden bereits vorliegende Sicherheitsgrundelemente.

Activity negotiations		
	S	D
G	net, RSA	
L	pKeyring, db_draft	pKeyring, db_draft
P	pKey, sKey	pKey, sKey
T	draft, finish	draft, finish
T1	RSA.decrypt(sKey,net.receive(draft,D))	net.send(RSA.encrypt(pKeyring.get(S),draft)) finish.set(false)
T2	net.send(RSA.encrypt(pKeyring.get(S),draft.modified()),D) **if** draft.get_attr(type).≠?(accept) finish.set(false) **while** finish.=?(false).AND (RSA.decrypt(sKey,net.receive(draft,D)).get_attr(type).=?(failure)) **do** net.send(RSA.encrypt(pKeyring.get(D),draft.modified()),D) **if** draft.get_attr(type).=?(reject).OR(draft.get_attr(type).=?(accept)) finish.set(true) **if_end** **while_end** **if** draft.get_attr(type).=?(accept) db_draft.add(draft) bt.completion-of-contract() **if_end** **else** db_draft.add(draft) bt.completion-of-contract() **if_end**	**while** finish.=?(false).AND (RSA.decrypt(sKey,net.receive(draft,S)).get_attr(type).=?(failure)) **do** net.send(RSA.encrypt(pKeyring.get(S),draft.modified()),S) **if** draft.get_attr(type).=?(reject).OR(draft.get_attr(type).=?(accept)) finish.set(true) **if_end** **while_end** **if** draft.get_attr(type).=?(reject) bt.decision-of-potential-supplier() **else** db_draft.add(draft) bt.completion-of-contract(draft) **if_end**

Activity completion-of-contract		
	S	D
G	net, RSA	
L	pKeyring, db_*	pKeyring, db_*
p	sKey, pKey, contract	sKey, pKey
T		doc_reject, doc_accept, draft, contract`, certificate, successful
T1		net.send(contract`.set(RSA.sign(sKey,db_draft.get(draft))),S) db_draft.remove(draft) db_signedDraftContracts.add(contract`) successful.set(false)
T2	net.receive(contract,D) **if** pKeyring.get(certificate,D).check(contract.get_attr(partner)).AND (RSA.verify(pKeyring.get(D),contract).AND (db_draft.contain(contract))) net.send(RSA.sign(sKey,contract),D) net.receive(contract,D) **if** net.get_attr(failed).=?(false).AND (contract.get_attr(type).=?(accept)) db_draft.remove(contract) db_contracts.add(contract) bt.delivery() **if_end** **else** db_draft.remove(contract) **if_end**	net.receive(contract`,S) **if** net.get_attr(failed).=?(false).AND(contract`.get_attr(type).=?(accept)) **if** pKeyring.get(certificate,S).check(contract`.get_attr(partner)).AND (RSA.verify(pKeyring.get(S),contract`)) net.send(doc_accept.create(contract`),S) db_contracts.add(contract`) db_signedDraftContracts.remove(contract`) bt.delivery() **else** net.send(doc_reject.create(contract`),S) db_signedDraftContract.remove(contract`) db_invalidContracts.add(contract`) bt.decision-of-potential-supplier() **if_end** **else** bt.decision-of-potential-supplier() **if_end**

Activity delivery		
	D	S	I
G	net, RSA, IDEA, V		
L	db_disk		
P	pKeyring, sKey	pKeyring, O, sKey	db_originals, pKeyring, sKey
T	K, m, O	m	K, m

T1	`K.set(V.random(128))`
	`net.send(RSA.sign(sKey,`
	`  RSA.encrypt(pKeyring.get(I),K)),S)`
		`net.receive(m,D)`
		while `RSA.verify(pKeyring.get(D),m).=?(false)`
		    do `net.receive(m,D)`
		while_end	

T2		`m.attach(RSA.encrypt(pKeyring.get(I),O))`
		`net.send(RSA.sign(sKey,m),I)`
			`net.receive(m,S)`
			while `RSA.verify(pKeyring.get(S),m).=?(false)`
			    do `net.receive(m,S)`
			while_end
			`RSA.decrypt(sKey,m)`
			`O.set(detach(m))`

T3	`IDEA.decrypt(K,net.receive(O,S))`
	while `RSA.verify(pKeyring.get(I),O).=?(false)`
	  do `IDEA.decrypt(K,net.receive(O,S))`
	do_end
	`db_disk.add(O)`
	`db_disk.add(L)`
		`net.receive(m,I)`
		`net.send(m,D)`
			if `O.=?(db_original.get(O))`
			`db_original.remove(O)`
			`db_original.add(O.set_attr(ver,V.random(128)))`
			`K.set(RSA.decrypt(sKey,detach(m)))`
			`net.send(RSA.sign(sKey,IDEA.encrypt(K,O),S)`
			if_end

Um die Gefahr eines Replay Angriffs zu vermeiden, verschlüsselt der Verkäufer das verschlüsselte K zusammen mit der Lizenz nochmals und sendet sie an die staatliche Stelle. Die staatliche Stelle kann jetzt die Gültigkeit der Lizenz prüfen, indem sie zunächst ihre eigene digitale Signatur der Lizenz verifiziert und damit feststellt, ob sie selbst die Lizenz ausgestellt hat. Danach sucht sie in der Datenbank die Seriennummer, die in der Lizenz angegeben ist, und erhält dadurch die zugehörige Versionsnummer. Nur falls diese mit der Versionsnummer in der erhaltenen Lizenz übereinstimmt, ist die Lizenz gültig. Wenn dieses zutrifft, generiert die staatliche Stelle eine neue Lizenz und verschlüsselt sie mit dem symmetrischen, geheimen und nur dem Käufer bekannten Session-Key K. Sie sendet das Ergebnis an den Verkäufer, der es weiterleitet an den Käufer.

Die vorangegangenen drei Seiten geben die Spezifikation des oben beschriebenen Ablaufs mit ALMO$T wider. Auf die Spezifikation der Informationsphase wurde verzichtet. Die Vereinbarungsphase setzt sich aus den Aktivitäten negotiations und completion-of-contract zusammen.

Die Spalten S, D und I repräsentieren den Supplier, den Demander und die staatliche Stelle (Herausgeber der Lizenzen). Nach Angabe der in der entsprechenden Tabelle spezifizierten Aktivität und der Benennung der involvierten Parteien sind die unterschiedlichen Umgebungen (global, lokal, privat, temporär) und die in ihnen befindlichen Objekte aufgeführt. Die daran anschließenden Zeilen repräsentieren jeweils eine Folge von Handlungen, deren Unterteilung in Zeilen nur als Hilfestellung gedacht ist und aufzeigt, wo Synchronisation zwischen den Parteien erfolgt.

4.4 Graphisches Konzept zur Modellierung

Neben der textuellen Darstellung von Spezifikationen mit ALMO$T arbeiten wir an eine graphische Darstellungsmöglichkeit, die dem besseren Verständnis des Benutzers dienen soll. Dabei ist jeder ALMO$T Ausdruck der Form objekt.methode(object) wie in Abbildung 5 dargestellt durch ineinander geschachtelte Vierecke repräsentierbar.

```
net.send(RSA.encrypt(pKeyring.get(P2),doc),P2)
```

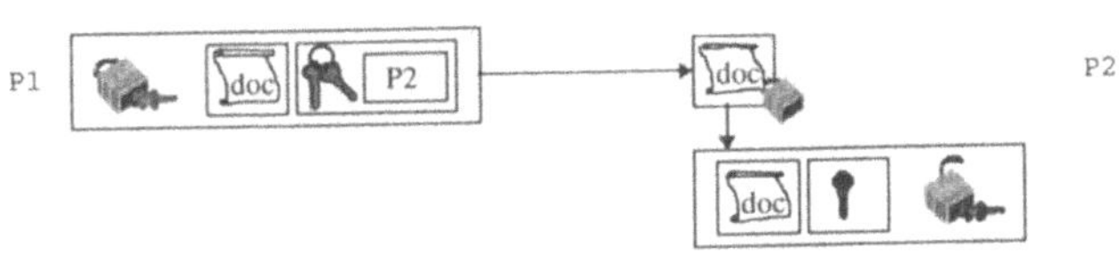

Abbildung 5: Beispiel einer graphischen Modellierung

Die einzelnen Elemente, sind in einer Datenbank abgelegt, in der sie zum Beispiel durch Angabe des Sicherheitsdienstes, der gewährleistet werden soll, gesucht werden können.

5 Ausblick

In diesem Artikel wurde eine Methode zur Behandlung von Sicherheitsanforderungen in Geschäftstransaktionen vorgestellt. Eine Komponente dieser Methode ist die Spezifikationssprache ALMO$T, die detailliert behandelt wurde. Sie ermöglicht sichere Geschäftstransaktionen so zu modellieren, daß durch das Zusammenwirken lokal zu erbringender Sicherheitsmechanismen und externer Dienste der Infrastruktur die auf abstrakterer Ebene modellierten Sicherheitsanforderungen erfüllt werden.

Zur Zeit entwickeln wir ein graphisches Spezifikationswerkzeug für ALMO\$T und ein Datenmodell für eine Datenbank, die solche Spezifikationen verwaltet und eine Abfrageschnittstelle zur Wiederverwendung von Spezifikationen anbietet. Weitere Arbeiten betreffen die Erweiterung von ALMO\$T um Modularisierung. Des weiteren möchten wir das Rollenkonzept [SaCo96] zur Handhabung von Authorisierung und Pflichten in ALMO\$T einbringen.

6 Literaturverzeichnis

BeFA97   Bertino, E.; Ferrari, E.; Atluri, V.: A Flexible Model Supporting the Specification and Enforcement to Role-based Authorisations in Workflow Management Systems. Proceedings of Second ACM Workfshop on Role-based Access Control, 1997.

ChSW97   Choi, S.Y.; Stahl, D.O.; Whinston, A.B.: The Economics of Electronic Commerce. Mac Millan Technical Publishing; 1997.

GaFa94   Gausmeier, J.; Fahrwinkel, U.: Strategiekonforme Geschäftsprozesse und CIM-Maßnahmen. CIM-Management, 10 (2) 1994.

GeRö97   Gerhard, M., Röhm, A. W.: Freier und sicherer elektronischer Handel mit originalen, anonymen Umweltzertifikaten. Tagungsband Verläßliche Informationssysteme VIS 97; DuD Fachberichte; Vieweg Verlag; 1997.

HePe97   Herrmann, G; Pernul, G.: A General Framework for Security and Integrity in Interorganizational Workflows. Proceedings of 10th International Bled Electronic Commerce Conference, 1997, S. 300-315.

HePe98   Herrmann, G; Pernul, G.: Viewing Business Process Security from Different Perspectives. Proceedings of 11th International Bled Electronic Commerce Conference, 1998, S. 74-89.

MaYB87   Malone, T; Yates, J; Benjamin, R: Electronic Markets and Electronic Hierarchies; In, Communications of the ACM; Volume 30; Number 6; 1987; S. 484-497.

SaCo96   Sandhu, R.S.; Coyne, E.J.: Role-Based Access Control Models. IEEE Computer, Februar 1996, S. 38-47.

ScLi97   Schmid, B; Lindemann, M: Elemente eines Referenzmodells Elektronischer Märkte. Unterlagen zum Seminar Elektroinsche Märkte der Wirtschaftsinformatik'97; 1997.

ThSa96   Thomas, R.; Sandhu, R.: Task-based Authorization: A Research Project in Next-generation Active Security Models for Workflows. Proceedings of NSF Workshop on Workflow and Process Automation in Information Systems: State-of-the-art and Future Directions. Amit Sheth (Ed.) 1996, Athens, Georgia. USA.

Zwas96   Zwass, V.: Electronic Commerce: Structures and Issues. International Journal of Electronic Commerce, vol.1, no.1, Fall, 1996, pp. 3-23. http://www.cba.bgsu.edu/ijec/

Sicherheitsanalyse von Geschäftsprozessen unter Verwendung der Prozeßalgebra CCS

Jens Lechtenbörger

Universität Münster, Lehrstuhl für Informatik
Steinfurter Straße 107, D-48149 Münster
lechten@helios.uni-muenster.de

Wilfried Thoben

Oldenburger Forschungs- und Entwicklungsinstitut für
Informatik-Werkzeuge und -Systeme (OFFIS)
Escherweg 2, D-26121 Oldenburg
thoben@offis.uni-oldenburg.de

Zusammenfassung

In diesem Beitrag wird das Gebiet der formalen Verifikationsmethoden basierend auf Prozeßalgebren für den Bereich der Geschäftsprozeßmodellierung erschlossen, um somit eine Analyse von Sicherheitseigenschaften für Geschäftsprozesse mit einer formal definierten Semantik zu ermöglichen. Hierzu wird zunächst das *Erweiterte Metamodell* definiert, das auf dem Minimalen Metamodell der Workflow Management Coalition (WfMC) aufbaut. Für die Entitäten dieses Metamodells wird eine Abbildung in die Prozeßalgebra CCS (*Calculus of Communicating Systems*) entwickelt und mit dem Werkzeug FOG (Formalisierung von Geschäftsprozessen mit CCS) eine automatische Durchführung dieser Abbildung realisiert. Die Darstellung in einer Prozeßalgebra erlaubt dann u.a. die Verifikation von Sicherheitsanforderungen, die auf Basis Temporaler Logiken formuliert werden.

1 Einleitung und Motivation

Die Modellierung von Geschäftsprozessen hat für Unternehmen in den letzten Jahren an Bedeutung gewonnen. Die mit der Geschäftsprozeßmodellierung verbundenen Hoffnungen liegen in gesteigertem Automatisierungsgrad, höherer Effizienz, Kostenreduktion, höherer Prozeßflexibilität, besserer Produktqualität und höherer Mitarbeiterzufriedenheit [Whi94]. Diese Ziele sollen realisiert werden, indem die unternehmensinternen Prozesse zunächst modelliert, dann neu organisiert (Business Process Reengineering, BPR) und anschließend — soweit möglich — automatisiert (Workflow Management) werden [HC94]. Im Rahmen des Electronic Commerce werden schließlich miteinander verzahnte Geschäftsprozesse verschiedener Parteien (sogenannte Geschäftstransaktionen) innerhalb eines Netzes (Intra-

oder Internet) automatisiert abgewickelt [YA96]. Auch derartige Geschäftstransaktionen werden in diesem Beitrag wiederum als Geschäftsprozesse aufgefaßt.

Eine ursprüngliche Zielsetzung der Geschäftsprozeßmodellierung war es, die betrachteten Prozesse in einer übersichtlichen und einfach verständlichen, graphischen Notation darzustellen. Oft fehlte den zugrunde liegenden Modellen jedoch eine formale Grundlage, die etwa die exakte Definition einer Semantik der modellierten Prozesse erlaubt hätte. Daher war es nicht möglich, erwünschte Eigenschaften am Modellierungsergebnis *nachzuweisen*. Statt dessen mußte man sich mit *informellen* Plausibilitätskontrollen und Bewertungen zufriedengeben (vgl. [TCN96]).

Nach anfänglichen Einschätzungen, ein Anwender könne Schwachstellen in Geschäftsprozessen durch „scharfes Hinsehen" erkennen und beseitigen, werden heute zunehmend Verfahren entwickelt, die neben der Visualisierung der Prozesse ihre Analyse auf Basis statistischer Daten oder durch Simulationen ermöglichen (siehe [vdAvH96, Neu95]). Ein großes Problem der Simulation besteht in der Auswahl und Zusammensetzung geeigneter Testdaten, von deren Güte die Aussagekraft des Simulationsergebnisses entscheidend abhängt.

In [DMW+97] werden zwei entscheidende Gründe dafür genannt, warum der Einsatz formaler Methoden im Kontext der Geschäftsprozeßmodellierung und des Workflow-Managements sinnvoll ist. Zum einen sollen die Ergebnisse der ersten nahtlos in die zweite Phase übergehen, d.h. modellierte Geschäftsprozesse ohne größeren Aufwand in Workflows transformiert werden. Außerdem möchte man kritische Eigenschaften der Anwendung frühzeitig analysieren können, um somit kosten- und zeitintensive Modifikationen im laufenden Betrieb vermeiden zu können. Zur Erreichung dieser Ziele ist ein eindeutiges Verständnis von den Beschreibungskonstrukten eines Prozesses sowie ihrer Abhängigkeiten untereinander notwendig. Allgemein übliche Konstrukte zur Modellierung des Ablaufs eines Prozesses sind Sequenzen von Aktivitäten sowie AND-, OR-, und XOR-Splits bzw. Joins (vergleiche [Coa96,Whi94]). Ihnen wird jedoch häufig — speziell auf der Ebene der Geschäftsprozesse — von verschiedenen Modellierern unterschiedliche Bedeutung zugesprochen, was schlußendlich auch zu unterschiedlichen Prozeßverständissen führt.

Um dieses Problem zu umgehen und um die von einem Geschäftsprozeß geforderten Sicherheitseigenschaften systematisch nachweisen zu können, werden formale Verifikationsmethoden benötigt, die eine eindeutige Syntax und Semantik der Prozeßbeschreibungskonstrukte aufweisen, jedoch auch heute noch eher selten anzutreffen sind. Existierende Ansätze, die auf Petrinetzen oder State- und Activity-Charts basieren und formale Methoden zum Nachweis von Eigenschaften (siehe [DMW+97]) verwenden, besitzen den Nachteil, daß die Komposition mehrerer, zunächst unabhängig modellierter Teilprozesse (beispielsweise für Produktions- und Lieferungszweige in einem Unternehmen mit dem Ziel einer Analyse ihres Zusammenspiels) eine nichttriviale Aufgabe ist (man vergleiche etwa [Old91]). In einer Prozeßalgebra ist die Komposition verschiedener Prozesse dagegen sehr einfach zu realisieren.

In diesem Beitrag wird eine Methode zur Modellierung von Geschäftsprozessen entwickelt, die den formalen *Nachweis* von kritischen Prozeßeigenschaften erlaubt. Der Grundgedanke liegt darin, Geschäftsprozesse in dem mathematisch fundierten Rahmen der *Prozeßalgebren* darzustellen, um so dieses Gebiet für den Bereich der Geschäftsprozeßmodellierung zu erschließen. Prozeßalgebren erlauben die präzise Beschreibung von Prozessen mit einer formal definierten Semantik und ermöglichen somit die Verifikation von Sicherheitseigenschaften, die beispielsweise auf der Basis modaler und temporaler Logiken angegeben werden.

Da die direkte Modellierung komplexer Geschäftsprozesse innerhalb einer dieser Prozeßalgebren jedoch recht schwierig und unübersichtlich ist, wird das Werkzeug FOG (Formalisierung von Geschäftsprozessen mit CCS) entwickelt, das graphisch modellierte

Geschäftsprozesse *automatisch* in die Prozeßalgebra CCS (*Calculus of Communicating Systems*) von Milner [Mil89] übersetzt. Um hier ein möglichst flexibles Konzept zu realisieren, das nicht von einem speziellen Prozeßverständnis abhängt, wird als Ausgangspunkt der Geschäftsprozeßmodellierung das *Minimale Metamodell* [Hol94] der Workflow Management Coalition (WfMC) benutzt. Jede Entität dieses Metamodells wird als CCS-Agent formalisiert und auf diese Weise die Bedeutung von Geschäftsprozessen durch eine Übersetzersemantik in der Prozeßalgebra CCS erklärt. Da sich nicht jede Entität des Minimalen Metamodells originalgetreu in CCS darstellen läßt, werden an einigen Stellen Modifikationen vorgenommen, wodurch das *Erweiterte Metamodell* definiert wird.

Der weitere Aufbau der Arbeit gliedert sich folgendermaßen: In Abschnitt 2 werden der Bereich der Geschäftsprozeßmodellierung mit dem *Erweiterten Metamodell* sowie grundlegende Begriffe der Prozeßalgebra CCS vorgestellt. Abschnitt 3 beschreibt ansatzweise die konkrete Übersetzung der Entitäten des Metamodells in CCS-Agenten, und in Abschnitt 4 werden die Architektur und das Vorgehensmodell des Werkzeugs FOG vorgestellt. Nachdem in Abschnitt 5 die verschiedenen Möglichkeiten der Analyse von Sicherheitseigenschaften für modellierte Prozesse erläutert wurden, wobei insbesondere auf die Darstellung von Sicherheitsanforderungen im Sinne der IT-Sicherheit eingegangen wird, schließt die Arbeit mit einer Zusammenfassung und einem Ausblick in Abschnitt 6.

2 Grundlagen

2.1 Geschäftsprozeßmodellierung

Der Begriff des Geschäftsprozesses wurde in der Vergangenheit vielfach diskutiert, allerdings ohne zu einer festen, allgemein akzeptierten Definition zu gelangen. Im folgenden wird, der Terminologie der Workflow Management Coalition entsprechend [Coa96], unter einem *Geschäftsprozeß* „eine Menge von miteinander verknüpften Aktivitäten verstanden, die gemeinsam innerhalb der organisatorischen Unternehmensstruktur ein Unternehmensziel oder eine Geschäftspolitik realisieren". Wie zuvor angedeutet, verstehen wir unter Geschäftsprozessen im weiteren Sinne auch Geschäftstransaktionen im Rahmen des Electronic Commerce.

Im Zuge der Geschäftsprozeßmodellierung wird versucht, bestimmte Aspekte der in einem Unternehmen ablaufenden Prozesse darzustellen. Welche Aspekte dabei als wichtig erachtet werden, hängt von dem jeweiligen Anwendungszweck ab und wird in einem Metamodell für Geschäftsprozesse beschrieben. Mit der Geschäftsprozeßmodellierung verbundene Ziele sind beispielsweise die Verbesserung des Prozeßverständnisses, die Schaffung einer Kommunikationsgrundlage über Geschäftsprozesse sowie für deren Vergleich, Analyse, Optimierung und Automatisierung [Whi94].

Um diese Ziele zu erreichen, wurden verschiedene Methoden zur Modellierung unternehmenstypischer Prozesse entwickelt. Ein Überblick über den aktuellen Stand der Entwicklung ist beispielsweise in [VB96] zu finden. Aufgrund der Vielfalt der existierenden Methoden und Werkzeuge hat die WfMC u.a. das *Minimale Metamodell* zur Darstellung der für die Geschäftsprozeßmodellierung relevanten Entitäten und die *Workflow Process Definition Language* (WPDL) für deren standardisierte Beschreibung [One96] definiert. Abbildung 1 zeigt mit dem auf dem Minimalen Metamodell basierenden *Erweiterten Metamodell* eine Grundlage dieses Beitrages in Form eines ER-Diagramms, wobei neu eingefügte Entitäten grau dargestellt sind.

Eine **Geschäftsprozeßdefinition** besteht aus null oder mehr Organisationen, Rollen, Teilnehmern, Transitionen, Ressourcen, Speichermedien und Speicherzellen und aus mindestens einer Aktivität. Der Ablauf einer Prozeßdefinition wird durch ein Netzwerk von

Aktivitäten und **Transitionen** definiert, wobei eine Transition mehrere Aktivitäten im Sinne einer Nachfolgerrelation verknüpft und so deren Reihenfolge innerhalb des Geschäftsprozesses festlegt. Eine Transition kann an eine Bedingung gekoppelt sein, die beispielsweise Aussagen über den Zustand von Speicherzellen trifft. Eine **Aktivität** stellt einen logischen Schritt innerhalb eines Geschäftsprozesses dar, zu dessen Ausführung eventuell Speicherzellen oder andere Ressourcen benötigt werden. Eine Aktivität wird von höchstens einer ausführenden Instanz (Organisation, Rolle, Teilnehmer) durchgeführt.

Abbildung 1: Erweitertes Metamodell

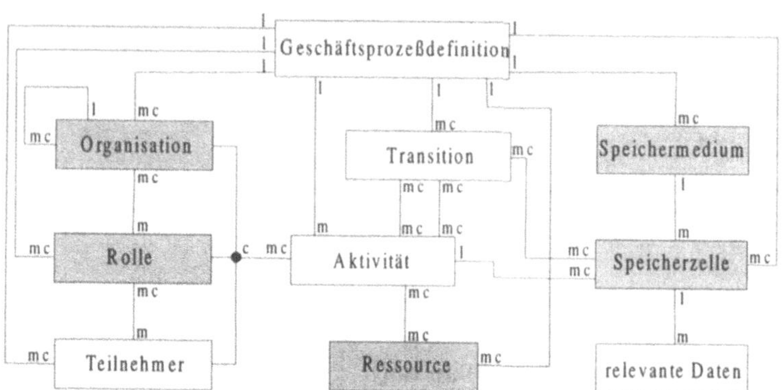

Mehrere **Teilnehmer** (Mensch, Maschine) können aufgrund ihrer Qualifikationen in **Rollen** zusammengefaßt werden, die sie dazu befähigen, bestimmte Aktivitäten durchzuführen. **Organisationen** sind schließlich hierarchische Strukturen, die sich aus Teilorganisationen und Rollen zusammensetzen. Die gegenüber dem Minimalen Metamodell der WfMC neu eingefügten Entitäten Rolle und Organisation bieten einen höheren Modellierungskomfort als eine direkte Modellierung durch einzelne Teilnehmer. Sie sind für die folgenden Ausführungen nicht unbedingt notwendig, zeigen jedoch, daß auch in einem Ansatz zur Geschäftsprozeßmodellierung mit CCS auf üblicherweise benutzte Konstrukte zur Organisationsmodellierung nicht verzichtet werden muß. Eine **Speicherzelle** beinhaltet **relevante Daten** und wird in Transitionen und Aktivitäten ausgelesen beziehungsweise modifiziert. Mehrere Speicherzellen können (im Zuge einer übersichtlicheren Modellierung) zu einem **Speichermedium** zusammengefaßt werden. Die Erweiterung des Minimalen Metamodells der WfMC um Speicherzellen beruht auf der intuitiv mit Daten verbundenen Vorstellung, daß sie nur passiv genutzt werden. Um ein Datum trotzdem in einem aktiven Prozeß darzustellen, wird hier die Idee verfolgt, daß ein Prozeß mit einem Speichermedium kommunizieren muß, um auf ein bestimmtes Datum zuzugreifen. Die Modellierung der Applikationen als eigenständige Klasse von Ressourcen durch eine eigene Entität, wie sie im Minimalen Metamodell vorgesehen ist, ist bei einer Darstellung in CCS nicht sinnvoll. Statt dessen muß man sich fragen, was die Spezifika einer Applikation sind, die im Zuge einer Prozeßanalyse relevant sein könnten. Ein sinnvolles Merkmal *aller* Ressourcen, das beispielsweise zur Erkennung von Deadlocks oder Verfügbarkeitsproblemen benötigt wird, ist die Anzahl der gleichzeitig möglichen Zugriffe auf die Ressource (bei Applikationen also etwa die Anzahl der Lizenzen). Daher wird die Entität **Ressource** eingeführt, mit der sowohl benötigte Software als auch Hardware in CCS beschrieben werden können. Ein weiterer Unterschied zum Minimalen Metamodell besteht darin, daß im Erweiterten Metamodell eine strikte Trennung zwischen Aktivitäten und Prozessen vorgenommen wird. Im Gegensatz dazu kann eine Aktivität im Sinne des Minimalen Metamodells selbst wieder ein vollständiger

Prozeß sein, wodurch es *keinen* Unterschied zwischen Aktivitäten und Geschäftsprozessen gibt und es unklar bleibt, wann welche Entität benutzt werden soll.

Im Zuge der *graphischen* Geschäftsprozeßmodellierung mit FOG wird in der Ablaufsicht (vgl. Abschnitt 4) die Möglichkeit gegeben, Prozesse hierarchisch zu strukturieren. Zu diesem Zweck können Teilprozesse definiert werden, die anstelle von Aktivitäten in den Prozeßablauf eingebunden werden. Das Verhalten eines Teilprozesses wird wiederum durch ein Netzwerk aus Aktivitäten, Teilprozessen und Transitionen beschrieben. Bei der Umsetzung einer Ablaufsicht in CCS werden Teilprozesse solange rekursiv durch die sie beschreibenden Abläufe ersetzt, bis nur noch Aktivitäten und Transitionen vorkommen. Auf diese Weise entsteht dann eine Prozeßdefinition, die wieder dem Metamodell aus Abbildung 1 entspricht.

2.2 Prozeßalgebren

Unter dem Begriff *Prozeßalgebra* wird das Studium nebenläufiger, kommunizierender Systeme in einem algebraischen Rahmen verstanden. Der *Calculus of Communicating System* (CCS) wird laut [BW90] als Startpunkt der Untersuchungen von Prozeßalgebren angesehen. Das heutige Standardwerk zu CCS ist [Mil89], an dem sich die folgende Darstellung von Syntax und Semantik orientiert.

2.2.1 Syntax von CCS

Unter einem Prozeß wird intuitiv ein kommunizierendes, nebenläufiges System verstanden. Dies bedeutet, daß ein solches System aus verschiedenen Komponenten (in [Mil89] heißen diese Agenten) besteht, die sowohl unabhängig voneinander arbeiten als auch miteinander kommunizieren können. Jeder Schritt eines Prozesses wird als Aktion bezeichnet und durch einen eindeutigen Namen identifiziert, wobei zwischen beobachtbaren und internen Aktionen unterschieden wird. Die Vorstellung dabei ist, daß ein Agent die beobachtbaren Aktionen eines anderen Agenten wahrnehmen und auf diese reagieren kann, während interne Aktionen von ihm unbemerkt ablaufen. Zwei Agenten können miteinander kommunizieren, falls ihre Aktionen zueinander passen (komplementär sind). In diesem Fall synchronisieren sich die Kommunikationspartner, und es entsteht eine sogenannte interne Aktion (τ). Diese Aktion ist intern, da in CCS Synchronisationen immer nur zwischen zwei Agenten erlaubt sind (*Handshake-Synchronisation*) und deshalb zum Zeitpunkt der Synchronisation kein weiterer Agent mehr teilnehmen kann. Ein Agentenausdruck wird in CCS folgendermaßen definiert:

Die Menge der *Agentenausdrücke* sei definiert als die kleinste Menge, die eine Menge von Agentenvariablen und –konstanten enthält sowie die folgenden Ausdrücke (wobei E, E_i bereits enthalten seien):

$$\alpha.E, \quad \sum_{i \in I} E_i, \quad E_1 | E_2, \quad E/L, \quad E[f], \quad fix(X = E)$$

Dabei verhält sich $\alpha.E$ (Präfix) nach einer Kommunikation der Aktion α so wie E und die Summation $\sum_{i \in I} E_i$ (I ist eine Indexmenge) so wie eine der Komponenten E_i. Falls mehrere der E_i dieselbe anfängliche Kommunikation zulassen, erfolgt die Auswahl der Komponente nichtdeterministisch. Eine (parallele) Komposition $E_1 | E_2$ läßt sowohl die unabhängige, nebenläufige Ausführung von E_1 und E_2 zu als auch eine Synchronisation beider Komponenten (ausgedrückt durch eine interne τ-Aktion) über Aktionen mit komplementären Namen. In einer Beschränkung E/L sind alle Aktionen von E möglich, die nicht in der Menge von Aktionen L vorkommen. Eine Umbenennung $E[f]$ verhält sich so wie E; es werden lediglich alle Aktionen von E durch eine Umbenennungsfunktion f, die Aktionen auf

Aktionen abbildet, umbenannt. Die Rekursion $fix(X = E)$ (X ist eine Agentenvariable) agiert so wie E, wobei jedes Vorkommen von X in E durch $fix(X = E)$ ersetzt wird.

Zur Vereinfachung der Schreibweise von CCS-Agenten wird folgende Vereinbarung getroffen: Der leere Agent 0, der zu keiner Aktion fähig ist, wird definiert als $0 \equiv \sum_{i \in \phi} E_i$. Ein Agent, der durch eine einzige, ausgezeichnete Aktion seine Terminierung anzeigt, wird beschrieben durch $Done \equiv \overline{done}.0$. Weiterhin werden zwei Operatoren zur sequentiellen Komposition und zur parallelen Komposition mit einem Terminierungszeitpunkt eingeführt, die sich aufbauend auf dem bisher definierten Basiskalkül definieren lassen: In dem Ausdruck $E_1; E_2$ wird zunächst E_1 abgearbeitet, danach E_2. Der Ausdruck $E_1 \mid_{!} E_2$ läßt ähnlich wie $E_1 \mid E_2$ die nebenläufige Ausführung seiner Komponenten zu, besitzt aber eine ausgezeichnete letzte Aktion, die seine abschließende Terminierung anzeigt.

2.2.2 Semantik und Äquivalenz in CCS

Die Bedeutung eines Agentenausdruckes wird mit Hilfe des Konzeptes der in [Plo81] eingeführten strukturierten operationellen Semantik definiert. Die Grundidee einer operationellen Semantik liegt darin, das Verhalten eines Programms durch die Schritte einer abstrakten Maschine zu erklären. Diese Maschine wird über ein beschriftetes Transitionssystem $(S, T, \rightarrow)$ definiert, das aus einer Menge S von *Zuständen*, einer Menge T von *Transitionsbeschriftungen* und einer *Transitionsrelation* $\rightarrow \subseteq S \times T \times S$ besteht. Die Transitionsrelation $\rightarrow$ wird mit Hilfe sogenannter Ableitungsregeln definiert. Im Falle von CCS werden die Menge der Agentenausdrücke für S und die Menge der Aktionen für T benutzt. Die Transitionsrelation $\rightarrow$ wird induktiv über den syntaktischen Aufbau der Agentenausdrücke durch ein Axiom und Ableitungsregeln definiert.

Wenn man zwei Agenten vergleichen möchte, etwa im Rahmen von Spezifikation und Implementierung, dann stellt sich die Frage, wann sie als „äquivalent" anzusehen sind und wie diese Äquivalenz zu definieren ist. Die Idee hinter dem Begriff „Äquivalenz", der formal mit dem in [Par80] entwickelten Konzept der *Bisimulation* definiert wird, besteht darin, zwei Agenten P und Q dann zu unterscheiden, wenn ein mit ihnen interagierender dritter Agent einen Unterschied zwischen beiden entdecken kann. Wenn die interne Aktion τ genaus behandelt wird wie jede andere Aktion auch, führt dies zu dem Begriff der *starken Äquivalenz*. Wenn τ dagegen so behandelt wird, daß eine τ-Aktion durch null oder mehrere τ-Aktionen simuliert werden darf, also von außen nicht mehr sichtbar ist, führt dies zu der *schwachen* oder *beobachtbaren Äquivalenz*. Eine exakte Formulierung dieser Konzepte findet sich in [Mil89].

3 Geschäftsprozesse als CCS-Agenten

3.1 Prozeßdefinition und -komposition

Da in CCS das einzige Beschreibungsmittel kommunizierende Prozesse sind, müssen in einem Ansatz zur Geschäftsprozeßmodellierung mit CCS alle Komponenten eines Geschäftsprozesses ihrerseits als Prozesse beschrieben werden. Eine Prozeßdefinition ist zunächst als eine Komposition der Komponenten des Erweiterten Metamodells definiert:
Die Prozeßdefinition gemäß Gleichung (1) besteht aus der Komposition von i Ressourcen, j Speicherzellen, k Speichermedien, l Teilnehmern, m Rollen, n Organisationen, o Aktivitäten, p Transitionen und q Hilfsspeichern, wobei $o \geq 1$ gelten muß. Das Auftreten der übrigen

Komponenten ist optional. Die Menge *Intern* enthält die Aktionen, über die synchronisiert wird.

Die Ideen hinter den CCS-Repräsentationen der einzelnen Komponenten werden kurz informell geklärt, bevor wir in Abschnitt 3.2 exemplarisch die Darstellung der Aktivitäten eines Unternehmens als CCS-Agenten präsentieren. Die vollständige Abbildung des Erweiterten Metamodells in CCS-Agenten ist in [Lec97] beschrieben.

$$
\begin{aligned}
\textit{Prozeßdefinition} \equiv \big(&\textit{Ressource}_1 \mid \cdots \mid \textit{Ressource}_i \\
&\textit{Speicherzelle}_1 \mid \cdots \mid \textit{Speicherzelle}_j \\
&\textit{Speichermedium}_1 \mid \cdots \mid \textit{Speichermedium}_k \\
&\textit{Teilnehmer}_1 \mid \cdots \mid \textit{Teilnehmer}_l \\
&\textit{Rolle}_1 \mid \cdots \mid \textit{Rolle}_m \\
&\textit{Organisation}_1 \mid \cdots \mid \textit{Organisation}_n \\
&\textit{Aktivität}_1 \mid \cdots \mid \textit{Aktivität}_o \\
&\textit{Transition}_1 \mid \cdots \mid \textit{Transition}_p \\
&\textit{Hilfsspeicher}_1 \mid \cdots \mid \textit{Hilfsspeicher}_q \big) / \textit{Intern} \qquad (1)
\end{aligned}
$$

Eine **Ressource** wird als Betriebsmittel modelliert, auf das $n \geq 1$ Prozesse gleichzeitig zugreifen können. Im Falle $n = 1$ handelt es sich um den Spezialfall eines exklusiv benutzbaren Betriebsmittels. Der Parameter n kann für jede Ressource gesondert angegeben werden. Eine **Speicherzelle** wird durch einen Agenten definiert, der ein bestimmtes Datum aus einem fest vorgegebenen Wertebereich speichern kann. Dieses Datum kann von n Prozessen parallel gelesen oder von einem Prozeß exklusiv gelöscht/geändert werden.[39] In einem **Speichermedium** werden mehrere parallel arbeitende Speicherzellen zusammengefaßt. Ein **Teilnehmer** wird als Ressource betrachtet, die zu jedem Zeitpunkt maximal einer Aktivität zur Verfügung steht. Dieses Verhalten wird in CCS durch einen Semaphor-Prozeß beschrieben.[40] Mehrere Teilnehmer können aufgrund ihrer Qualifikationen bestimmten **Rollen** zugeordnet werden. Die Anforderung eines Teilnehmers durch einen Prozeß wird dann aufgelöst, indem der Aktivität ein noch unbeschäftigter Teilnehmer der Rolle zugewiesen wird. Zur Bildung hierarchischer Organisationsstrukturen werden **Organisationen** benutzt. Eine **Aktivität** beschreibt einen logischen Schritt innerhalb eines Geschäftsprozesses, in dem (falls erforderlich) Ressourcen angefordert, benutzt und wieder freigegeben werden. Insbesondere können die Inhalte von Speicherzellen verändert und innerhalb anderer Aktivitäten wieder ausgelesen werden, wodurch *asynchrone* Kommunikationen ermöglicht werden. Jede Aktivität erhält spezielle Start- und Endaktionen, für die Synchronisationszwang besteht. Die komplementären Aktionen jener Aktionen werden innerhalb der **Transitionen** durchgeführt. Nach der Startaktion einer Aktivität beginnt deren Ablauf, der wiederum von einer Endaktion abgeschlossen wird. Die Anforderung und Freigabe eventuell benötigter Ressourcen wird innerhalb der Aktivitäten zwischen Start- und Endaktion vorgenommen. Eine vollständige **Prozeßdefinition** wird dann als Komposition von Ressourcen, Aktivitäten und Transitionen definiert. Der Kontrollfluß innerhalb der Prozeßdefinition wird von den Transitionen bestimmt. In jeder Prozeßdefinition muß es mindestens eine Transition geben, die zu Beginn mindestens eine Aktivität durch das

---

[39] Eine Speicherzelle implementiert also einen *Shared Semaphor* [GR93].

[40] Auf der Ebene von CCS unterscheidet sich ein Teilnehmer nicht von einer exklusiv benutzbaren Ressource. Aus Gründen einer übersichtlicheren Modellierung der Organisationsstruktur werden sie jedoch (wie im Minimalen Metamodell vorgesehen) gesondert aufgeführt.

Komplement ihrer Startaktion aktivieren kann. Nach dem Ablauf dieser Aktivität kann eine andere Transition beginnen, indem sie sich mit der Endaktion dieser Aktivität synchronisiert. Im Anschluß können von dieser zweiten Transition weitere Aktivitäten gestartet werden, für deren Endaktionen wieder andere Transitionen zuständig sind. Auf diese Weise wird durch die Transitionen ein verteilter Steuerungsmechanismus des Prozeßablaufes realisiert. Dies hat gegenüber einer globalen, den gesamten Prozeßablauf kontrollierenden Steuerungskomponente insbesondere den Vorteil, daß lokale Änderungen an einer Prozeßdefinition auch nur lokale Änderungen an den resultierenden CCS-Agenten nach sich ziehen.

3.2 CCS-Darstellung der Aktivitäten

Eine Aktivität wird entsprechend Gleichung (2)[41] als Prozeß dargestellt, dessen Anfang und Ende durch spezielle Aktionen modelliert werden und der in seinem Verlauf Ressourcen anfordert, benutzt und nach weiteren Schritten wieder freigibt. Zu beachten ist, daß eine Aktivität als logischer Schritt definiert wird, den genau ein Teilnehmer durchführt. Wenn eine „Aktivität" diese Eigenschaft nicht besitzt, muß sie als eigenständiger Prozeß aufgefaßt und entsprechend verfeinert werden.

Anfang und Ende von *Aktivität* werden durch die Aktionen $aktivität_{start}$ und $aktivität_{ende}$ modelliert. Nach ihrem Start fordert eine Aktivität zunächst die während ihres gesamten Verlaufs benötigten Ressourcen an (*Anfordern*). Danach führt sie ihre eigentliche Aufgabe durch (*Arbeiten*) und gibt anschließend in *Freigeben* die angeforderten Ressourcen wieder frei, bevor sie abgeschlossen wird. Man beachte, daß die Teilprozesse *Anfordern*, *Arbeiten* und *Freigeben* jeweils „leer" sein können. Mit dieser Darstellung läßt sich die Funktionalität einer Aktivität vollständig beschreiben. Im Hinblick auf eine spätere Analyse der Geschäftsprozesse ergibt sich jedoch folgendes Problem: Alle bisher definierten Aktionen (Start und Ende der Aktivitäten, Anforderungen der Ressourcen) werden in die Synchronisationsmenge *Intern* (vgl. Gleichung (1)) aufgenommen und resultieren in internen τ-Aktionen. Der Ablauf eines Geschäftsprozesses würde daher in CCS lediglich eine Folge von τ-Aktionen erzeugen, an der — außer ihrer Länge — keine interessanten Eigenschaften beobachtet werden können. Um diesem Umstand zu begegnen, werden die speziellen Aktionen $aktivität_{beginnAkt}$ als letzte Aktion von *Anfordern* und $aktivität_{endeAkt}$ als erste Aktion von *Freigeben* eingeführt. Diese Aktionen werden *nicht* in die Menge *Intern* aufgenommen, sind folglich beobachtbar und erlauben Aussagen darüber, welche Aktivitäten in welcher Reihenfolge durchgeführt werden und ob alle benötigten Ressourcen verfügbar sind.

Der Agent *Arbeiten* beinhaltet weiterhin die eigentlichen Aktionen der Aktivität, also

$$Aktivität \equiv aktivität_{start}.Anfordern; Arbeiten; Freigeben; aktivität_{ende}.Aktivität \quad (2)$$

gewissermaßen ihr „Programm". Um dieses strukturiert aufbauen zu können, werden CCS-Konstrukte eingeführt, die basierend auf wenigen elementaren Operationen die Programmierung einer Aktivität erlauben. Diese Konstrukte entsprechen u. a. den Wertzuweisungen und bedingten Anweisungen, wie sie in imperativen Programmiersprachen vorkommen. Sequenzen von Anweisungen können durch den Operator „;" erzeugt werden. Möglichkeiten zur Bildung von Schleifen innerhalb einer Aktivität werden nicht geschaffen, da sie bei Bedarf durch eine Kombination aus Aktivitäten und Transitionen nachgebildet werden können.

---

41 Formal wird die Bedeutung einer derartigen Gleichung durch eine Rekursion erklärt.

Zunächst werden das Löschen und Ändern von Zelleninhalten als elementare Operationen der Aktivitäten verwendet. Sie können als Analogon zu Wertzuweisungen betrachtet werden. Außerdem werden die Aktionen zum Sperren und Freigeben von Ressourcen als elementare Operationen angesehen. Ressourcen, die nicht während der gesamten Dauer einer Aktivität oder die nur bedingt benötigt werden, können dann innerhalb des Agenten *Arbeiten* belegt und wieder freigegeben werden. Des weiteren wird die Kommunikation (Ein- oder Ausgabeaktion) mit einem externen Prozeß zu den elementaren Operationen gezählt. Um diese Operationen in einer Aktivität sinnvoll in Abhängigkeit vom Kontext des Gesamtprozesses einsetzen zu können, wird nun ein Verfahren vorgestellt, mit dem bedingte Anweisungen in CCS repräsentiert werden können.

Bedingungen, die von einem Agenten überprüft werden können und dadurch seinen Ablauf beeinflussen, können in CCS nur durch Kommunikationen des Agenten mit seiner Umwelt hervorgerufen werden. Daher läßt sich eine Fallunterscheidung allgemein schreiben wie in Gleichung (3), wobei für die Aktionen $aktion_i$ Synchronisationszwang besteht.

Je nachdem, für welche dieser Aktionen ein Kommunikationspartner existiert, wird eine der n Alternativen ausgewählt und die zugehörige Anweisung $Statement_i$ durchgeführt. Im Falle $n = 2$ kann man sich diese Fallunterscheidung als IF-Anweisung mit THEN- und ELSE-Zweig vorstellen. Der Boole'sche Ausdruck ist jedoch auf eine einzelne Aktion reduziert und kann deshalb nur einfache Bedingungen beschreiben, wie beispielsweise das Warten auf einen Kommunikationspartner oder den Test, ob ein Speichermedium ein bestimmtes Datum enthält. Eine Anweisung *Test*, die überprüft, ob eine Speicherzelle, welche die Daten $d_1, ..., d_n$ enthalten kann, den Inhalt d_l besitzt und je nach Zelleninhalt dann den Agenten *True* oder den Agenten *False* ausführt, läßt sich beispielsweise wie folgt darstellen:

$$Test \;\equiv\; d_1.True + d_2.False + \cdots + d_n.False$$

Zur Bildung komplexerer Bedingungen werden Boole'sche Junktoren wie Konjunktion und Disjunktion verwendet. Deren Auswertung läßt sich in CCS unter Benutzung von Hilfsspeicherzellen simulieren, die Wahrheitswerte von Zwischenergebnissen aufnehmen können. Wir verzichten hier jedoch auf eine ausführliche Darstellung und verweisen auf [Lec97].

Die bisher beschriebenen elementaren Operationen können im Zuge der Geschäftsprozeßmodellierung mit FOG (vgl. Abschnitt 4) eingesetzt werden, um die während einer Aktivität durchgeführten Aktionen in einer intuitiv verständlichen Sprache zu spezifizieren.

3.3 Beispiel: Versand

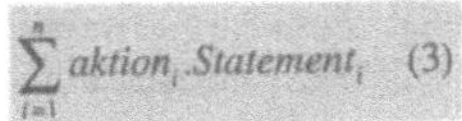

$$\sum_{i=1}^{n} aktion_i.Statement_i \qquad (3)$$

Die zuvor dargestellte Abbildung der Unternehmensstruktur gemäß dem Erweiterten Metamodell in CCS-Agenten soll nun an einem einfachen Kunde-Verkäufer-Beispiel illustriert werden.

Es wird ein *Versand* modelliert, der Kundenbestellungen für bestimmte Artikel (*Tisch*, *Stuhl*) entgegennimmt, überprüft, ob die gewünschte Ware vorhanden ist, und je nach Ergebnis der Prüfung entweder den Ausverkauf meldet oder eine Rechnung ausstellt und die Ware liefert. Die dafür notwendigen Aktivitäten sind *Annahme* eines Kundenauftrages, *Test*, ob der gewünschte Artikel im Lager vorhanden ist, *Fehler*, falls Artikel nicht im Lager ist, sonst

Erstellung einer *Rechnung, Lieferung* des bestellten Artikels und erfolgreiches *Ende*. Wir werden im folgenden nur die Aktivität *Annahme* ausführlicher vorstellen.

In diesem Unternehmen gibt es verschiedene Mitarbeiter, von denen einige für die Annahme von Bestellungen verantwortlich sind und die daher einer Rolle *Bestellen* zugeordnet werden. Die Bestellungsabwicklung wird an einem *PC* durchgeführt. Die Anzahl momentan verfügbarer Tische und Stühle wird in gleichnamigen Speicherzellen festgehalten. Ferner kann eine Speicherzelle *Bestellung* erzeugt werden, die angibt, welchen Artikel ein Kunde bestellt hat.

Die Aktivitäten werden entsprechend Gleichung (2) als CCS-Agenten dargestellt. Die Bedingungen der Aktivitäten (und Transitionen) sind so einfach strukturiert, daß sie in CCS auch ohne Verwendung von Hilfsspeicherzellen ausgedrückt werden können.

$$
\begin{aligned}
\mathit{Annahme} \;\equiv\; & a_{start}.\mathit{Anfordern}_a ; \\
& \left(tisch_{best}.\overline{erzeuge}_{Bestellung_{tisch}}.\mathit{Done} \;+\; stuhl_{best}.\overline{erzeuge}_{Bestellung_{ende}}.\mathit{Done}\right); \\
& \mathit{Freigeben}_a.a_{ende} ; \mathit{Annahme} \\
\mathit{Anfordern}_a \;\equiv\; & bestellen_{start_a}.\overline{p\_pc}.annahme_{beginnAkt}.\mathit{Done} \\
\mathit{Freigeben}_a \;\equiv\; & annahme_{endeAkt}.\overline{bestellen}_{ende_a}.\overline{v\_pc}.\mathit{Done}
\end{aligned}
$$

Exemplarisch sei hier die Aktivität *Annahme* betrachtet. Diese benötigt nach ihrem durch eine Transition ausgelösten Start (Aktion a_{start}) zunächst einen Teilnehmer der Rolle *Bestellen* (durch die Komplementäraktion zu $bestellen_{start_a}$) und den PC (durch die Komplementäraktion zu p_pc). Es soll an dieser Stelle als Erläuterung genügen, daß die Anforderung eines Teilnehmers einer Rolle erfolgreich ist, falls es noch einen der Rolle zugeordneten Teilnehmer gibt, der aktuell mit keiner Aktivität betraut ist; andernfalls wird die Anforderung so lange verzögert, bis es wieder einen freien Teilnehmer gibt. Der PC wird dagegen als exklusives Betriebsmittel durch einen Semaphor mit (P- und V-Operation, also Anforderung und Freigabe) modelliert. Dann ist die Aktivität bereit, mit einem Kunden zu kommunizieren, der entweder einen Tisch oder einen Stuhl bestellt (dargestellt durch die Aktionen $tisch_{best}$ oder $stuhl_{best}$). Welcher Artikel bestellt wurde, wird in der Datei *Bestellung* gespeichert, was durch die *erzeuge*-Aktionen geschieht, die diese Datei mit dem Wert *tisch* bzw. *stuhl* initialisieren.

4 FOG

Das Werkzeug FOG (<u>F</u>ormalisierung von <u>G</u>eschäftsprozessen mit CCS) implementiert die in Abschnitt 3 dargestellte Abbildung von Geschäftsprozessen in die Prozeßalgebra CCS. Zu diesem Zweck beinhaltet es einen Ansatz zur sichtenorientierten, graphischen Geschäftsprozeßmodellierung auf der Basis des Erweiterten Metamodells. Die graphisch modellierten Prozesse können anschließend automatisch in die Prozeßalgebra CCS überführt werden.

Für die Modellierung der Geschäftsprozesse wird der Grapheditor ASSUME[42] verwendet, wobei verschiedene Sichten auf das Metamodell angeboten werden. Diese erlauben es, einzelne Aspekte eines Geschäftsprozesses zunächst isoliert voneinander zu betrachten und zu modellieren, bevor sie zu einer Gesamtsicht zusammengefügt werden. Das Sichtenkonzept von FOG unterscheidet fünf Sichten:

---

[42] Das Werkzeug ASSUME [Rit97] ist ein generischer Grapheditor, der es ermöglicht, Graphen zu erzeugen und zu bearbeiten.

Verwaltungssicht: In der Verwaltungssicht werden eigenständige Geschäftsprozesse angelegt und benannt. In dieser Sicht werden keine Entitäten beschrieben, sondern es wird lediglich die Verwaltung der einzelnen Geschäftsprozesse realisiert.

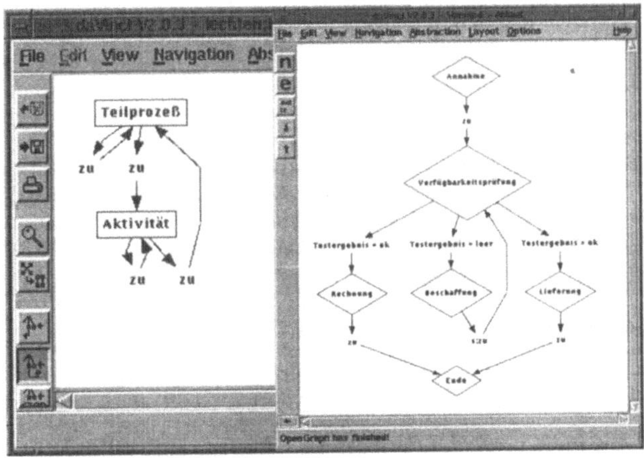

Abbildung 2: Ablaufsicht – Metamodell und konkrete Instanz

Ablaufsicht: In der Ablaufsicht wird die Reihenfolge der Aktivitäten eines Geschäftsprozesses durch gerichtete Kanten zwischen diesen festgelegt. Mit jeder Kante kann eine Bedingung assoziiert werden, die angibt, wann der Übergang zu einem Nachfolger durchgeführt werden darf. Zur Hierarchisierung von Geschäftsprozessen können Teilprozesse definiert werden, hinter denen wiederum Netzwerke von Aktivitäten, Nachfolgerbeziehungen und Teilprozessen hinterlegt werden. Abbildung 2 zeigt das Metamodell für die Ablaufsicht sowie die davon abgeleitet konkrete Instanz des Beispiels *Versand*.

Datensicht: Die Modellierung der Speicherzellen und -medien mit ihren Attributen wird in der Datensicht vorgenommen. Ein Speichermedium besteht aus Speicherzellen. Diese werden charakterisiert durch die Daten, die sie enthalten können, durch die Anzahl maximal gleichzeitig möglicher lesender Zugriffe und durch ihren Anfangszustand.

Organisationssicht: In der Organisationssicht wird die hierarchische Unternehmensstruktur anhand von Organisationen, Rollen und zugeordneten Teilnehmern modelliert. Organisationen bestehen aus (Teil-)Organisationen und/oder Rollen. Teilorganisationen werden wie normale Organisationen modelliert und anderen Organisationen untergeordnet. Die Rollen werden ihrerseits durch die ihnen zugeordneten Teilnehmer und durch die Aktivitäten, für deren Ausführung die Teilnehmer der Rolle qualifiziert sind, beschrieben.

Integrationssicht: Die Integrationssicht hat den Zweck, den Aktivitäten die Ressourcen zuzuordnen, die für ihre Ausführung benötigt werden. Daher wird hier für jede Aktivität angegeben, wer diese ausführt (ein Teilnehmer, eine Rolle oder eine Organisation), welche Daten sie benötigt und welche weiteren Ressourcen benutzt werden. Aus diesen Informationen werden insbesondere die Agenten *Anfordern* und *Freigeben* in der CCS-Darstellung der Aktivitäten (Gleichung (3)) abgeleitet.

Nachdem ein Geschäftsprozeß in dieser Form modelliert worden ist, kann mit FOG automatisch seine CCS-Darstellung generiert werden. Die Erzeugung eines CCS-Agenten zu einem Geschäftsprozeß durch FOG wird in drei Schritten realisiert, die jeweils von einem selbständigen Modul durchgeführt werden:

ASSUME $\rightarrow$ WPDL* (A_2W): Im ersten Schritt werden die von ASSUME in einer Datenbank gespeicherten Informationen durch das Modul A_2W (ASSUME $\rightarrow$ WPDL*) ausgelesen und in der WPDL* abgelegt.[43] Dadurch wird die Unabhängigkeit der folgenden Schritte von der Verwaltung der Prozeßdefinitionen durch ASSUME in dessen speziellem Datenschema gewährleistet.

WPDL* $\rightarrow$ CCS (W_2C): In dem zweiten Schritt werden die Prozeßdefinitionen der WPDL* durch das Modul W_2C (WPDL* $\rightarrow$ CCS) in CCS übersetzt, wobei jede in WPDL* beschriebene Komponente einer Prozeßdefinition auf einen in Abschnitt 3 konzipierten CCS-Agenten abgebildet wird.

CCS $\rightarrow$ Basiskalkül (C_2B): Weil für die Definition dieser Agenten CCS-Erweiterungen zur Bildung von Sequenzen und paralleler Komposition mit eindeutigem Terminierungszeitpunkt benutzt werden, muß im dritten und letzten Schritt, der von dem Modul C_2B (CCS $\rightarrow$ Basiskalkül) implementiert wird, eine Transformation der Agenten in die in Abschnitt 2 vorgestellte Syntax des Basiskalküls ohne Erweiterungen durchgeführt werden.

5 Sicherheitsanforderungen

Nachdem mittels FOG die graphisch modellierten Geschäftsprozesse in CCS-Agenten abgebildet wurden, können diese unter Verwendung vorhandener Werkzeuge (z.B. *Concurrency Workbench of North Carolina* (CWB-NC) [CPS93]) bezüglich gewisser Sicherheitsanforderungen analysiert werden. Unter Sicherheit eines Geschäftsprozesses wird im folgenden Kontext zunächst sehr abstrakt verstanden, daß der Prozeß bestimmte Eigenschaften erfüllt, die durch Spezifikationen oder durch temporallogische Formeln definiert werden. Dabei wird in Abschnitt 5.1 das Konzept der Bisimulation zur Überprüfung einer Modellierung hinsichtlich einer Spezifikation benutzt. Weiterhin wird in Abschnitt 5.2 die Möglichkeit erläutert, die Gültigkeit von Sicherheitseigenschaften in Form logischer Formeln zu beweisen. Insbesondere gehen wir exemplarisch darauf ein, wie sich typische Sicherheitsanforderungen im Sinne der IT-Sicherheit innerhalb des abstrakten Kontextes logischer Formeln einordnen, darstellen und verifizieren lassen.

5.1 Überprüfung von Spezifikationen

Die interessante Frage ist, ob der Geschäftsprozeß das Verhalten aufweist, das man von ihm erwartet. Zu diesem Zweck kann das gewünschte Verhalten durch einen CCS-Agenten als Spezifikation formalisiert werden, um anschließend eine Bisimulation zwischen Geschäftsprozeß und Spezifikation nachzuweisen. Falls dieser Nachweis gelingt, kann der Geschäftsprozeß als korrekt im Sinne der Spezifikation bezeichnet werden, und die Analyse ist beendet. Ein Fehlschlag des Nachweises müßte dagegen genauer untersucht werden. Eine Spezifikation für den Geschäftsprozeß aus dem Beispiel *Versand* könnte folgendermaßen aussehen:

$$
\begin{aligned}
VersandSpec \;\equiv\;\; & annahme_{beginnAkt}.(tisch_{best}.Done + stuhl_{best}.Done) \\
& ; annahme_{endeAkt}.verfügbarkeitsprüfung_{beginnAkt}.verfügbarkeitsprüfung_{endeAkt}. \\
& \left(rechnung_{beginnAkt}.rechnung_{endeAkt}.Done \,\big|\, lieferung_{beginnAkt}.lieferung_{endeAkt}.Done\right) \\
& ; \left(ende_{beginnAkt}.ende_{endeAkt}.0\right)
\end{aligned}
$$

Diese Spezifikation formalisiert, daß ein Kundenauftrag (Bestellung eines Tisches bzw. Stuhles, dargestellt durch die Aktion $tisch_{best}$ oder $stuhl_{best}$) in der Aktivität *Annahme*

---

[43] Die WPDL* ist eine modifizierte Version der *Workflow Process Definition Language* (WPDL) [One96], wobei die Änderungen den Modifikationen am Minimalen Metamodell hin zum Erweiterten Metamodell entsprechen.

entgegengenommen werden soll. Danach soll die *Verfügbarkeitsprüfung* erfolgreich durchgeführt werden, so daß die Aktivitäten *Rechnung* und *Lieferung* im Anschluß (ohne vorherige Beschaffungsaktivitäten, also ohne beobachtbare Aktionen der Aktivität *Beschaffung*) parallel begonnen werden können. Zuletzt wird der Prozeß durch die Aktivität *Ende* abgeschlossen.

Die Überprüfung, ob ein modellierter Geschäftsprozeß die Spezifikation erfüllt (also der Test, ob beide schwach äquivalent sind), kann dann automatisch (z.B. mit der CWB-NC) erfolgen. Ein Ergebnis „TRUE" zeigt an, daß der Test erfolgreich verlaufen ist, bei „FALSE" wird von der CWB-NC eine Formel der *Hennessy-Milner Logik* [HM85] zurückgeliefert, die Hinweise auf mögliche Fehler enthält. Aus einem positiven Testergebnis lassen sich verschiedene Schlüsse ziehen: Zunächst einmal werden die Aktivitäten in der richtigen Reihenfolge durchgeführt. Dann sind alle Artikel im Lager vorhanden, so daß sie ohne vorherige Beschaffung geliefert werden können. Weiterhin werden alle benötigten Ressourcen deadlock-frei angefordert. Schließlich stehen genügend Ressourcen zur Verfügung, um die Aktivitäten *Rechnung* und *Lieferung* parallel durchzuführen. Ob der in Abbildung 2 gezeigte Prozeß obige Spezifikation erfüllt, hängt davon ab, ob es im Lager noch Tische und Stühle gibt oder nicht; die Details sollen hier nicht weiter ausgeführt werden.

5.2 Nachweis von Sicherheitseigenschaften als Formeln

Mit dem Konzept der Bisimulation läßt sich das Verhalten von *zwei* Prozessen vergleichen. Es gibt jedoch Situationen, wo das Verhalten *eines* Prozesses nur partiell in Form einiger Eigenschaften überprüft werden soll. So will man oft wissen, ob ein Prozeß, unabhängig von seinem sonstigen Verhalten, Deadlocks aufweist oder bestimmte Sicherheitsanforderungen erfüllt. Zur Formalisierung solcher Sicherheitseigenschaften können Temporale Logiken eingesetzt werden. Diese haben sich zur Spezifikation nebenläufiger Systeme als sehr nützlich erwiesen, weil sie es erlauben, Aussagen über zeitliche Abläufe zu machen, ohne Zeit explizit einführen zu müssen (siehe [Pnu81]).

Man unterscheidet *lineare* und *verzweigte* Temporale Logiken. In verzweigten Temporalen Logiken können für jeden Zeitpunkt mehrere zukünftige Entwicklungen möglich sein. Eine solche verzweigte Temporale Logik ist beispielsweise der μ-Kalkül [Sti96] oder die *Computation Tree Logic* (CTL, siehe [Eme92]), deren Operatoren in den μ-Kalkül eingebettet werden können. Da Formeln der CTL etwas einfacher zu lesen sind, geben wir diesen hier den Vorzug. Ein Operator der CTL besteht aus zwei Komponenten. Deren erste ist ein Quantor über die Pfade des Ableitungsbaumes eines Prozesses. Ein A steht hier für einen Allquantor, ein E für einen Existenzquantor. Weiterhin gibt es temporale Operatoren wie $G\Phi$ (Φ gilt *immer*), $F\Phi$ (Φ gilt *irgendwann*), $\Phi_1 U \Phi_2$ (Φ_1 gilt, *bis* Φ_2 gilt) und $\Phi_1 W \Phi_2$ (Φ_1 gilt, *bis* Φ_2 gilt *oder* Φ_1 gilt immer). Eine vollständige Formel setzt sich nun aus den zwei Komponenten zusammen, so bedeutet beispielsweise $AG\Phi$, daß Φ während aller Berechnungen immer erfüllt sein muß. $AF\Phi$ bedeutet, daß in Φ jeder Berechnung irgendwann einmal gelten muß.

Mit Temporalen Logiken kann man dann *Sicherheits-* und *Lebendigkeitseigenschaften* definieren. Eine Sicherheitseigenschaft besagt, daß „etwas Schlechtes niemals eintreten wird" und kann als Invariante gesehen werden, während eine Lebendigkeitseigenschaft eine Eventualität in der Form ausdrückt, daß „etwas Gutes irgendwann eintreten wird" [Lam83]. Man kann Sicherheitseigenschaften daher auch dem Konzept der partiellen Korrektheit zuordnen und Lebendigkeitseigenschaften dem der totalen Korrektheit. Typische Sicherheitseigenschaften sind beispielsweise die Deadlock-Freiheit eines nebenläufigen Systems oder die Durchsetzung wechselseitigen Ausschlusses, wohingegen Verfügbarkeit von Ressourcen, Reaktivität oder Fairneß im Scheduling Lebendigkeitseigenschaften darstellen.

Als Sicherheitseigenschaft wird mit der Formel *safe* die Forderung aufgestellt, daß es innerhalb eines Prozesses zu keinem Zeitpunkt zu unendlichem internen Verhalten kommt, wodurch Divergenz ausgeschlossen wird. Als Lebendigkeitseigenschaft drückt die Formel *live* aus, daß der Prozeß (z.B. *Versand*) irgendwann einmal die Aktion $ende_{endeAkt}$ durchführt, also erfolgreich abgeschlossen werden kann.

Die Formel *safe* wird erfüllt, wenn es nicht zutrifft, daß es eine Berechnung gibt („E"), in der irgendwann („F") ein Zustand erreicht wird, ab dem es einen Pfad gibt („E"), auf dem nur noch („G") τ-Aktionen möglich sind. Daher schließt diese Formel divergente Berechnungen, etwa infolge von Endlosschleifen, aus. Die Formel *live* wird folgendermaßen gelesen: In allen Berechnungen („A") wird die Aktion $ende_{endeAkt}$ irgendwann („F") durchgeführt, wodurch eine erfolgreiche Terminierung angezeigt wird. Es sei bemerkt, daß der CCS-Agent zu dem in Abbildung 2 gezeigten Prozeß beide Formeln erfüllt.

Man beachte, daß diese allgemeine Form von Sicherheitseigenschaften zunächst unabhängig vom Konzept der IT-Sicherheit ist, das durch Eigenschaften wie Vertraulichkeit, Verfügbarkeit und Integrität eines IT-Systems definiert wird [IT-SH92]. Dennoch sind gerade diese Eigenschaften, wie beispielsweise die Vertraulichkeit und Integrität von abgegebenen Angeboten, als Sicherheitsanforderungen im Electronic Commerce von entscheidender Bedeutung für die Akzeptanz einer Dienstleistung. Der formale Nachweis derartiger Sicherheitsanforderungen im Rahmen von Geschäftstransaktionen muß im allgemeinen auf verschiedenen Ebenen erfolgen, wobei im folgenden an Beispielen für die Vertraulichkeit einer Nachricht und für die Fairneß von Geschäftstransaktionen beschrieben wird, wie temporallogische Formeln auf der Ebene des Geschäftsablaufes zu formalen Nachweisen herangezogen werden können.

$$safe \equiv \neg EF\; EG\; \langle\langle \tau \rangle\rangle$$
$$live \equiv AF\; \langle\langle ende_{endeAkt} \rangle\rangle$$

Vertraulichkeit: Soll im Beispielprozeß *Versand* die Rechnung per Email *vertraulich* an den Kunden gesandt werden, so kann dies durch den Einsatz eines Verschlüsselungsverfahrens realisiert werden. Zum Nachweis, daß diese Anforderung in konkreten Geschäftsabläufen erfüllt ist, gehört (zumindest) die Überprüfung folgender Voraussetzungen:

Das verwendete Verschlüsselungsverfahren ist (vom mathematischen Standpunkt aus) sicher.
Das Verfahren ist korrekt implementiert und wird ordnungsgemäß angewendet.
Das Verfahren wird immer vor dem Versand der Rechnung angewendet (unabhängig vom jeweiligen Sachbearbeiter oder vom benutzten Mail-Programm).
Im Rahmen einer Analyse mit CCS können die ersten beiden Voraussetzungen sicherlich nicht garantiert werden und werden daher für die folgenden Ausführungen als gegeben angenommen. Die dritte Voraussetzung kann dagegen als CTL-Formel spezifiziert und analysiert werden:

$$vertraulichkeit \equiv AG\left(\neg A\left(\neg\langle\langle verschlüsselung_{endeAkt}\rangle\rangle\right)\; U\; \langle\langle versenden_{endeAkt}\rangle\rangle\right)$$

Konkret muß das Versenden einer Nachricht so lange verboten werden, bis eine Verschlüsselung der Nachricht stattgefunden hat, wobei zwischen Verschlüsselung und Versand der Nachricht auch weitere Aktionen durchgeführt werden könnten. Die Formel *vertraulichkeit* fordert daher, daß für alle Zustände („A") immer („G") gelten muß, daß es keinen Zustand geben darf („$\neg A$„), in dem nicht das Verfahren *verschlüsselung* angewendet wird, obwohl im weiteren Verlauf („U") das *versenden*-Verfahren ausgeführt wird. Der zuvor beschriebene Prozeß *Versand* erfüllt diese Formel natürlich nicht, weil dort noch keine Verschlüsselung berücksichtigt wurde.

Fairneß: Abschließend verdeutlichen wir am Beispiel von Bezahlung und Auslieferung einer Ware, wie die Fairneß (im Sinne von „fair exchange", also etwa Geld gegen Ware) einer Geschäftstransaktionen geprüft werden kann. Eine typische konkretisierte Situation des

Versand-Prozesses ist hier ein elektronisches Warenhaus im Internet, in dem Bestellungen von Kunden online durchgeführt werden, wobei der Kunde seine Kreditkartennummer auf der Bestellung zur Abwicklung der Bezahlung angibt. Die Problematik liegt nun darin, daß der Händler zwar prüfen kann, ob die Angaben des Kunden korrekt sind und ob dieser kreditwürdig ist, daß der Kunde umgekehrt aber darauf vertrauen muß, bezahlte Ware tatsächlich auch geliefert zu bekommen. Zu diesem Zweck ist es erforderlich, auf Seiten des Händlers ein Protokoll zu installieren, daß die Auslieferung bezahlter Ware garantiert. Eine entsprechende Sicherheitsanforderung *fair* sieht in der CTL folgendermaßen aus:

$$fair \equiv AG \left(\langle\langle kontobelasten_{endeAkt}\rangle\rangle \Rightarrow AF\langle\langle ausliefern_{endeAkt}\rangle\rangle\right)$$

Demnach muß in allen Abläufen („A"), in denen jemals („G") eine Aktivität zur Belastung des Kontos des Kunden durchgeführt wird, auch immer („A") nach endlicher Zeit („F") die Auslieferung erfolgen. Im *Versand*-Beispiel wäre auch diese Anforderung nicht erfüllt, da Ausstellung der Rechnung und Lieferung als parallele Prozesse modelliert sind.

6 Zusammenfassung und Ausblick

In dieser Arbeit wurde das Feld der Prozeßalgebren für die Analyse von Geschäftsprozessen und –transaktionen erschlossen. Ausgehend von dem Minimalen Metamodell der WfMC wurde das Erweiterte Metamodell zur Beschreibung von Geschäftsprozessen und Geschäftstransaktionen definiert. Den Entitäten dieses Metamodells wurde durch zugehörige CCS-Darstellungen eine formal definierte Semantik zugeordnet. Um die Transformation eines Geschäftsprozesses in die Prozeßalgebra CCS automatisch durchführen zu können, wurde das Werkzeug FOG konzipiert. Dieses Werkzeug wurde — zusammen mit einem Ansatz zur sichtenorientierten Geschäftsprozeßmodellierung — in den Grapheditor ASSUME integriert. Dadurch ermöglicht FOG die Übersetzung graphisch modellierter Geschäftsabläufe in die Prozeßalgebra CCS, wo sie dann mit vorhandenen Analysetools (wie der CWB-NC) untersucht werden können. Insgesamt ist so ein funktionsfähiger Ansatz zur Geschäftsprozeßmodellierung unter Verwendung der Prozeßalgebra CCS entstanden.

Durch diesen Ansatz wird die herkömmliche, graphische Geschäftsprozeßmodellierung auf eine formale Basis gestellt, wodurch die modellierten Prozesse automatisch eine eindeutige Semantik erhalten und Mehrdeutigkeiten im Verständnis des Modellierungsergebnisses ausgeschlossen werden. Weiterhin öffnet sich ein Tor zu vielfältigen Analyse- und Verifikationsmechanismen. Eigenschaften der Geschäftsabläufe können mit Hilfe temporallogischer Formeln oder als Spezifikationen eindeutig formuliert und verifiziert werden.

Eine Schwierigkeit im Umgang mit FOG besteht darin, daß sich der Nutzen dieses Werkzeuges nur für diejenigen Anwender voll entfalten kann, die sowohl Erfahrungen mit der Modellierung von Geschäftsprozessen als auch im Umgang mit Temporalen Logiken und CCS besitzen. Da dieser Personenkreis nicht allzu groß sein dürfte, bietet sich hier eine Arbeitsteilung an: Die Geschäftsprozesse werden zunächst wie bisher von Praktikern modelliert, ohne auf die Besonderheiten Rücksicht zu nehmen, die sich im Hinblick auf eine spätere Analyse ergeben. Anschließend werden die Prozesse von Experten um CCS-spezifische Feinheiten ergänzt (etwa die Programme der Aktivitäten oder die Bedingungen der Transitionen). Diese Experten können danach die Analyse der Prozesse durchführen und eventuelle Modifikationen aufgrund der Analyseergebnisse in Abstimmung mit den Praktikern vornehmen.

Ein weiteres Problem liegt in der Komplexität der CCS-Agenten. Bereits einfache Beispiele wie der Beispielprozeß *Versand* mit wenigen tausend Zuständen benötigt für die Analyse von Sicherheitseigenschaften mit der CWB-NC hundert MByte Hauptspeicher und macht damit die Hoffnungen zunichte, einen realistischen Prozeß in überschaubarer Zeit analysieren zu können.

Eine relativ neue Methode zur Verifikation von Systemen, die — wie CCS-Prozesse — als endliche Transitionsgraphen dargestellt werden können, ist das Symbolische Modellprüfen (symbolic model checking) [McM93]. Diese Methode basiert auf einer kompakten Repräsentation der Transitionsgraphen in Form sogenannter OBDDs (*ordered binary decision diagrams*) [Bry86], beinhaltet sehr effiziente Analysemechanismen und erlaubt dadurch die Behandlung von Prozessen mit wesentlich größeren Zustandsräumen (mit bis zu 10^{20} Zuständen) als dies bei älteren Ansätzen der Fall ist.

Die Frage, inwieweit CCS-Agenten, die von FOG aus realistischen Geschäftsprozessen erzeugt werden, bei Verwendung einer Technik auf der Basis von OBDDs analysiert werden können, läßt sich momentan noch nicht beantworten und bedarf weiterer Untersuchungen. In dem Projekt MENTOR [DMW+97] wurde allerdings schon ein Ansatz realisiert, mit dem sich die Abläufe von Geschäftsprozessen durch Statecharts formalisieren und anschließend mit einem OBDD-basierten Werkzeug hinsichtlich der Erfüllbarkeit von Formeln der CTL untersuchen lassen. Diese Tatsache gibt Anlaß zu der Hoffnung, FOG in Verwendung eines Analysetools auf der Basis von OBDDs sinnvoll einsetzen zu können.

7 Literatur

[Bry86]   R.E. Bryant. Graph-based algorithms for boolean function manipulation. IEEE Transactions on Computers, 35(8):677-691, 1986.

[BW90]   J.C.M. Baeten and W.P. Weijland. Process Algebra. Cambridge University Press, 1990.

[Coa96]   Workflow-Management Coalition. Terminology & Glossary. Technical Report TC-1011, Workflow Management Coalition, Juni 1996. Issue 2.0.

[CPS93]   R. Cleaveland, J. Parrow, and B. Steffen. The concurrency workbench: A semantics-based tool for the verification of concurrent systems. ACM Transactions on Programming Languages and Systems, 15(1):36-72, Januar 1993.

[DMW+97] A. Kotz-Dittrich, P. Muth, G. Weikum, J. Weißenfels und D.Wodtke. Spezifikation, Verifikation und verteilte Ausführung von Workflows in MENTOR. Informatik Forschung und Entwicklung, 12(2):61-71, 1997.

[Eme92]   E.A. Emerson. Temporal and Modal Logic. In J. van Leeuwen, editor, *Handbook of theoretical computer science*, Band B, Kapitel 16, Seiten 995-1072, Elsevier, 1992.

[GR93]   J. Gray and A. Reuter. Transaction processing: concepts and techniques. Morgan Kaufmann Publishers, 1993.

[HC94]   M. Hammer und J. Champy. Business Reengineering: Die Radikalkur für das Unternehmen. Campus-Verlag, 1994.

[HM85]   M.C.B. Hennessy and R. Milner. Algebraic laws for nondeterminism and concurrency. Journal of the ACM, 32(1):137-161, Januar 1985.

[Hol94]   D. Hollingsworth. The workflow reference model. Technical Report TC-1003, Workflow Management Coalition, November 1994. Issue 1.1.

[IT-SH92] Bundesamt für Sicherheit in der Informationstechnik (BSI). IT-Sicherheitshandbuch: Handbuch für die sichere Anwendung der Informationstechnik. Version 1.0, BSI 7105. März 1992.

[Lam83]   L. Lamport. Specifying concurrent program modules. ACM Transactions on Programming Languages and Systems, 5:190-222, 1983.

[Lec97]   J. Lechtenbörger. Geschäftsprozeßmodellierung unter der Verwendung der Prozeßalgebra CCS. Diplomarbeit, Abteilung Informationssysteme, Fachbereich Informatik, Universität Oldenburg, Juli 1997.

[McM93]   K.L. McMillan. Symbolic Model Checking. Kluwer Academic Publishers, 1993.

[Mil89]   R. Milner. Communication and Concurrency. Prentice-Hall, London, 1989.

[Neu95]   F. Neuscheler. Ein integrierter Ansatz zur Analyse und Bewertung von Geschäftsprozessen. Dissertation, Universität Karlsruhe, 1995.

[Old91]   E.R. Olderog. Nets, terms and formulas—Three views of concurrent processes and their relationship. Cambridge University Press, 1991.

[One96]   Work Group One. Interface 1: Process definition interchange. Technical Report TC-1016, Workflow Management Coalition, Mai 1996. Version 1.0 Beta.

[Par80]   D.M.R. Park. Concurrency and automata on infinite sequences. LNCS, Band 104, Springer-Verlag, 1980.

[Plo81]   G.D. Plotkin. A structural approach to operational semantics. Technical Report DAIMI-FN-19, Arhus University, 1981.

[Pnu81]   A. Pnueli. A temporal logic of concurrent programs. Theoretical Computer Science, 13:45-60, 1981.

[Rit97]   J. Ritter. Der Meta-Editor ASSUME. Technischer Bericht, Institut OFFIS, Oldenburg, Juni 1997.

[Sti96]   C. Stirling. Modal and temporal logics for processes. LNCS, Band 1043, Springer-Verlag, 1996.

[TCN96]   A. Taudes, P. Cilek und M. Natter. Ein Ansatz zur Optimierung von Geschäftsprozessen. In [VB96], Kapitel 10, Seiten 177-190.

[VB96]   G. Vossen und J. Becker. Geschäftsprozeßmodellierung und Workflow-Management. International Thomson Publishing, 1996.

[vdAvH96] W.M.P. van der Aalst and K.M. van Hee. Business process redesign: A petri-net-based approach. Computer in Industries, 29(1-2):15-26, 1996.

[Whi94]   P.R. White. Report on a process analysis and design method. Technical Report, Informatics Process Group, University of Manchester, April 1994.

[YA96]   Y. Yesha and N. Adam. Electronic commerce: An overview. In N. Adam and Y. Yesha, editors, *Electronic Commerce*. LNCS, Band 1028, Springer-Verlag, 1996.

Ein Überblick zum Thema E-Mail-Verschlüsselungs- und Signaturstandards

Klaus Schmeh
Secunet GmbH Essen

Im Teelbruch 116
45134 Essen
schmeh@secunet.de
www.secunet.de

1 Zusammenfassung

E-Mail ist neben dem World Wide Web der wichtigste Internet-Dienst. Schon allein durch die große Anzahl der Nutzer und durch das Vorhandensein einer umfangreichen Infrastruktur ist E-Mail auch ein interessanter Dienst für den Bereich Electronic Commerce. Dem Einsatz von E-Mail im elektronischen Handel stehen jedoch die bekannten Sicherheitsmängel des Internets entgegen. Da diesen teilweise mit den Mitteln der Kryptographie begegnet werden werden kann, lohnt es sich, einen Blick auf die derzeit relevanten Ansätze zur kryptographischen Absicherung des E-Mail-Diensts zu werfen. Dies geschieht in dieser Arbeit.

Sich einen Überblick über E-Mail-Verschlüsselungslösungen zu verschaffen, ist jedoch schon allein aufgrund der Vielzahl der Ansätze nicht einfach. Nicht weniger als sieben einschlägige Standards buhlen derzeit um die Gunst der Anwender und Software-Hersteller. Obwohl alle diese Standards den gleichen Zweck mit ähnlichen Mitteln verfolgen, herrscht durchweg Inkompatibilität. Um die Entscheidung für oder gegen einen E-Mail-Verschlüsselungsstandard in einem konkreten Anwendungsszenario zu erleichtern, gibt diese Arbeit einen Überblick über Gemeinsamkeiten, Unterschiede und Perspektiven der sieben einschlägigen Standards. Zudem wird kurz auf die Einsatzmöglichkeiten von E-Mail im elektronischen Handel eingegangen.

2 Einführung

Der Boom, den das Internet in den letzten Jahren erlebt hat, wurde vor allem durch das World Wide Web ausgelöst. Dennoch ist nicht das Web, sondern E-Mail nach wie vor der meistgenutzte Dienst im Internet und in anderen Datennetzen. Gemäß [ct98] nutzen deutsche, britische und französische Haushalte mit Online-Zugang E-Mail inzwischen intensiver als die herkömmliche Post. In den USA werden seit einigen Jahren sogar mehr Geschäftsbriefe per E-Mail verschickt als per herkömmlicher Post. Für das Jahr 2005 erwartet das Bundesinnenministerium die gigantische Zahl von 2,5 Milliarden verschickten E-Mails pro

Tag alleine in der Europäischen Union. Angesichts dieser Zahlen wird deutlich, welche gewaltige Bedeutung E-Mail derzeit hat.

2.1 E-Mail und E-Commerce

Der Internet-Dienst, der im Bereich Electronic Commerce die wichtigste Rolle spielt, ist jedoch nicht E-Mail, sondern das World Wide Web. Dieses liefert die Plattform für zahlreiche Online-Shopping-Systeme, Business-to-Business-Transaktionssysteme und nicht zuletzt auch für Zahlungssysteme wie SET, Ecash oder Cybercash. Das World Wide Web hat den Vorteil, daß der Anbieter dem Kunden eine Ware auf benutzerfreundliche Weise auf einer Webseite zur Verfügung stellen kann. Auch das Bezahlen im Web ist dank der genannten Zahlungssysteme teilweise schon per Knopfdruck möglich.

Trotz der faktischen Dominanz und der unbestrittenenen Vorteile des World Wide Web im Bereich Electronic Commerce gibt es auch Vorteile, die E-Mail gegenüber dem Web in diesem Zusammenhang hat:

- *Größere Verbreitung*: Ein Vorteil von E-Mail ist, daß es erwähntermaßen der populärste Internet-Dienst ist. E-Mail geht weit über das Internet hinaus. Die Zahl der E-Mail-Clients ist deutlich größer als die der Web-Browser. In vielen Unternehmen ist zudem ein Web-Zugang nicht für alle Mitarbeiter vorgesehen (um einem unproduktiven Web-Surfen vorzubeugen), während eine E-Mail-Anbindung am Arbeitsplatz Standard ist. Mit E-Mail ist also eine größere Reichweite zu erzielen als mit dem World Wide Web.

- *Asynchronität*: Trotz der immer populärer werdenden Push-Techniken ist das Web nach wie vor in erster Linie ein Medium, das Daten nur auf eine unmittelbar vorhergehende Anfrage zur Verfügung stellt. Mit E-Mail kann ein Kunde dagegen auch ohne vorhergehende Aufforderung angesprochen werden.

- *Größere Sicherheit*: Ein Offline-Dienst wie E-Mail bietet gegenüber Hackern und Viren deutlich mehr Sicherheit als ein Online-Dienst wie das World Wide Web. Insbesondere Web-Techniken wie CGI, Java oder Active X sind für ihre Sicherheitslücken bekannt.

Diese Aufstellung zeigt, daß der Einsatz von E-Mail im Electronic Commerce durchaus Sinn macht. Dem stehen natürlich auch Nachteile gegenüber. Der größte davon ist zweifellos die bei E-Mail nicht vorhandene Interaktivität: Ein potentieller Kunde hat per E-Mail beispielsweise nicht die Möglichkeit, sich zu einem Angebot zusätzliche Informationen per Mausklick herunterzuladen. Natürlich bringt die genannte Asynchronität von E-Mail ebenfalls Nachteil mit sich: Das unaufgeforderte Ansprechen eines potentiellen Kunden per E-Mail kann rechtliche Probleme aufwerfen und wird als aufdringlich empfunden.

Als größter Vorteil von E-Mail gegenüber dem World Wide Web muß die Asynchronität betrachtet werden. Diese bezieht sich jedoch nur auf die Datenübertragung von Händler zum Kunden, da die Nachrichten-Übermittlung in umgekehrter Richtung (etwa für Bestellungen, Stornierungen oder Reklamationen) auch über ein Formular auf einer Webseite erledigt werden kann. Für letztere Variante spricht zudem, daß dem Kunden eine benutzerfreundliche Eingabemaske vorgegeben werden kann, mit deren Hilfe auch eine Formatierung der eingegebenen Daten einfach möglich ist. Geht man davon aus, daß ein Kunde Web-Zugang hat und die erwähnten Sicherheitsrisiken in Kauf genommen werden können, dann ist E-Mail aus den genannten Gründen vor allem für die Versendung von Daten vom Händler zum Kunden von Interesse. Als typisches Einsatzszenario innerhalb des Electronic Commerce muß daher die Kombination von E-Mail und dem World Wide Web gelten. Mit Hilfe des Web-Browsers kann ein Kunde hierbei eine Ware aussuchen und bestellen. Die Bestätigung, daß die Bestellung eingegangen ist, wird anschließend per Mail zurückgeschickt, ebenso eine

Bestätigung, daß die bestellte Ware vom Händler abgeschickt wurde. Handelt es sich bei der Ware um digitale Daten, so können diese auch direkt per E-Mail verschickt werden.

Wie genau die Rolle aussieht, die E-Mail bei Geschäftsprozessen im Electronic Commerce spielen kann, welche Formate die versendeten Daten haben und wie diese weiterverarbeitet werden, ist nicht Gegenstand dieser Arbeit. Vielmehr interessiert in diesem Zusammenhang die Frage, wie die übersendeten Daten kryptographisch geschützt werden können.

2.2 Die Notwendigkeit kryptographischer E-Mail-Sicherheit

Unabhängig vom Electronic Commerce besteht ein wesentlicher Unterschied zwischen E-Mail und dem World Wide Web darin, daß E-Mail auch ausgiebig für vertrauliche Daten wie Geschäftsberichte, Konstruktionspläne oder Verträge verwendet wird. Dagegen werden im Web nach wie vor hauptsächlich frei zugängliche HTML-Seiten übertragen, deren Inhalt wenig brisant ist. Dieser generelle Unterschied zwischen den beiden Diensten verschwindet zwar, wenn das Web für Electronic Commerce verwendet wird. Er erklärt jedoch, warum zur kryptographischen Absicherung von E-Mail bereits weitaus größere Anstrengungen unternommen wurden als im World Wide Web.

Eine weitere sicherheitskritische Besonderheit des E-Mail-Diensts, die das frühe Interesse an kryptographischen Lösungen erklärt, liegt in der Übertragungstechnik: Im Gegensatz zum World Wide Web und anderen Internet-Diensten wird für die Übertragung einer E-Mail-Nachricht in der Regel keine direkte TCP-Verbindung vom Sender zum Empfänger aufgebaut. Statt dessen passiert eine per E-Mail verschickte Botschaft meist mehrere als Anwendungsprogramme realisierte Gateways und wird dort zwischengespeichert. Wie viele Personen dabei – legal oder illegal – Zugriff auf eine Mail haben, läßt sich kaum abschätzen. Ob auf dem Übertragungsweg Kopien einer Mail angefertigt werden, läßt sich ebenfalls nicht nachvollziehen. Fest steht, daß für Personen mit geeigneten Zugriffsrechten das Mitlesen von E-Mails während des Transports kein Problem darstellt. Dabei sei auf die bekannte Tatsache hingewiesen, daß etwa 70 Prozent (eine UN-Studie spricht beispielsweise von 72 Prozent) aller Angriffe internen Ursprungs sind. Dies bedeutet, daß aller Wahrscheinlichkeit nach auch ungebetene E-Mail-Mitleser im eigenen Unternehmen zu suchen sind.

Die genannten Sicherheitsrisiken des E-Mail-Diensts müssen auch im Electronic Commerce beachtet werden. Da E-Mail im Electronic Commerce vor allem für die Versendung von Daten vom Händler zum Kunden interessant ist, muß die Frage gestellt werden, welche sensiblen Daten hierbei versendet werden. Dies sind in erster Linie Nachrichten, die den Auftragseingang oder das Absenden der Daten bestätigen. Bei Privatkunden sind hierbei zwar die Belange des Datenschutzes und der Beweisfähigkeit zu beachten, aufwendige Angriffe lohnen hierbei jedoch nicht. Bei Business-to-Business-Transaktionen können derartige Daten dagegen deutlich sensibleren Charakter haben, weshalb erhöhter Schutzbedarf besteht. Erheblicher Schutzbedarf kann auch entstehen, wenn die verkaufte Ware direkt über das Netz geliefert wird. Auch hier sind vor allem Business-to-Business-Transaktionen zu beachten, bei denen hochwertige Daten übertragen werden.

- Die beschriebenen Überlegungen zeigen, daß der Schutzbedarf von Electronic-Commerce-Nachrichten nicht immer so hoch ist, daß starke Kryptographie unbedingt eingesetzt werden muß. Es gibt jedoch durchaus Fälle, in denen der Einsatz von starker Kryptographie Sinn macht. Die Gefahren und kryptographischen Gegenmaßnahmen sind dabei die gleichen wie bei anderen E-Mail-Anwendungen:
- Vertraulichkeit: Daten können im Netz ausgespäht werden. Verschlüsselung kann hierbei zuverlässig Abhilfe schaffen.
- Authentität: Daten können gefälscht werden. Abhilfe schaffen digitale Signaturen und andere Authentifikationsmechanismen.

- Integrität: Daten können unterwegs von Angreifern verändert werden. Vor allem bei Stückzahlen und Geldbeträgen können bereits kleine Änderungen ernsthafte Konsequenzen nach sich ziehen. Dies kann wiederum mit digitalen Signaturen, aber auch mit Intgritätschecks auf Basis schlüsselabhängiger Hashfunktionen sichergestellt werden.
- Verbindlichkeit: Der Händler kann leugnen, eine Ware, die sich als fehlerhaft herausstellt, abgesendet zu haben. Dies kann wiederum mit digitalen Signaturen verhindert werden.

Alle vier genannten Punkte müssen beim Einsatz von E-Mail im Electronic Commerce erfüllt sein. Zusätzlich ist auf Gesichtspunkte wie Interoperabilität und auf die Verbreitung solcher Lösungen zu achten.

3 E-Mail-Standards

E-Mail ist nicht nur der meistgenutzte Internet-Dienst, sondern auch einer der ältesten. Um die Funktionsweise der später entstandenen E-Mail-Verschlüsselungsstandards zu verstehen, ist ein kurzer Blick auf die Entstehungsgeschichte des E-Mail-Diensts lohnenswert.

3.1 Internet Mail

Der erste E-Mail-Standard entstand 1982 und ist heute als Internet-Mail bekannt. Internet-Mail war zunächst ein äußerst simpler Dienst. Der erste Teil (RFC 821) spezifizierte ein einfaches Kommunikationsprotokoll namens SMTP (Simple Mail Transfer Protocol). Im zweiten Teil (RFC 822) wurde ein Nachrichtenformat festgelegt, das lediglich unstrukturierte 7-Bit-ASCII-Texte vorsah. Eine Strukturierung von E-Mails in mehrere Bestandteile (zum Beispiel Text und Attachment) gab es nicht. Der Transport von Binärdaten wie Bitmaps oder Audio-Dateien per E-Mail war nicht ohne Konvertierung möglich, da das achte Bit jedes Bytes von den Mail-Systemen nicht beachtet wurde. Letzterer Mangel ist dafür verantwortlich, daß heute noch Umlaute beim Transport per E-Mail verschwinden.
Um das Internet-Mailformat leistungsfähiger zu machen, wurde 1992 in RFC 1341 mit dem sogenannten MIME-Standard (Multipurpose Internet Mail Extension) ein Zusatzstandard veröffentlicht, der zum einen eine Strukturierung von E-Mails und zum anderen auch das Verschicken von Binärdaten erlaubte. Eine Mail wird gemäß MIME in beliebig viele Bestandteile aufgeteilt, von denen jeder einen eigenen Header erhält. In jedem Bestandteil kann ein anderes Datenformat übertragen werden. Im Header wird angegeben, welches Format der jeweilige Bestandteil enthält. Auf diese Weise können zum Beispiel ein ASCII-Text, ein JPEG-Bild und ein Word-Dokument in einer Mail übertragen werden. Das Mailprogramm des Empfängers weiß aufgrund der MIME-Strukturierung genau, in welche Bestandteile es die eingehende Mail zerlegen muß. Anhand der Angaben in den Headern kann das Programm feststellen, welcher Bestandteil wie zu interpretieren ist (der ASCII-Text kann beispielsweise am Bildschirm dargestellt werden, während die Word- und die JPEG-Datei in einem geeigneten Verzeichnis abgespeichert werden). Internet-Mail inklusive MIME ist heute Standard im Bereich E-Mail.

3.2 X.400

Bevor das Internet und die damit verbundenen TCP/IP-Protokolle Mitte der 90er Jahre ihren Siegeszug antraten, hielten viele Experten die Protokolle des OSI-Standards für besser. Zweifellos bieten die komplexen OSI-Protokolle deutlich mehr Features als die äußerst simplen Protokolle der TCP/IP-Familie. Gerade die Überfrachtung mit Features und die damit verbundene Komplexität sorgten jedoch dafür, daß sich OSI nie durchsetzen konnte. In der

1996 erschienenen dritten Auflage von Andrew Tanenbaums „Computer Networks" – dem mit Abstand wichtigsten Buch in diesem Bereich – sind die OSI-Protokolle nicht einmal mehr aufgeführt.
Die Schlappe, die OSI gegenüber TCP/IP erlitten hat, macht sich auch im Bereich E-Mail bemerkbar. Das simple Internet-Mail – dem sogar so einfache Dinge wie die Übertragung von Umlauten Schwierigkeiten bereitete – wurde zur populärsten Netz-Anwendung überhaupt. Währenddessen kam das Flagschiff der OSI Welt – der OSI-Mail-Dienst X.400 – nie in Fahrt. Ein deutlich weitsichtigeres Konzept half X.400 nicht viel (so wird etwa auch Verschlüsselung von X.400 von Hause aus unterstützt). Da das 1984 enstandene X.400 sich nie gegen Internet-Mail behaupten konnte, wird in dieser Arbeit nur Internet-Mail betrachtet.

4 Frühe E-Mail-Verschlüsselungsstandards

Wie bei allen frühen Internet-Diensten, so ließ man auch bei E-Mail Sicherheitsaspekte weitgehend außer Acht. Kryptographische Maßnahmen waren daher weder in den RFCs 821 und 822 noch in MIME vorgesehen. Mit dem DES, dem RSA-Verfahren und einigen anderen Krypto-Algorithmen waren jedoch wirksame Verschlüsselungswerkzeuge seit längerem bekannt (siehe beispielsweise [Schneier96]). Aufgrund der bereits erwähnten Abhörproblematik im Internet, die im Bereich E-Mail besonders ausgeprägt ist, gab es daher schon in den 80er Jahren Bestrebungen zur kryptographischen Absicherung des E-Mail-Diensts. Es ging dabei darum, die Erkenntnisse der Kryptographie in einen speziellen E-Mail-Verschlüsselungsstandard einfließen zu lassen.

4.1 PEM

Die ersten Bemühungen um eine kryptographische E-Mail-Absicherung brachten nach mehrjähriger Vorbereitung im Jahre 1988 einen Internet-Standard namens PEM (Privacy Enhancement for Internet Electronic Mail) zutage, der Formate und Verfahren für die Verschlüsselung von E-Mails spezifizierte. Damit wurde zum ersten Mal überhaupt eine kryptographische Erweiterung für einen Internet-Dienst standardisiert.
PEM ermöglicht wie alle anderen in dieser Arbeit vorgestellten Standards auf naheliegende Weise das Verschlüsseln und digitale Signieren von E-Mails mit Methoden der modernen Kryptographie. Dabei ist es möglich, E-Mails zu verschlüsseln und zu signieren. Das von PEM verwendete Format ist genaugenommen ein Datei-Format, das sich nicht nur für E-Mails, sondern für beliebige Dateien verwenden läßt. Dabei werden Binärdaten in ASCII umkodiert, um dem Internet-Mail-Format zu genügen. PEM-Implemetierungen sind auch in Form von Datei-Verschlüsselungsprogrammen möglich (gleiches gilt auch für die anderen betrachteten Standards).

PEM verwendet zum Schlüsseltransport und zur digitalen Signatur das RSA-Verfahren. Zur Verschlüsselung wird der DES eingesetzt. Für die Bindung von RSA-Schlüsseln an den jeweiligen Besitzer werden digitale Zertifikate gemäß dem X.509-Standard verwendet, die von einem Trust Center ausgestellt werden. PEM war der erste Standard, der das X.509-

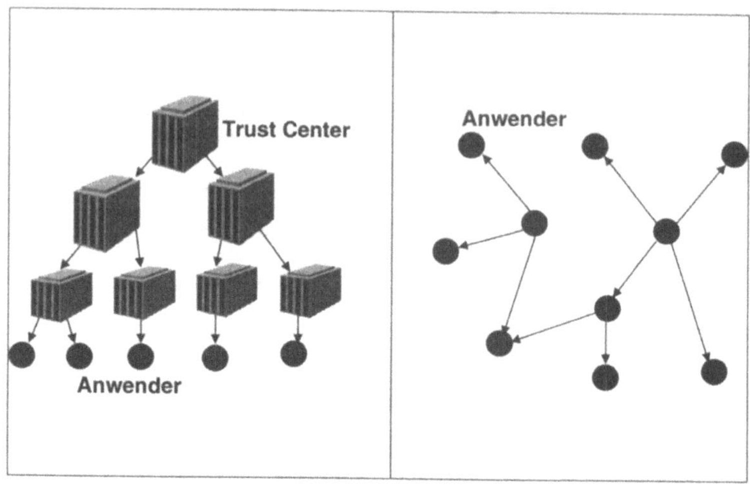

PEM verfolgt den Ansatz, daß Zertifikate von einem Trust Center ausgestellt werden (links). Da auch Trust Center selbst ein Zertifikat besitzen können, ergibt sich daraus eine Trust-Center-Hierarchie. PGP sieht dagegen vor, daß jeder Anwender Zertifkate für einen anderen Anwender austsellen kann (rechts). Dieser Ansatz wird Web of Trust genannt.

Zertifikat-Format in die Praxis umsetzte, wobei jedoch die wenig flexible Version 1 dieses Formats verwendet wurde.

4.2 PGP

PEM hätte sich vermutlich als Standard durchgesetzt, hätte nicht zur gleichen Zeit (etwa ab 1987) der Amerikaner Phil Zimmermann sein Software-Paket namens Pretty Good Privacy (PGP) auf den Markt gebracht. PGP erfüllt einen ähnlichen Zweck wie PEM-konforme Software, ist jedoch nicht PEM-konform (siehe zum Beispiel [Schneier95]. Unter normalen Umständen hätte kaum jemand das Außenseiter-Produkt PGP beachtet. Doch nichts in der Geschichte von PGP verlief normal und so setzte dieses sich gegen den von der Industrie getragenen PEM-Standard durch. Die Gründe sind aus heutiger Sicht klar:

- PGP war den ersten PEM-Implementierungen qualitativ überlegen.
- PGP liegt ein konsequenterer Ansatz zugrunde: Beispielsweise verwendet PGP nicht den inzwischen leicht angegrauten DES, sondern das als deutlich sicherer geltende IDEA-Verfahren oder eine Dreifach-DES-VErschlüsselung (Triple-DES). Zudem werden bei PGP alle Informationen verschlüsselt, die nicht zur Übertragung notwendig sind (sogenanntes Minimum Disclosure). Bei PEM sind dagegen die digitale Signatur und andere Informationen auch nach der Verschlüsselung sichtbar.
- PGP schreibt im Gegensatz zu PEM keine Trust Center (oder Certification Authorities) vor, sondern ermöglich jedem Anwender das Ausstellen von digitalen Zertifikaten. Der Vorteil dieses sogenannten Web of Trust ist, daß es ohne spezielle

Infrastruktur auskommt, auch wenn es in den seltensten Fällen wirklich funktioniert [Schmeh98]. PEM sieht dagegen eine Hierarchie von Trust Centern vor, die es bis vor ein paar Jahren noch gar nicht gab.

- PGP entspricht eher der Internet-Kultur als PEM: Während PEM zunächst nur eine umfangreiche Spezifikation war, war PGP bereits ein Produkt, das alle verwenden konnten. Der Quellcode von PGP ist – im Gegensatz zu den meisten PEM-Implementierungen – öffentlich zugänglich und kann so von jedermann analysiert werden.

- Der wichtigste Grund für den Erfolg von PGP war vermutlich der Wirbel, den PGP in der Öffentlichkeit verursachte. PGP-Programmierer Zimmermann wurde wegen eines angeblichen Verstoßes gegen die US-Exportbestimmungen für Kryptographie angeklagt (der Export von Krypto-Produkten ist in den USA gesetzlich stark eingeschränkt). Dabei entging er nur knapp einer Gefängnisstrafe. Dank seiner unnachgiebigen Haltung wurde er in Internet-Kreisen schnell zum Volkshelden. Eine bessere Werbekampagne hätte es kaum geben können.

Man kann es wohl als eine Ironie der Geschichte bezeichnen, daß PGP letztendlich von den US-Exportbestimmungen profitierte, während die Verbreitung von PEM genau an diesen scheiterte [Schmeh97]. Da alle frühen PEM-Implementierungen aus den USA stammen, durften sie genausowenig wie PGP exportiert werden. Zwar gelangte auch PEM-Software trotz allen Bestimmungen ins Ausland, doch das verursachte längst nicht den Wirbel wie bei PGP. Statt dessen interessierten sich außerhalb der USA zunächst nur wenige für PEM, da die amerikanischen Hersteller gemäß der Gesetzeslage keinen Support liefern durften. Erst später gab es auch europäische PEM-Implementierungen. Für PGP gab es im Gegensatz zu PEM auch ohne Hersteller-Support genügend fachkundige Unterstützung in der Internet-Gemeinde.

4.3 Nachteile von PGP und PEM

Als PEM und PGP entstanden, war für die Übertragung von E-Mails das Format gemäß RFC 822 noch maßgebend. Gemäß diesem besteht eine E-Mail aus einer Folge von 7-Bit-ASCII-Zeichen, die aus einem Textteil und einem Header besteht. Dieser Header sagt erwähntermaßen über das Format des Inhalt nichts aus. Die verschiedenen Bestandteile einer PEM- bzw. PGP-Nachricht (Signatur, öffentlicher Schlüssel, ...) werden daher im Nutzteil einer E-Mail übertragen, wobei eine eigene Strukturierung verwendet wird. Das Problem hierbei ist nun, daß diese Strukturierung nicht mit MIME kompatibel ist. Daher muß ein Mail-Programm eine PGP- oder PEM-verschlüsselte E-Mail nach verschiedenen Aufteilungsformaten parsen (siehe Abbildung), was nicht gerade effektiv ist.

Da es inzwischen eine ganze Reihe von X.509-Zertifizierungsstellen gibt, ist einer der Hauptmängel von PEM behoben. Dafür machen sich andere Probleme bemerkbar: Die von PEM unterstützten X.509v1-Zertifikate erwiesen sich als zu unflexibel. Einige der von PEM vorgesehenen Algorithmen (beispielsweise der DES) gelten als veraltet. Zudem sieht PEM vor dem Verschlüsseln einer Nachricht deren Umwandlung in 7-Bit-ASCII und danach eine Base64-Kodierung vor. Beide Schritte sind heute oftmals unnötig und wären bei einer MIME-Unterstützung gänzlich überflüssig.

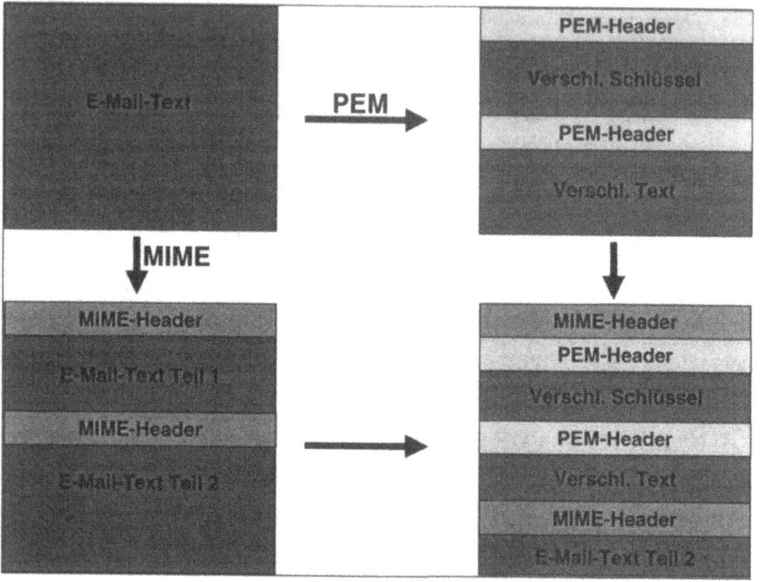

PEM führt eine Strukturierung von E-Mails durch (hier exemplarisch der verschlüsselte Schlüssel und der verschlüsselte Text). Diese Strukturierung ist nicht mit MIME kompatibel.

Trotz seiner Popularität hat natürlich auch PGP neben der mangelnden MIME-Unterstützung weitere Schwächen. Zunächst einmal ist PGP kein Standard und nur zu sich selbst kompatibel. Ein Unternehmen wird sich jedoch kaum von einer nicht standardisierten Software eines einzelnen Herstellers abhängig machen. Das Web of Trust hat sich für ernsthafte Anwendungen ebenfalls nicht bewährt, da es für größere Gruppen nicht funktioniert und bei einem Rechtsstreit keine hohe Beweiskraft hat.

4.4 Fazit

Die frühen E-Mail-Verschlüsselungsstandards PEM und PGP teilen das Schicksal vieler Standards, die zu einem frühen Zeitpunkt der technischen Entwicklung entstanden sind: Sie sind mit einigen Geburtsfehlern behaftet. Während dies PGP bisher nicht geschadet hat, ist PEM inzwischen nahezu bedeutungslos geworden.

5 E-Mail-Verschlüsselungsstandards der zweiten Generation

Aufgrund der Mängel von PGP und PEM wurden Anfang der 90er Jahre weitere E-Mail-Verschlüsselungsstandards entwickelt.

5.1 MOSS

Der erste Standard der zweiten Generation war MOSS (MIME Object Security Services), der in RFC 1848 beschrieben wird. MOSS war in erster Linie als Verbesserung und Nachfolger von PEM gedacht. MOSS verwendet MIME zur Formatierung einer Nachricht und kann deshalb auf die von PEM bekannten Formatumwandlungen verzichten. Die zu verwendenden kryptographischen Algorithmen werden von MOSS nicht spezifiziert, weshalb es manchmal auch eher als Rahmenwerk denn als Standard betrachtet wird. MOSS-Implementierungen sind nicht in jedem Fall kompatibel. Obwohl MOSS von einigen Experten als durchdachter, zweckmäßiger Standard bezeichnet wurde, gab es nur wenig Interesse seitens der Industrie. MOSS hat sich daher nicht durchgesetzt und gilt heute als gescheitert.

5.2 PGP/MIME

PGP/MIME ist eine Anpassung von PGP an das MIME-Format. Die unterstützten Verfahren sind damit die gleichen wie bei PGP. Obwohl PGP/MIME deutlich weniger verbreitet ist als einige andere E-Mail-Verschlüsselungsstandards, will die Internet-Standardisierungsbehörde IETF es zum offiziellen Internet-Standard machen. Die Erfahrung zeigt jedoch, daß die Entscheidung eines Standardisierungsgremiums auf die Praxis meist weitaus geringere Auswirkungen hat als die Vorlieben der Industrie.

5.3 MSP

MSP (Message Security Protocol) ist ein E-Mail-Verschlüsselungsstandard aus der OSI-Welt und daher vor allem für die Verwendung mit dem OSI-E-Mail-Standard X.400 gedacht. Es ist jedoch von X.400 unabhängig und kann auch im Zusammenhang mit Internet-Mail eingesetzt werden. Die zu verwendenden Krypto-Algorithmen sind offengelassen. MSP ist wie fast alle OSI-Standard komplex, abstrakt und schwer lesbar, dafür äußerst umfangreich. Das Interesse an MSP ist derzeit vergleichsweise gering.

5.4 Fazit

Die E-Mail-Verschlüsselungsstandards der zweiten Generation sind relativ bedeutungslos geblieben. Lediglich PGP/MIME scheint als Bruder von PGP eine Zukunft zu haben.

6 Neue E-Mail-Verschlüsselungsstandards

Neben den fünf betrachteten Standards der ersten und zweiten Generation gibt es auch zwei neue. Diese werden im folgrnden betrachtet.

6.1 S/MIME

Während MOSS, PGP/MIME und MSP derzeit nur auf geringes Interesse stoßen, scheint sich mit S/MIME (Secure MIME) ein weiterer Verschlüsselungsstandard für E-Mails derzeit durchzusetzen. S/MIME wurde von der US-Firma RSA Data Security entwickelt. Es basiert auf verschiedenen Standards der PKCS-Reihe (einer Reihe von Standards die vom gleichen

Unternehmen entwickelt wurden, PKCS steht für Public Key Cryptography Standard) und unterstützt auch ein PEM-kompatibles Format. Wie der Name schon sagt, verwendet S/MIME das MIME-Format zur Mail-Strukturierung, wodurch ein Mailprogramm mit MIME-Unterstützung eine Nachricht einfacher parsen kann.

S/MIME setzt als einziges Secret-Key-Verfahren das als recht unsicher geltende RC2 mit 40 Schlüsselbits voraus. Diese absichtliche Schwachstelle, ermöglicht den Export von S/MIME-Produkten aus den USA trotz der dortigen Exportrestriktionen. DES und Triple-DES sind optional vorgesehen. Es werden X.509-Zertifikate der als flexibel geltenden Version 3 unterstützt, wobei jedoch keine Zertifizierungshierarchie vorgeschrieben ist. Leider stammen die meisten S/MIME-Implementierungen aus den USA, wodurch fast alle erhältlichen S/MIME-Lösungen nur schwache Verschlüsselung anbieten. Da im E-Commerce-Bereich erwähntermaßen nur selten hochsensible Informationen übertragen werden, kann dieser Mangel jedoch in Kauf genommen werden.

Obwohl sich die IETF gegen S/MIME und für PGP/MIME als Internet-Standard ausgesprochen hat, gilt S/MIME als der Standard der Zukunft. Dies liegt vor allem daran, daß nahezu alle namhaften Unternehmen der IT-Branche (etwa Microsoft, Netscape und RSA Data Security) S/MIME unterstützen.

6.2 Mailtrust

In Deutschland ist neben S/MIME und PGP vor allem der vom Industrieverband Teletrust entwickelte E-Mail-Verschlüsselungsstandard Mailtrust von Interesse. Mailtrust entstand parallel zum 1997 in Kraft getretenen Signaturgesetz und ist auf dessen Anforderungen ausgerichtet. Mailtrust ist eine Erweiterung von PEM, die mit zusätzlichen Nachrichtenformaten und besseren kryptographischen Verfahren dessen Nachteile ausgleichen soll. Zu Mailtrust gehört auch die Spezifikation einer Schnittstelle zu einem Personal Security Environment (PSE), was im Normalfall eine Chipkarte ist. Chipkarten sind in den USA noch recht wenig verbreitet, weshalb dieser Teil bei amerikanischen Standards fehlt.

Aus Kompatibilitätsgründen unterstützt Mailtrust alle von PEM bekannten kryptographischen Verfahren. Zusätzlich sind Verfahren vorgesehen, die dem neuesten Stand entsprechen. So kann zur symmetrischen Verschlüsselung Triple-DES verwendet werden, die flexiblen X.509-Zertifikate der Version 3 werden jedoch nicht unterstützt.

Auch die PEM-üblichen Formatumwandlungen werden von Mailtrust unterstützt. Durch die Einführung neuer Nachrichtenformate kann aber auf diese Vorgänge verzichtet werden. Die Schnittstelle für Chipkarten entspricht dem PKCS#11-Standard. MIME-Unterstützung bietet Mailtrust dagegen bisher nicht, was für den Einsatz im Internet durchaus einen Nachteil darstellt.

Mailtrust ist ein Standard, der auf die Situation in Deutschland zugeschnitten ist und von zahlreichen deutschen Unternehmen unterstützt wird. Die Chipkartenunterstützung und die Unterstützung einer Zertifizierungshierarchie entsprechen dem Signaturgesetz. Im Gegensatz zu S/MIME braucht sich Mailtrust auch nicht um das US-Exportverbot zu kümmern. Das große Problem des Mailtrust-Standards liegt darin, daß er eine deutsche Insel-Lösung darstellt. Mit einer Unterstützung durch die großen amerikanischen Software-Hersteller ist kaum zu rechnen. Es laufen daher derzeit Bemühungen, das S/MIME-Format in Mailtrust mitaufzunehmen. Dies ist zwar technisch gesehen keine Ideallösung, da somit zwei völlig unterschiedliche Formate in einem Standard zusammengefaßt werden. Aus Kompatibilitätsgründen gibt es jedoch keine Alternative. Langfristig könnte Mailtrust damit zu einer S/MIME-Erweiterung mutieren.

6.3 Fazit

Während die Standards der zweiten Generation nicht den erwünschten Erfolg hatten, gibt es nun mit Mailtrust und S/MIME zwei neue, vielversprechende E-Mail-Verschlüsselunsstandards. Die Unterschiede zwischen diesen beiden Standards könnten in den nächsten Jahren verschwinden, da S/MIME in Mailtrust integriert werden soll.

7 Fazit

E-Mail ist eine wichtige Ergänzung zur im Electronic Commerce vorherrschenden Web-Technologie. Auch wenn ein hoher Schutzbedarf nur bei einem Teil der Daten besteht, müssen die zu Zwecken des Electronic Commerce versendeten Daten vor Ausspähung und Veränderung geschützt werden. Der Einsatz von E-Mail-Verschlüsselungslösungen ist daher notwendig. Leider ist bisher in vielen Fällen keine Interoperabilität zwischen verschiedenen Lösungen gegeben, da es eine Reihe unterschiedlicher Standards für den gleichen Zweck gibt. Ziel der vorliegenden Arbeit war es, einen Überblick über die verschiedenen Standards zu geben und deren Zukunftsperspektive aufzuzeigen.

Nachdem PGP über Jahre hinweg der populärste E-Mail-Verschlüsselungsstandard war, ist mit einem gestiegenen Interesse aus dem kommerziellen Bereich Bewegung in die E-Mail-Verschlüsselung gekommen. Mit den beschriebenen sieben Standards PGP, PEM, MOSS, PGP/MIME, MSP, S/MIME und Mailtrust ist die Situation leider äußerst verwirrend geworden (siehe auch [Schmeh98] oder [Lang97]). Doch die Lage ist einfacher als es scheint: PEM und MOSS sind veraltet, PGP und PGP/MIME sind vor allem für den nicht-kommerziellen Bereich nur bedingt geeignet. In Deutschland werden daher wohl S/MIME und Mailtrust den Löwenanteil des kommerziellen Markts unter sich aufteilen. Für S/MIME spricht seine weltweite Verbreitung, für Mailtrust die Signaturgesetzkonformität. Da inzwischen geplant ist, das S/MIME-Format in Mailtrust aufzunehmen, dürfte S/MIME die Zukunft gehören.

8 Literatur

[ct98]   Anonym: EMail beliebter als normale Post. c't 15/98, S. 25 1998

[Grimm97]   Rüdiger Grimm: Sicherheit von E-Mail und anderen Diensten, in: Handbuch der Telekommunikation, Ed. Franz Arnold 1997

[Lang97]   Tina Lang-Stuart: E-Mail: Sicherheitsstandards noch nicht in Sicht, KES 4/97 S. 41 1997

[Schmeh97] Klaus Schmeh: Wir alle haben etwas zu verbergen, Global Online 3/97 S. 72 1997

[Schmeh98] Klaus Schmeh: Safer Net – Kryptografie im Internet und Intranet. dpunkt.Verlag Heidelberg 1998 (www.dpunkt.de/produkte/safer_net)

[Schneier95] Bruce Schneier: E-Mail Security, John Wiley & Sons 1995

[Schneier96] Bruce Schneier: Applied Cryptography, John Wiley & Sons 1996

Die Matrix Auktion: Ein Marktmechanismus zur Koordination von Virtuellen Unternehmen

Christian Ruß, Gero Vierke

Deutsches Forschungszentrum für Künstliche Intelligenz (DFKI GmbH)
Stuhlsatzenhausweg 3, D-66123 Saarbrücken
{russ,vierke}@dfki.de

Zusammenfassung

In diesem Beitrag stellen wir die *Matrix Auktion* vor, einen effizienten, anreizkompatiblen Allokationsmechanismus. Wir zeigen, daß sie als Koordinationswerkzeug für einen Speditionsverbund geeignet ist. Einen Verbund von Speditionen, die ihre Transportressourcen bündeln, um gemeinsam kooperative Transportdienstleistungen zu erbringen, bezeichnen wir als ein *Virtuelles Transportunternehmen.*
Wir beschreiben die Implementierung der Matrix Auktion und ihre Integration in ein Multiagentensystem für das Flottenmanagement. Es zeigt sich, daß der Einsatz der Matrix Auktion es ermöglicht, die Allokation von Transportaufträgen innerhalb des Speditions-verbundes signifikant zu verbessern.

1 Einführung

In diesem Papier behandeln wir das Problem, eine gegebene Menge von Transportaufträgen in effizienter Weise auf einen Verbund kooperierender Speditionen zu verteilen, die allerdings in erster Linie an der Maximierung ihres eigenen Nutzens interessiert sind.

Der Wettbewerb in der Transportindustrie ist hart. Besonders kleine und mittelgroße Betriebe sehen sich häufig gezwungen, zeitlich begrenzte, überregionale Allianzen zu bilden und ihre Ressourcen zu bündeln, um sich im Markt behaupten zu können.

Der Prozeß, einen Transportauftrag durchzuführen, muß häufig in Unterprozesse aufgespalten werden: die regional begrenzte An- und Auslieferung, sowie der Langstreckentransport zwischen den Zielregionen. Die Teilprozesse können von zwei oder drei Frachtführern kooperativ durchgeführt werden, die auf regionale bzw. überregionale Transporte spezialisiert sind. Neben diesen räumlichen Spezialisierungen gehören auch Spezialisierungen auf bestimmte Frachtgüter (Lebensmittel, Gefahrengut, etc.) zu den Kernkompetenzen der beteiligten Firmen.

Diese Konstellation entspricht Arnolds [Arnold et al. 95] Definition eines Virtuellen Unternehmens (VU, engl. virtual enterprise) als *„... eine Kooperationsform rechtlich unabhängiger Unternehmen, Institutionen und/oder Einzelpersonen, die eine Leistung auf der*

Basis eines gemeinsamen Geschäftsverständnisses erbringen. Die kooperierenden Einheiten beteiligen sich an der Zusammenarbeit vorrangig mit ihren Kernkompetenzen und wirken bei der Leistungserstellung Dritten gegenüber wie ein einheitliches Unternehmen. ...". Die Partner, aus denen ein Virtuelles Transportunternehmen besteht, sind eigennützig in dem Sinne, daß sie den eigenen Profit höher bewerten als den gemeinsamen Profit des Verbundes. Dadurch ergibt sich die Gefahr, daß Partnerunternehmen, die vorwiegend ihren lokalen Nutzen maximieren, lediglich suboptimale oder im Extremfall gar keine Übereinkünfte erzielen, so daß dem Speditionsverbund globaler Nutzen verloren geht.

Ein Weg aus diesem Dilemma ist die Verwendung von „wahrheitsoffenbarenden" (engl. *truth revealing*) [Ma et al. 88] Allokationsmechanismen. Diese Mechanismen sind so konstruiert, daß die beste Strategie der Teilnehmer darin besteht, ihre tatsächlichen Präferenzen einem vertrauenswürdigen Vermittler zu offenbaren, der den Allokationsprozeß koordiniert.

Der bekannteste wahrheitsoffenbarende Mechanismus ist die *Vickrey Auktion* [Vickrey 61]. Die Vickrey Auktion, die zur Ressourcen- und Aufgabenallokation eingesetzt wird, basiert auf dem *Vickrey Prinzip*: eine Aufgabe oder Ressource wird demjenigen Bieter zugewiesen, der das beste Gebot abgegeben hat; der Preis, den dieser Bieter zahlt bzw. erhält, entspricht jedoch dem zweitbesten Gebot. Diese Regel bewirkt, daß weder das Über- noch das Unterbieten seiner tatsächlichen Präferenzen für einen Bieter spieltheoretisch sinnvoll ist.

Wird die Vickrey Auktion verwendet, um Ressourcen zuzuordnen, geben die Bieter ein verdecktes Gebot ab, das ihrer Bewertung der Ressource entspricht. Die Resource erhält der Bieter, der das höchste Gebot abgegeben hat zum Preis des zweithöchsten Gebotes. Wenn die Bieter sich um eine Aufgabe bewerben, geben sie die Kosten an, die ihnen bei der Durchführung der Aufgabe entstehen und der günstigste Bewerber erhält den Zuschlag und eine Bezahlung in Höhe des zweitgünstigsten Gebotes.

Im folgenden untersuchen wir die Matrix Auktion. Sie ist ebenfalls ein anreizkompatibler Mechanismus, dem das Vickrey Prinzip zugrunde liegt. Jedoch kann man mit der Matrix Auktion *mehrere* Einheiten (Ressourcen oder Aufgaben) *gleichzeitig* einer Gruppe von Agenten zuordnen. Wir haben die Matrix Auktion implementiert, in ein bereits bestehendes Flottenmanagementsystem integriert und in diesem ihre Eignung als Koordinationswerkzeug getestet. Unsere Resultate zeigen, daß die Matrix Auktion als ein effizientes Werkzeug zur Koordinierung von Geschäftsprozessen in Virtuellen Unternehmen und insbesondere im *Supply Chain Management* eingesetzt werden kann.

In den folgenden Abschnitten erläutern wir den grundlegenden Allokationsmechanismus der Matrix Auktion und analysieren die Kompexität der Zuordnungsfunktion. Anschließend beschreiben wir in Abschnitt 3 die — unseres Wissens nach — erste echte Implementierung der Matrix Auktion. Wir schließen diesen Beitrag ab, indem wir einige empirische Resultate der Matrix Auktion in der Transportdomäne skizzieren.

2 Die Matrix Auktion

Die *Matrix Auktion (MA)* ermöglicht eine *parallele* Zuordnung mehrerer Ressourcen oder Aufgaben zu organisatorischen Einheiten. Die der Matrix Auktion zugrundeliegende Idee geht ursprünglich auf Weinhardt [Weinhardt et al. 96] zurück. Jedoch sind einige Fragen bezüglich der Komplexität, der Implementierbarkeit und der Effizienz ihrer Allokationen offen geblieben. Mit diesen Fragen setzen wir uns in den nächsten Abschnitten auseinander.

2.1 Wahrheitsoffenbarende Allokationsmechanismen

Als einen fundamentalen Satz in der Theorie der ökonomischen Mechanismen formulieren Ma et al. das *Revelation Principle* [Ma et al. 88], welches besagt, das jede Allokationsfunktion, die in dominanten Strategien implementiert werden kann, auch durch einen direkten Mechanismus *wahrheitsoffenbarend* in dominanten Strategien implementierbar ist. In anderen Worten: falls ein Mechanismus bzw. ein Mehrpersonenspiel existiert, mit dem eine Allokationsfunktion realisiert werden kann (d.h. die angestrebte Zuordnung wird erreicht, wenn alle Spieler gemäß ihrer Gleichgewichtsstrategien spielen), dann existiert ein direkter (d. h. einstufiger) Mechanismus, für den die Gleichgewichtsstrategien der Spieler darin bestehen, ihre wahren Präferenzen zu offenbaren und der zu derselben Allokation führt. Die Vickrey Auktion beispielsweise ist ein direkter, wahrheitsoffenbarender Mechanismus, der dieselbe Zuordnungsfunktion implementiert wie die Englische Auktion.

Wir bezeichnen einen Mechanismus als *anreizkompatibel,* wenn die einzige Aktion seiner Teilnehmer darin besteht, ihre Präferenzen zu offenbaren und sich dabei die Strategie, dies wahrheitsgetreu zu tun, im Nash Equilibrium befindet.

2.2 Der Ablauf der Matrix Auktion

Die Informationen über die zu erledigenden Aufgaben werden entweder direkt an alle Agenten übermittelt oder sie werden den Agenten indirekt über ein Blackboard zur Verfügung gestellt. Auf der Basis dieser Informationen kalkulieren die einzelnen Agenten ihre Kosten für das Ausführen der ausstehenden Aufgaben und melden diese einem zuverlässigen Koordinationsagenten, der die Auktion durchführt. Für eine Menge von k Aufgaben, werden die Agenten gebeten, ihre Kosten für alle 2^n-1 potentiellen Kombinationen von Aufgaben zu berechnen.

Der Auktionator stellt aus den übersandten Angeboten der Agenten eine Matrix zusammen, deren Zellen die Kostenangaben der Agenten für jede Kombination von Aufgaben enthalten. Davon ausgehend identifiziert er die optimale Allokation von Aufgaben zu Agenten, die die minimalen Kosten verursacht. Für diese Variation des Zuordnungsproblems (engl. assignment problem) [Ohlsen & Porter 94] benutzt er einen Algorithmus, der berücksichtigt, daß in jeder Reihe maximal eine Zuweisung erfolgen darf. Darüber hinaus dürfen zugewiesene Kombinationen von Aufgaben keine Aufgabe gemeinsam haben, d. h. sie müssen disjunkt sein und eine Partition der Aufgabenmenge bilden.

Nachdem der Auktionator die optimale Zuweisung identifiziert hat, bestimmt er die Zahlungen, die die Agenten für die ihnen zur Ausführung zugewiesenen Kombinationen von Aufgaben dem Vickrey Prinzip zufolge bekommen (s. u.). Schließlich informiert der Auktionator die ausgewählten Agenten darüber, welche Aufgaben ihnen zugewiesen werden und welche Zahlungen sie für deren Durchführung erhalten. Die Angebote der übrigen Agenten werden zurückgewiesen.

2.3 Die Festlegung von Zahlungen

Die Zahlung für jede zugeteilte Teilmenge von Aufgaben entspricht dem zweitniedrigsten Gebot in der für diese Menge reservierten Spalte der Matrix. Dieses Verfahren entspricht dem *Vickrey Prinzip* [Vickrey 61] und macht die Matrix Auktion anreizkompatibel, d.h. es sorgt dafür, daß es für die Bieter zur dominanten Strategie wird, ihre wahren Kostenschätzungen für Aufgaben zu enthüllen. Dies erfolgt aufgrund der Tatsache, daß das Angebot eines Agenten — das Enthüllen seiner individuellen Bewertung einer Aufgabe — zwar bestimmt, ob er für das Ausführen der Aufgabe ausgewählt wird, aber nicht die Zahlung beeinflußt, die er für seinen Dienst bekommt.

Tabelle 1 illustriert ein Beispiel, bei dem vom Matrix-Allokationsmechanismus drei Gegenstände drei Agenten zugeteilt werden. Dem Vickrey Prinzip zufolge bekommt Agent C 60 Währungseinheiten für das Ausführen von Aufgabe 2 und Agent B erhält 80 Währungseinheiten als Zahlung für die Ausführung der beiden Aufgaben 1 und 3.

Agent	\{1\}	\{2\}	\{3\}	\{1,2\}	\{1,3\}	\{2,3\}	\{1,2,3\}
			Kombinationen von Aufgaben				
A	80	60	50	90	110	100	150
B	30	90	20	120	**50**	100	160
C	80	**40**	40	110	80	90	180

Tabelle 1: Ein Beispiel für die Festlegung von Zahlungen bei der Matrix Auktion

2.4 Die Komplexität der Allokationsfunktion

Die Zuweisung von Aufgaben oder Aufträgen unter Verwendung der Matrix Auktion ist kein triviales Problem. Momentan ist kein effizienter Algorithmus bekannt, mit dem man in größeren, unsymmetrischen Matrizen eine optimale Zuordnung berechnen kann. Das Problem, n Individuen n passende Objekte zuzuweisen, ist als das Zuordnungsproblem (engl. assignment problem) [Olson & Pförtner 94] bekannt. Die Geamtzahl an unterschiedlichen Möglichkeiten, den n Individuen n Objekte zuzuweisen ist gleich $n\times(n-1)\times(n-2)\times ...\times2\times1=n!$. Wenn n wächst, wächst $n!$ schnell an. Daher steigt die Anzahl möglicher Zuweisungen mit wachsendem n rapide an. Aus diesem Grund können die Probleme in dieser Kategorie nur von effizienten Algorithmen gehandhabt werden, die zuverlässig eine Lösung innerhalb einer vernünftigen Zeitspanne berechnen. Probleme der ganzzahligen Programmierung und der kombinatorischen Optimierung gehören typischerweise zu dieser Kategorie. Für ein großes n können diese Probleme aber nicht mehr gehandhabt werden.

Die ungarische Methode [Kuhn 55, Murty 95] ist bekanntermaßen ein effizienter Mechanismus, um optimale Zuweisungen in $n\times n$ Matrizen zu bestimmen. In allen Anwendungen des Zuordnungsproblems machen nur solche Lösungsmatrizen praktisch Sinn, deren Zellen c_{ij} eine 1 enthalten, wenn Bieter i den Gegenstand j zugewiesen bekommt und ansonsten eine 0 enthalten. Jedoch kann diese Methode bei der Matrix Auktion nicht angewandt werden, da hier k Objekte an n Bieter zugewiesen werden müssen.

Das Allokationsproblem der Matrix Auktion kann wie folgt formalisiert werden:

$$A = \begin{cases} \text{minimiere} & \sum_{i=1}^{n}\sum_{j=1}^{2^k-1} x_{ij} \cdot co_{ij} \\[2ex] \text{unter den Nebenbedingungen} & \sum_{j=1}^{2^k-1} x_{ij} \leq 1 \quad \forall i = 1,\ldots,n \\[2ex] & \sum_{i=1}^{n} x_{ij} \leq 1 \quad \forall j = 1,\ldots,2^k-1 \\[1ex] & x_{ij} \in \{0,1\} \quad \forall i,j \\[1ex] & \text{die zugewiesenen Objekte müssen disjunkt sein} \\[1ex] & \text{und eine Partition der Objektmenge darstellen.} \end{cases}$$

Um die optimale Zuordnung einer k-elementigen Menge von Aufgaben zu n Agenten zu bestimmen, müssen zunächst alle n bietenden Agenten ihre Kosten für alle Elemente der Potenzmenge der Aufgabenmenge berechnen. Diese Kostenvektoren werden zu einem Koordinator-Agenten geschickt, der — auf der Basis der resultierenden $n\times(2^k-1)$ Kostenmatrix — diejenige Zuweisung bestimmen muß, die die Summe der anfallenden Kosten minimiert.

Ein weiteres Problem beim Bestimmen der optimalen Aufgabe wird durch die Einschränkung verursacht, daß die zugewiesenen Mengen von Objekten bzw. Aufgaben disjunkt sein und eine Partitionierung der Gesamtobjektmenge darstellen müssen. Das resultierende Zuordnungsproblem ist ein erschwertes Mengenüberschneidungsproblem (engl. set covering problem with colouring constraints), welches NP-vollständig ist. Für eine ausführliche Beschreibung der Matrix Auktion und mehrerer anderer auktionsbasierter Zuweisungsverfahren verweisen wir auf [Fischer et al. 98].

3 Ein pragmatisch er Lösungsansatz in MAS-MARS

Es bleibt noch zu zeigen, daß die vorgeschlagene — theoretisch vielversprechende, da anreiz-kompatible — Matrix Auktion auch in der Praxis effiziente Ergebnisse erzielt.
Wir haben den Matrix Auktionsmechanismus im Anwendungsbereich der kooperativen Transportplanung evaluiert. Mehrere Transportgesellschaften bilden ein Virtuelles Transportunternehmen, das aufgrund der in ihm aggregierten Kernkompetenzen seiner Partnerunternehmen wettbewerbsfähiger als jedes der Einzelunternehmen ist.
Zu diesem Zweck haben wir mehrere Arten des Matrix Auktionsmechanismus, die sich in der Anzahl gleichzeitig zugeordneter Aufgaben unterscheiden, implementiert und in das MAS-MARS Multi-Agentensystem [Fischer et al. 96] für die verteilte Transportplanung integriert, welches am Deutschen Forschungszentrum für Künstliche Intelligenz entwickelt worden ist.

3.1 Agentenbasierte Modellierung der Transportdomäne

Im Verlauf der letzten Jahre hat sich die Ablaufplanung von Transportaufträgen sowohl aus akademischer als auch aus praktischer Perspektive [Sandholm 93, Fischer et al. 96, Bürckert et al. 98] als ein wichtiges Anwendungsgebiet für die Verteilte Künstliche Intelligenz etabliert. In der Transportdomäne treten Probleme von hoher Komplexität auf und Wissen und Kontrolle sind inhärent verteilt. Diese Domäne bietet natürliche Möglichkeiten, Koordination und Kooperation zu studieren und es ist auch von beträchtlichem ökonomischem Interesse, gute Lösungen für Transportprobleme zu erhalten.
Wir betrachten ein Szenario, in dem unabhängige Speditionen ein kooperatives Netzwerk bilden, um ihre Konkurrenzfähigkeit zu erhöhen. Dieses Netzwerk von Speditionen kann als ein Virtuelles Unternehmen betrachtet werden. In Übereinstimmung mit der Definition, die in der Einführung zitiert wird [Arnold et al. 95], vereinigt dieses Netzwerk die Kernkompetenzen der in unterschiedlichen Ausprägungen spezialisierten Partnerspeditionen, um die zur Ausführung der Transportaufträge nötigen Geschäftsprozesse zu modellieren.
Abbildung 1 illustriert, wie die Strukturen eines solchen Virtuellen Transportunternehmens auf eine Multi-Agentengesellschaft abgebildet werden können: Die Partnerspeditionen, die das Virtuelle Unternehmen bilden, werden durch Agenten modelliert, die die Fahrzeuge der Gesellschaft repräsentieren und durch einen *Speditionsagenten* (engl. company agent), der die Fahrzeuge koordiniert und das Unternehmen nach außen gegenüber dem Rest der Agentengesellschaft repräsentiert.
Der Koordinator repräsentiert gegenüber dem Benutzer das Virtuelle Unternehmen und koordiniert die Interaktionen zwischen den teilnehmenden Partnerunternehmen. Die Verwendung von *holonischen* Agenten, d. h. Agenten, die aus Unter-Agenten zusammen-gesetzt sind und nach außen hin so agieren, als ob sie ein einzelner autonomer Agent wären, erlaubt es, die relevanten Strukturen der Domäne auf eine natürliche Weise zu modellieren: die Lastwagen, die Partnerspeditionen und das Virtuelle Unternehmen werden als autonome Agenten modelliert.

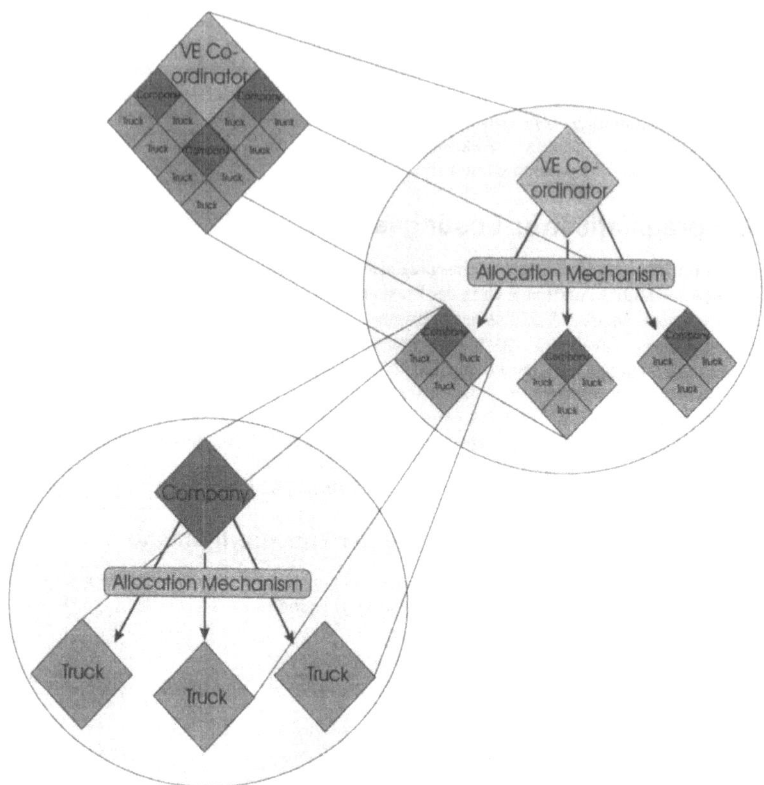

Abbildung 1: Die holonischen Strukturen innerhalb der Transportdomäne

Die Durchführung einer realistischen Tourenplanung kann sogar eine weitere Dekomposition der Fahrzeuge in physische Bestandteile wie Fahrer, Lastwagen, und Anhänger erfordern. Dies liegt jedoch nicht im Fokus dieses Papiers. Für einen ausführlichen Überblick über holonisches Flottenmanagement verweisen wir daher auf [Bürckert et al. 98].

3.2 Das MAS-MARS System

Das MAS-MARS Multi-Agentensystem für das Flottenmanagement simuliert ein Szenario, in dem Transportunternehmen kooperativ zusammenarbeiten. Die Transportunternehmen müssen asynchron und dynamisch eintreffende Transportaufträge ausführen. Das MAS-MARS System plant die Ausführung dieser Transportaufträge. Dies wird normalerweise von den menschlichen Disponenten der Speditionen gemacht. Viele der Probleme, die in dem Gebiet der Transportplanung gelöst werden müssen, wie z. B. das Problem des Handlungsreisenden und verwandte Ablaufplanungsprobleme, sind bekanntermaßen NP-hart. Darüber hinaus muß die Transportplanung auf der Grundlage von unsicherem und unvollständigem Wissen durchgeführt werden. Daher müssen Planungssysteme in der Realität in der Lage sein, dynamisch umzuplanen. Diesen Anforderungen wird bisher noch kein komerzielles Transportplanungssystem gerecht.

Den physischen Entitäten in der Domäne entsprechend gibt es in MAS-MARS zwei Grundtypen von Agenten: Speditions-Agenten und LKW-Agenten. Jeder LKW-Agent gehört zu einer bestimmten Spedition, von der er Aufträge bekommt. Speditions-Agenten können mit ihren LKW-Agenten und untereinander kommunizieren. Weiterhin meldet ein Koordinator-Agent ausstehende Transportaufträge an die Speditions-Agenten. Der Koordinator-Agent fungiert intern als ein Makler, aber er repräsentiert auch das Virtuelle Transportunternehmen nach außen. Die Speditions-Agenten konkurrieren miteinander um die Zuteilung von Transportaufträgen.

Die Modellierung von Lastwagen als Agenten erlaubt es uns, Problemlösefähigkeiten (wie die Streckenplanung und die lokale Planoptimierung) zu ihnen zu delegieren. Die Speditions-Agenten selbst besitzen nicht die Fähigkeit, die Ausführung der Aufträge zu planen. Nur die LKW-Agenten besitzen und pflegen ihre lokalen Pläne. Die eigentliche Lösung des globalen Transportplanungsproblems emergiert aus den lokalen Planungsentscheidungen der LKW-Agenten. Der Speditions-Agent muß die eingehenden Aufträge auf seine Lastwagen verteilen und dabei versuchen, sowohl die durch den Benutzer vorgegebenen Rahmenbedingungen als auch lokale Optimalitätskriterien (Kosten) zu berücksichtigen. Ein Transportunternehmen entscheidet sich vielleicht auch dafür, mit anderen Speditionen zu kooperieren, anstatt einen Auftrag von seinen eigenen Lastwagen ausführen zu lassen.

Im MAS-MARS System werden die Transportaufträge vom Koordinator an die Speditions-Agenten verteilt, die diese Aufträge an ihre Lastwagen weiterallokieren. Man kann unter mehreren Allokationsverfahren wählen. Die Ausschreibung und die Zuteilung von Aufträgen kann mit Hilfe des Kontraktnetz-Protokolls [Smith 80, Sandholm 93], der Vickrey Auktion oder der Matrix Auktion durchgeführt werden.

3.3 Der implementierte Lösungsansatz

Trotz der Komplexität der Allokationsfunktion der Matrix Auktion, die in Abschnitt 2.4 charakterisiert wurde, reicht es nicht aus, eine entsprechende heuristische Lösung zu finden. Solange die Wahrscheinlichkeit besteht, daß die optimale Lösung nicht gefunden wird, könnte die wahrheitsgetreue Offenbarung ihrer Kosten nicht mehr die dominierende Strategie für die Teilnehmer an einer Matrix Auktion sein.

Im MAS-MARS System lösen wir das Allokationsproblem für kleine Auftragsmengen, indem wir

1. alle möglichen Partitionen p einer Auftragsmenge berechnen,
2. für jede der p möglichen Partitionen eine optimale, d. h. kostenminimale Zuordnung ihrer Elemente zu Agenten bestimmen, anstatt eine optimale Zuordnung für die riesige Gesamtkostenmatrix entsprechend der ursprünglichen Problemformulierung in Abschnitt 2.4 zu berechnen und
3. am Schluß die Zuordnung auswählen, die die minimalen Kosten verursacht.

3.4 Die Berechnung der Anzahl möglicher Partitionen einer Auftragsmenge

Um diese Berechnung durchführen zu können, müssen die Stirling-Zahlen [Stirling 30] verwenden, die eng mit den binomischen Koeffizienten verwandt sind. Analog zu den binomischen Koeffizienten in Pascals Dreieck bilden auch sie Muster von Koeffizienten. James Stirlings (1692-1770) Dreieck für Teilmengen läßt sich in [Graham et-al. 89] finden. Das Stirling Symbol steht für die Anzahl von Möglichkeiten, eine Menge von n Elementen in k nichtleere Teilmengen zu gliedern.

Für eine Menge von Aufträgen, die aus n Elementen besteht, wächst die Anzahl möglicher Aufteilungen mehr als exponentiell, wie Tabelle 2 zeigt:

N	Anzahl möglicher Partitionen	Mächtigkeit der Potenzmenge
9	21147	511
8	4140	255
7	877	127
6	203	63
5	52	31
4	15	15
3	5	7
2	2	3
1	1	1

Tabelle 2: Anzahl möglicher Partitionen und Mächtigkeit der Potenzmenge einer n-elementigen Menge.

4 Auswertung

Das MAS-MARS System bietet ausgezeichnete Möglichkeiten, die Effizienz auktionsbasierter Koordinationsmechanismen zu testen. Als Grundlage unserer Untersuchungen dienen die Benchmarks von Solomon für das *Vehicle Routing Problem with Time Windows* [Solomon 87]. In diesem Szenario müssen Transportgüter von einem zentralen Depot an umliegende Kunden ausgeliefert werden. Für jeden Kunden sind genaue Lieferzeiten spezifiziert. Das MAS-MARS System ermöglicht die Verarbeitung von Solomons Datensätzen. Die Datensätze unterscheiden sich bezüglich der Geometrie (Sind die Kundenstandorte gleichverteilt oder treten Häufungen auf?) und der Schärfe der zeitlichen Restriktionen.
Wir haben die folgenden drei Fragestellungen untersucht:

- Wir haben untersucht, wie sich die Qualitäten der Lösungen, die mit unterschiedlichen Zuordnungsmechanismen gewonnen werden, unterscheiden. Hierfür haben wir das Kontraktnetz, die Vickrey Auktion und verschiedene Typen der Matrix Auktion miteinander verglichen. Die Qualität spiegelt sich in der zurückgelegten Distanz, der Ausführungszeit und der Anzahl der benötigten Fahrzeuge meßbar wider.
- Weiter haben wir untersucht, inwieweit sich ein strategisches Verhalten der Bieter auf die Gesamtlösung auswirkt. Das heißt, die Agenten versuchen, ihre Profite zu maximieren, indem sie lügen und nicht ihre wahren Kostenberechnungen bzw. Präferenzen offenbaren.
- Schließlich haben wir die Skalierbarkeit der Matrix Auktion für große Auftragsmengen und viele Fahrzeuge betrachtet.

Die genauen Ergebnisse der Untersuchungen sind in [Ruß 97] und [Gerber et al. 98] dokumentiert. Im folgenden fassen wir die Ergebnisse kurz zusammen.

4.1 Performanzvergleich

Die Matrix Auktion schneidet beim Vergleich der Lösungsqualität deutlich besser ab als die Mechanismen, die die Aufträge einzeln vergeben. Die Bündelung von Aufträgen, die es ermöglicht, Abhängigkeiten zwischen den Aufträgen zu erkennen und für Einsparungen zu nutzen, bewirkt schon bei der MA-3 und MA-4 Auktion eine signifikante Verbesserung der Lösungsqualität (s. u.).

Mechanismus	Kosten der Lösung	Verbesserung
Kontraktnetz	205.494	0%
MA-3	185.451	9.7%
MA-4	175.105	14.78%
MA-5	176.138	14.28%

Tabelle 3: Vergleich der Lösungsqualität

Tabelle 3 faßt die Ergebnisse von Testläufen mit gleichverteilten, gehäuften und semi-gehäuften Auftragsmengen zusammen. Die Kosten der Allokation, die sich aus der Nutzung des Kontraktnetz Mechanismus ergeben hat, dienen als Vergleichsmaßstab für die Effizienz der anderen Mechanismen. Diesen Kosten werden die Kosten der Lösungen gegenübergestellt, die von verschiedenen Typen der Matrix Auktion erzeugt wurden, bei denen drei (MA-3), vier (MA-4) oder fünf (MA-5) Aufträge gleichzeitig zugeordnet wurden. Die Annahme, daß die MA-5 Auktion unter den getesteten Mechanismen am besten abschneidet hat sich nicht bestätigt: MA-4 und MA-5 produzieren Lösungen von vergleichbarer Qualität, wobei die MA-4 im Durchschnitt etwas bessere Ergebnisse erzielt. Daß die parallele Zuordnung von fünf Aufträgen ungünstigere Ergebnisse liefert als die gleichzeitige Zuordnung von 4 Aufträgen, führen wir auf domänenspezifische Gegebenheiten und die Struktur der Auftragsmengen zurück.

4.2 Analyse des Strategischen Bietverhaltens

Die Matrix Auktion ist — rein spieltheoretisch betrachtet — anreizkompatibel. Aufgrund des Vickrey Prinzips besteht für keinen einzelnen Bieter ein Anreiz, Gebote abzugeben, die seine tatsächlichen Kosten überschreiten, da der Preis, den er erhält, ausschließlich von den Geboten der anderen Bieter abhängt. Die Situation ändert sich, wenn entweder strategische Koalitionen gebildet werden oder eine signifikant hohe Anzahl von Bietern von der Gleichgewichtsstrategie *„Offenbare wahrheitsgetreu Deine Präferenzen bzw. Kosten!"* abweicht.

Eine Koalition kann das Vickrey Prinzip nicht unterlaufen, solange ein Teilnehmer, der nicht der Koalition angehört, weiterhin realistische Gebote abgibt. Eine Koalition muß also alle beteiligten Bieter umfassen. Außerdem besteht ein hoher Anreiz, eine solche Koalition wieder zu verlassen. Es ist schwer, in einer auf dem Vickrey Prinzip basierenden Auktion eine Koalition zu bilden und es ist fast unmöglich, sie zusammenzuhalten.

In einer Domäne, in der die Präferenzen der Bieter so stark von der momentanen, sich ständig dynamisch ändernden Situation abhängen wie im Transportplanungswesen, ist es möglich, daß die Gleichgewichtsstrategien nicht optimal bleiben, wenn eine gewisse Anzahl von Teilnehmern Gebote abgibt, die ihre Kosten übersteigen.

Für diese Untersuchung haben wir die Agentengesellschaft in vier gleichgroße Gruppen aufgeteilt, die unterschiedliche Verhandlungsstrategien verwenden: Ein Viertel der Agenten geben Gebote ab, die präzise ihren Kosten entsprechen, die übrigen Agenten überbieten um 10 %, 20 % oder 30 %. Wie in den vorangegangenen Testläufen haben wir gleichverteilte (R101), gehäufte (C101, C201) und semi-gehäufte (RC201) Auftragsmengen untersucht.

Die Ergebnisse werden in Tabelle 4 zusammengefaßt; die jeweils höchsten Gewinnmargen sind in Fettdruck dargestellt.

Auftrags-menge	Gesamt-kosten	Gesamt-profit	Strategie / Profit			
			1.0	1.1	1.2	1.3
R101	23.311	16.442	5.106	**6.256**	3.628	1.452
RC201	15.688	14.086	2.589	**8.348**	2.527	622
C101	10.068	13.385	1.773	2.085	**5.931**	3.596
C201	8.931	18.023	4.438	5.881	**6.736**	968

Tabelle 4: Aufteilung des Gesamtprofites auf strategisch bietende Fahrzeugagenten

In den untersuchten Szenarien erzielen die Bieter, deren Strategie darin besteht, gemäßigt zu überbieten (10 % oder 20 %), den höchsten Profit. Die Bieter, die wahrheitsgemäß ihre Kosten angeben, erhalten zwar die meisten Aufträge, können jedoch keinen besonders hohen Profit realisieren. Dieser Umstand läßt sich wiederum durch die Problemstruktur erklären: In der Anfangsphase der Auftragszuordnung verfügen alle Agenten über dieselben Ressourcen und ihnen entstehen beinahe identische Kosten. Dies führt dazu, daß anfangs nur den wahrheitssagenden Agenten Aufträge zugeordnet werden, diesen jedoch geringe Preise gezahlt werden, da die jeweils zweitniedrigste Kostenschätzung die niedrigste i. d. R. nur geringfügig übersteigt. In späteren Phasen der Allokation verfügen die die Wahrheit sagenden Agenten nicht mehr über hinreichende Ressourcen, um die Aufträge zu übernehmen, da ihnen in den vorangehenden Allokationsphasen bereits viele Aufträge zugeordnet wurden. Daher können sie für die Übernahme weiterer Aufträge nur noch hohe Kostenabschätzungen abgeben und so werden den übrigen Agenten die verbleibenden Aufträge mit hoher Gewinnspanne zugeordnet.

4.3 Skalierbarkeit der Matrix Auktion

Die Anwendbarkeit der Matrix Auktion wird in erster Linie durch die Komplexität der Zuordnungsfunktion eingeschränkt, die exponentiell in der Anzahl der Bieter und der Anzahl der möglichen Partitionen der Auftragsmenge ist. Aus diesem Grund können die MA-4 und MA-5 Auktionen nicht hochskaliert werden bezüglich großer Auftragsmengen bzw. großer Anzahl von Bietern. In Tabelle 5 wird die mittlere CPU Zeit angegeben, die ein mit 233 MHz getakteter Pentium II PC benötigt, um 120 Aufträge auf durchschnittlich 18 Fahrzeuge zu verteilen.

Da bereits die MA-3 Auktion signifikant bessere Zuordnungen erzeugen kann als das Kontraktnetz (Tabelle 3), jedoch auch für große Bieterzahlen eine handhabbare Komplexität besitzt, kann sie auch in komplexen Transportszenarien eingesetzt werden, um relativ effiziente Auftragsallokationen in Echtzeit vorzunehmen.

Mechanismus	Vickrey	MA-2	MA-3	MA-4	MA-5
Laufzeit	3.4s	9.0s	42.0s	338.8s	8691.4s

Tabelle 5: Laufzeitresultate

5 Fazit und Ausblick

In diesem Papier haben wir die Matrix Auktion, einen anreizkompatiblen Allokationsmechanismus auf der Basis des Vickrey Prinzips, vorgestellt und gezeigt, daß sie in einem Virtuellen Transportunternehmen als effizientes Koordinationswerkzeug eingesetzt werden kann. Im Vergleich zum Kontraknetz Mechanismus konnte die Matrix Auktion die Allokationsergebnisse signifikant verbessern und somit die dem Speditionsverbund entstehenden Kosten deutlich verringern.

Damit der Einsatz des Vickrey Prinzips, das der Festlegung der Zahlungen bei der Matrix Auktion zugrunde liegt, es für die Bieter zu ihrer dominanten Strategie macht, ihre Präferenzen wahrheitsgetreu zu offenbaren, müssen einige Anforderungen erfüllt sein. Eine bestimmte minimale Anzahl von Bietern muß vorhanden sein, um die Bildung von Koalitionen zu erschweren bzw. zu verhindern. Zudem muß der Auktionator zuverlässig, d. h. neutral und über jeden Betrugsverdacht erhaben sein, weil er die wahren Kostenabschätzungen bzw. Präferenzen der Bietenden erhält.

Das Ergebnis dieses Papiers ist, daß die Matrix Auktion für die Allokation von Aufträgen innerhalb eines Virtuellen Transportunternehmens gut geeignet ist und generell eingesetzt werden kann, um Allokationsprozesse in allen E-Commerce Szenarien zu verbessern, in denen eine parallele Zuordnung von mehreren Aufgaben, Aufträgen bzw. Ressourcen benötigt wird.

Neben anderen Anwendungen kann die Matrix Auktion dazu benutzt werden, marktbasierte E-Commerce Systeme zu implementieren, die offen sind, d. h. aus einer sich dynamisch verändernden Gruppe von heterogenen und anonymen Wirtschaftsentitäten bestehen. In solchen Systemen sollte die Matrix Auktion jedoch um einen Authentifizierungsmechanismus für die Teilnehmer erweitert werden (z. B. durch die Nutzung des Zertifikats X.509).

Unsere künftige Arbeit wird sich darauf konzentrieren, das Matrix Auktionsverfahren beim Entwurf und bei der Koordinierung von interorganisationalen Geschäftsprozessen innerhalb von Virtuellen Unternehmen einzusetzen. Darüber hinaus werden wir erforschen, ob die Performanz von Mediator-Informationssystemen verbessert werden kann, indem man die Matrix Auktion dazu benutzt, Informationsanfragen geeigneten Informations-Agenten zuzuweisen, die die gewünschten Informationen aus heterogenen Datenbanken (z. B. im Internet) extrahieren können.

5.1 Danksagungen

Die Autoren danken Klaus Fischer, der durch den Entwurf und die Implementierung des MAS-MARS Multi-Agentensystems das Fundament für diese Arbeit legte. Unsere Arbeit ist von SAP RETAIL SOLUTIONS und dem Bundesministerium für Forschung und Technologie unterstützt worden.

6 Literaturhinweise

[Arnold et al. 95]   O. Arnold,   W. Faisst,   M. Härtling,   and   P. Sieber. *Virtuelle Unternehmen als Unternehmenstyp der Zukunft?* In: Handbuch der modernen Datenverarbeitung – Theorie und Praxis der Wirtschaftsinformatik, Volume 185, Heidelberg: Hüthig-Verlag, 1995.

[Bürckert et al. 98] H.-J. Bürckert, K. Fischer, and G. Vierke. *Transportation Scheduling with Holonic MAS — The TeleTruck Approach.* In: Proceedings of the Third International Conference on Practical Applications of Intelligent Agents and Multiagents (PAAM'98), 1998.

[Fischer & Kuhn 93] Klaus Fischer and Norbert Kuhn. *A DAI Approach to Modeling the Transportation Domain.* DFKI: Research Report RR-93-25, 1993.

[Fischer et al. 96] K. Fischer, J.P. Müller, and M. Pischel. *Cooperative Transportation scheduling: an application domain for DAI.* In: Journal of Applied Artificial Intelligence. Special issue on Intelligent Agents, 10(1), 1996.

[Fischer et al. 98] K. Fischer, C. Ruß, and G. Vierke. *Decision Theory and Coordination in Multiagent Systems*. Research Report RR-98-2, DFKI, 1998.

[Gerber et al. 98] C. Gerber, C. Ruß, and G. Vierke. *An Empirical Evaluation on the Suitability of Market-Based Mechanisms for Telematics Applications*. Technical Memo TM-98-02, DFKI, 1998.

[Graham et al. 89] Ronald L. Graham, Donald E. Knuth, and Oren Patashnik. *Concrete Mathematics: A Foundation for Computer Science*. Addison-Wesley, 1989.

[Kuhn 55] H. W. Kuhn. *The Hungarian Method for the Assignment Problem*. In: Naval Research Logistics Q. 2, no. 1: 83-97, 1955.

[Ma et al. 88] C. Ma, J. Moore, and S. Turnbull. *Stopping agents from „cheating“*. In: Journal of Economic Theory 46: pp. 355-372, 1988.

[Murty 95] Katta G. Murty. *Operations Research: Deterministic Optimization Models*. New Jersey: Prentice-Hall, 1995.

[Olson & Porter 94] Mark Olson and David Porter. *An experimental examination into the design of decentralized methods to solve the assignment problem with and without money*. In: Economic Theory 4, 1994.

[Ruß 97] Christian Ruß. *Economic Mechanism Design for the Auction-Based Coordination of Self-Interested Agents*. Diplomarbeit, Universität des Saarlandes, 1997.

[Sandholm 93] Tuomas Sandholm. *An Implementation of the Contract Net Protocol Based on Marginal Cost Calculations*. In: Proceedings of the Eleventh National Conference on AI (AAAI-93), Volume One, 1993.

[Smith 80] Reid G. Smith. *The Contract Net Protocol: High-Level Communication and Control in a Distributed Problem Solver*. In: IEEE Transactions on Systems, Man, and Cybernetics 11(1): 61-70, 1980.

[Stirling 30] James Stirling. *Methodus Differentialis, (English translation, The Differential Method, 1749)*. London, 1730.

[Solomon 87] M. Solomon. *Algorithms for the Vehicle Routing and Scheduling Problems with Time Window Constraints*. Operations Research, 1(35): 254-265, 1987.

[Vickrey 61] W. Vickrey. *Counterspeculation, Auctions, and Competitive Sealed Tenders*. In: Journal of Finance 16: 8-37, 1961.

[Weinhardt et al. 96] Christof Weinhardt, Peter Gomber, and Claudia Schmidt. *Efficiency and Incentives in MAS-Coordination*. In: Discussion Paper Nr. 8, 1996.

Sind rechtsverbindliche digitale Signaturen möglich?

Arnd Weber[44]

Institut für Informatik und Gesellschaft, Albert-Ludwigs-Universität
Freiburg im Breisgau

1 Zusammenfassung

Gegenwärtig kann ein Wachstum des Electronic Commerce auf dem Internet beobachtet werden. Digitale Signaturen können gerade auf offenen Netzen genutzt werden, um Rechtssicherheit zu erzeugen. Signatursysteme in Computern am Internet können jedoch durch Trojanische Pferde angegriffen werden. Die ist der Ausgangspunkt des Beitrages. Es wird vorgeschlagen, wegen dieser Problematik die Haftung für den Signierer für den Fall der Kompromittierung klar zu regeln, insbesondere Haftungslimits einzuführen. Schutz gegen trojanische Pferde würde jedoch die Implementation von Signaturverfahren auf sicheren Computern mit sicherer Nutzereingabe und –ausgabe geben. Der Beitrag diskutiert deren Design und Verbreitungschancen.

2 Sicherheitsrisiken in digitalen Signatursystemen

Signatursysteme in Computern am Internet können durch Trojanische Pferde angegriffen werden. Diese Problematik wird im ersten Abschnitt erörtert. Deshalb sollte die Haftung für den Signierer auch für den Fall der Kompromittierung klar geregelt sein, insbesondere sollten Haftungslimits angeboten werden, was im zweiten Abschnitt dargestellt wird. Im dritten Teil wird die Implementation von Signaturverfahren auf sicheren Computern mit sicherer Nutzereingabe und –ausgabe diskutiert. Im vierten Abschnitt wird die Diffusion solcher Geräte betrachtet.

Gegenwärtig kann ein Wachstum des Electronic Commerce auf dem Internet beobachtet werden. Digitale Signaturen können gerade auf offenen Netzen genutzt werden, z.B. bei Transaktionen mit hohen Werten, wie im Aktienhandel, bei Computerkäufen oder Beratungstätigkeiten. Hier, sowie überall dort, wo heute handschriftliche Unterschriften verwendet werden, dürften digitale Signaturen zunehmend attraktiver werden. Zunächst erscheint allerdings die Anwendung digitaler Signaturen nur bei Dokumenten sinnvoll, die

[44] Dieser Beitrag basiert u.a. auf Experteninterviews, die für das EU-Projekt SEMPER (Secure Electronic Marketplace for Europe, ACTS-Projekt AC 026 der Europäischen Union) durchgeführt wurden, stellt aber die Interpretation des Autors dar. Verwandte Texte wurden publiziert als [Web_97b] und [Web_98]. Den Interviewpartnern, den Kollegen im Projekt und im Institut für Informatik und Gesellschaft der Albert-Ludwigs-Universität Freiburg im Breisgau sei für zahlreiche Anregungen zu diesem Papier gedankt, insbesondere Herbert Damker, Michael Waidner, Birgit Pfitzmann, Ingo Pippow, Jan Reichert und Dale Whinnett. Einen Überblick über das Projekt SEMPER geben Schunter und Waidner [SchuWa_97], siehe für diese und andere Texte <http://www.semper.org>.

Adresse des Autors: Albert-Ludwigs-Universität Freiburg im Breisgau, Institut für Informatik und Gesellschaft, Abteilung Telematik, Friedrichstraße 50, D-79098 Freiburg i.B. Email: <aweber@iig.uni-freiburg.de>, <http://www.iig.uni-freiburg.de/~aweber/>.

wenige Jahre aufbewahrt werden müssen. Andernfalls müßten Notariatsdienste eingerichtet werden, die die Echtheit einer Signatur auch nach vielen Jahren bestätigen, selbst wenn z.B. die Signaturschlüssellänge oder der Signaturalgorithmus dann nicht mehr als sicher gelten sollten. Damit ist Ersatz der meisten papierbasierten Geschäftsdokumente durch digitale Dokumente denkbar. Doch obwohl die Frage, wie handschriftlich signierte Dokumente digital ersetzt werden können, bereits vor zwanzig Jahren von Diffie (vgl. [Dif_92], [DifHel_76], [Web_97a]) gestellt wurde, gibt es bis heute kaum Implementationen digitaler Signatursysteme, die Rechtsverbindlichkeit erzeugen.

Die *Sicherheitsrisiken*, denen ein digitales Signatursystem ausgesetzt ist, lassen sich wie folgt beschreiben [Leib_96]:

- Ein Trojanisches Pferd attackiert die Implementation.
- Der Schlüssel geht verloren und der Finder oder Dieb mißbraucht ihn, indem er das Paßwort errät oder es durch Beobachtung festgestellt hat.
- Während der Registierung wird eine falsche Identität angegeben.
- Die Zertifizierungsstelle generiert das Schlüsselpaar, und ein Insider mißbraucht eine Kopie des privaten Schlüssels.
- Ein Geheimdienst bricht den Schlüsselalgorithmus, ohne dies zu publizieren.
- Jemand errät zufällig einen privaten Schlüssel.

Die ersten beiden Risiken werden im vorliegenden Aufsatz thematisiert. Die Risiken drei und vier können durch geeignete Maßnahmen eliminiert werden, z.B. durch persönliche Registrierung und Schlüsselgeneration durch den Endnutzer. Auch die letztgenannten Risiken werden hier nicht weiter erörtert, da sie in der Praxis als unwahrscheinlich angesehen werden.

Ein *Trojanisches Pferd* ist ein Programm, das vom Nutzer unbeabsichtigte Effekte auslöst. Im Rahmen des SEMPER Projektes wurden zahlreiche Experten zur Frage Trojanischer Pferde interviewt. Es wurde bestätigt, daß die Bedrohung durch Trojanische Pferde besteht, selbst bei Lösungen mit Chipkarten. Diese sind z.B. der Bedrohung ausgesetzt, daß das Display von einem Trojanischen Pferd manipuliert wird oder das Paßwort für späteren Mißbrauch ausgespäht wird. Insbesondere wurde argumentiert, daß es unmöglich sei, die Ausnutzung von Betriebssystemschwächen durch einen Kriminellen auszuschließen. Ein interviewter Sicherheitsexperte meinte, es reichten ein paar Tage Arbeit, um ein auf Chipkarten basierendes Homebanking-System zu manipulieren, wenn der Computer eine Internetverbindung aufweise. Ein anderer sagte, „die Bedrohung wurde noch nicht überzeugend und umfassend analysiert." Eine weitere Aussage war, daß die Verteilung Trojanischer Pferde insbesondere für Insider wie Softwarehändler oder Installations- und Wartungspersonal sehr leicht sei. Die Beschreibung einer möglichen Attacke durch ein Trojanisches Pferd findet sich beispielhaft auf der Website von Europay France [EurFr_98]:

> '"Trojan horse" viruses: viruses are programs in their own right which can be transmitted by means of an infected diskette, through a local network, an FTP download, a message received with an attachment, or simply by viewing an Internet Web page (via Java applets or Active X). Some viruses, known as „Trojan horses" (which are luckily still extremely rare, though this might not last), can lie dormant in your system, awaiting specific events such as the inputting of a sequence of numbers from the keyboard, which might constitute a card number, or the shifting of a non-encrypted card number along the computer's internal bus, or the detection of an X509-standard file which might constitute a customer certificate, etc. Once detected, the data in question is recorded pending a period of inactivity of the host computer (lunch-time, or even the middle of the night) whereupon the virus can trigger and establish an Internet connection (by switching on the computer if need be, as is possible on the latest models, and by disabling the „firewall" protection systems of corporate networks which often only filter incoming accesses), and send an e-mail to the hacker, containing the intercepted data. The hacker can then pretend to be the real customer."

Trojanische Pferde müssen sich nicht notwendig reproduzieren können. Auch andere Angriffe sind denkbar: Ein Trojanisches Pferd könnte ein Paßwort abhören, welches eine Chipkarte vor unbefugtem Zugriff schützen soll, und dieses zum Signieren eines anderen Dokumentes verwenden. Es könnte den Bildschirm so manipulieren, daß nur für einen Sekundenbruchteil ein (falscher) Zahlungsbetrag angezeigt wird, der dann von der Chipkarte signiert wird. Der Nutzer bemerkt von dem Vorgang vielleicht ein Flackern des Bildschirms. Einen allgemeinen Überblick über derartige Angriffe gibt Neumann [Neu_95] (vgl. außerdem Ford/Baum [FoBa_97] und Network Associates [NAI_98] für eine Liste). Thompson [Tho_84] beschreibt die Schwierigkeiten, Trojanische Pferde zu entdecken. IBM versucht z.B. die Penetration durch harte Regulierungen, die jegliche unauthorisierte Downloads bzw. Softwareinstallationen untersagen, zu unterbinden. Angestellte dürfen keine unbekannten Disketten nutzen und nicht einmal Disketten auf ihren Tischen ablegen, da jemand einen Virus bzw. ein Trojanisches Pferd einfügen könnte, ohne daß es bemerkt wird.

Erwähnenswert sind einige Angriffe, die in der Vergangenheit stattgefunden haben:

- Telnet wurde mit einem Trojanischen Pferd modifiziert, das alle Paßwörter auffing [Neu_95].
- Ein C Compiler enthielt einmal ein fast unsichtbares Trojanisches Pferd [Neu_95].
- Bereits 1994 zeigten Roßnagel u.a., daß Signatursysteme mit Chipkarten auf Betriebssystemebene von Dritten manipuliert werden können, indem z.B. Daten signiert würden, die von den angezeigten Daten abweichen [Roß_94].
- Der Clipper Chip war ein Trojanisches Pferd, allerdings nicht besonders gut verkleidet.
- Die vertraulichen Positionen der EU in den GATT Verhandlungen 1995 wurden durch ein Trojanisches Pferd, eingesetzt in den Routern innerhalb des Europäischen Parlaments, in die USA kommuniziert [ST_96].
- Posegga berichtet von einem Virus, der eine Homebanking Transaktion mit einem Java Applet infizierte [Pos_98].
- Ein Trojanisches Pferd hat durch Erzeugung überhöhter Telefonrechnungen finanziellen Schaden zugunsten von Insidern einer ausländischen Telefongesellschaft angerichtet [Over_98].
- Im März 1998 haben Schüler ein Trojanisches Pferd entwickelt, das die Software T-Online attackierte.

Bis heute gibt es kaum Erfahrungen mit Implementationen *rechtsverbindlicher* Signatursysteme in offenen Netzen, so daß Wahrscheinlichkeit und Höhe des Risikos schwer zu schätzen sind. Risikoschätzungen sind riskant, wie Neuman sagte [Neu_95].

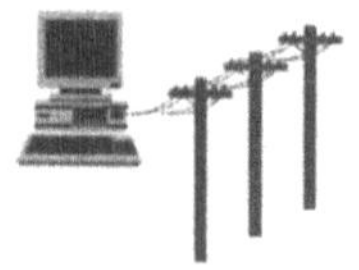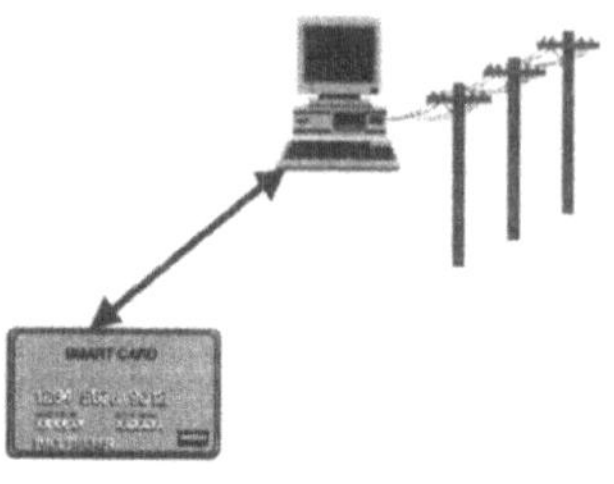

**Geheimer Schlüssel
auf Platte, im Speicher**　　**Geheimer Schlüssel und
Signaturfunktion in Chipkarte**

*Abb. 1. Ein normaler Computer kann durch das Netzwerk Opfer eines Trojanischen Pferdes
werden, das den Output des Rechners manipuliert und die Chipkarte etwas signieren läßt,
was deren Besitzer nicht bemerkt.*

Die digitale Signatur wird im Gegensatz zu einer handschriftlichen Signatur nicht von einer
Person, sondern von einer Maschine gemacht, die nicht notwendigerweise der entsprechenden
Person zugeordnet werden kann. Prinzipiell kann auch ein nicht legitimierter Nutzer eine
fremde Maschine bedienen. Die Besonderheiten der digitalen gegenüber einer
handschriftlichen Signatur sind, was Fälschungen betrifft, folgende:

- Der Fälscher benötigt keinen physischen Zugang zur Signatur.
- Der Fälscher kann an einem entfernten Ort sein.
- Es ist möglich, daß es keinen Hinweis darauf gibt, wer den Angriff auf einen
  Signaturschlüssel durchgeführt hat.
- Der Fälscher kann beliebig viele Angriffe, verteilt auf unterschiedliche Zeiten, Orte und
  Personen, durchführen.
- Der Fälscher hat verschiedene Möglichkeiten, seine Angriffe zu tarnen.
- Bisher gibt es wenig Erfahrungen mit rechtsverbindlichen Signaturen in offenen
  Netzwerken.
- Digitale Signaturen genießen in der Öffentlichkeit einen hohen Sicherheitsnimbus.
- Während bei der handschriftlichen Signatur ein Opfer auf ein graphologisches Gutachten
  hoffen kann, ist bei der digitalen zu befürchten, daß der Gutachter auf die mathematische
  Korrektheit einer Signatur verweist.

Für den *Umgang mit den Sicherheitsrisiken* bzw. zur Abwendung der Gefahr von Angriffen
auf Implementationen digitaler Signaturen gibt es einige Ansätze. Die Europäische
Kommission schlägt in einer Richtlinie vor [EK_96]:

> „Die elektronische Signatur ... wird mit Mitteln erstellt, die der Unterzeichner unter
> seiner alleinigen Kontrolle halten kann." (Artikel 2, Abs. 1)

Das deutsche Signaturgesetz von 1997 fordert:

> „Für die Erzeugung und Speicherung von Signaturschlüsseln sowie die Erzeugung und
> Prüfung digitaler Signaturen sind technische Komponenten mit
> Sicherheitsvorkehrungen erforderlich, die Fälschungen digitaler Signaturen und
> Verfälschungen signierter Daten zuverlässig erkennbar machen und gegen
> unberechtigte Nutzung privater Signaturschlüssel schützen." (Gesetz zur digitalen
> Signatur, § 14, Abs. 1)

Gerade die in § 14. Abs. 1 SigG dargestellten Gefahren sollen z.B. mit den französischen
C-SET Kartenlesegeräten für sichere Kreditkartentransaktionen bewältigt werden. Allerdings
wird die Notwendigkeit solcher Endgeräte noch angezweifelt. Auch die Signaturverordnung

läßt zu, daß die oben geforderten sicheren Komponenten nur „nach Bedarf" eingesetzt werden müssen (vgl. § 16 Signaturverordnung, vgl. auch [RegTP_98]). Die Konsequenzen des Verzichts werden im nächsten Abschnitt erörtert.

3 Zur Regelung der Haftung bei Signatursystemen ohne sichere Computer

Viele Akteure führen Kosten-Nutzen-Analysen von alternativen Maßnahmen gegen die Fälschung digitaler Signaturen durch, da sie die Kosten einer Implementation eines Signatursystems mit sicheren Komponenten scheuen. So unterscheidet die American Bar Association zwischen unterschiedlich sicheren Systemen. Vertrauenswürdige Systeme sollten nur „reasonably secure from intrusion and misuse" sein ([ABA_96], S. 54).

> „The determination whether a particular system is 'reasonably secure' should be based on the following considerations:
> - whether more secure or reliable systems and practices are available and feasible, and
> - if such systems and practices are feasible and available, the cost of providing the higher level of assurance balanced against the seriousness of the risk incurred by forgoing the higher level of assurance" ([ABA_96], S. 56)

An anderer Stelle schreibt die American Bar Association, daß die digitale Signatur wie eine traditionelle durchsetzbar sein wird:

> „A message bearing a digital signature verified by the public key listed in a valid certificate is as valid, effective, and enforceable as if the message had been written on paper." ([ABA_96], S. 82)

Dementsprechend regelt das VeriSign Certification Practice Statement von 1998:

> „Each certificate applicant shall securely generate his, her, or its own private key, using a trustworthy system, and take necessary precautions to prevent its compromise, loss, disclosure, modification, or unauthorized use." [VerCPS_98]

Gemäß diesen Regelungen wäre ein Signierer einem Haftungsrisiko ausgesetzt, wenn er eine Implementation nutzt, die bekannte Schwächen hat. Neben den Ansichten der American Bar Association oder VeriSign gibt es auch direkte Versuche, das Risiko eines Angriffs eines Trojanischen Pferdes auf die Nutzer zu überwälzen. Einige Unternehmen verlangten kürzlich in ihren Geschäftsbedingungen, daß Nutzer ihre Rechner von nicht vertrauenswürdiger Software freizuhalten haben:

> „Der Kunde ist dazu verpflichtet, seine Rechnerinfrastruktur stets vor Computerviren und 'Trojanischen Pferden' zu schützen."

Ein anderes Unternehmen:

> „Es ist sicherzustellen, daß sich auf den verwendeten Geräten keine Viren oder schädigende Software befinden, die zu einer Preisgabe der Identifikationsdaten oder der geheimen Schlüssel führen können, oder den Signier- oder Signaturprüfvorgang verfälschen können."

Wie soll ein Nutzer dies praktisch sicherstellen? Erstens laden Nutzer des Internets, und diese sind ja die primäre Zielgruppe eines Signatursystems, häufig Dateien aus dem Netz. Zweitens müssen sich Nutzer häufig Updates verschiedenster Programme besorgen. An deren Erstellung sind zahlreiche Programmierer beteiligt, so daß auch hier eine Sicherheitslücke besteht. Drittens installieren Nutzer von Diskette bzw. CD verschiedenste Software, von deren Zuverlässigkeit sie sich praktisch nicht überzeugen können. Auch ist ihnen kaum zuzumuten, auf Updates bzw. neue Software zu verzichten, da dies heute zum normalen Umgang mit PCs gehört. Die Gefahr ist noch größer, weil Nutzer sich regelmäßig kleine Programme aus dem Web holen, die Aufgaben selbständig durchführen, wie Java-applets oder ActiveX-Komponenten [Don_98]. Hiergegen hilft selbst eine digitale Signatur unter der

Software nur beschränkt, da weltweit zahlreiche Programmierer beteiligt sind, von deren Zuverlässigkeit man sich nicht überzeugen kann; außerdem kann das signierte Programm ein Trojanisches Pferd enthalten, das sich nach der Attacke selbst löscht [Kab_98].[45]

Man könnte bei der Verteilung des Risikos Trojanischer Pferde zwischen geschäftlichen und privaten Nutzern unterscheiden, da sich erstere aufgrund ihrer Sorgfaltspflicht und Haftungsmöglichkeit in einer anderen Position befinden. Faktisch ist es aber weder privaten Nutzern noch kleinen Unternehmen möglich, das hier dargestellte Risiko durch Überprüfung jeder eingehenden Datei in zufriedenstellender Weise zu reduzieren.

Eine Alternative zu einer fragwürdigen und auch juristisch eventuell nicht haltbaren Überwälzung von Sicherheitsrisiken auf die Endnutzer besteht darin, daß der Anbieter eines Signatursystems die Risiken übernimmt, solange er vermutet, daß die zukünftigen Verluste durch erfolgreiche Attacken geringer sein werden als die Kosten für sichere Endgeräte. So ist durchaus denkbar, daß ein Anbieter, der von seinen Kunden verlangt, ihre Rechner frei von Trojanischen Pferden zu halten, in Wirklichkeit dazu bereit ist, das verbleibende Risiko zu übernehmen, dies aber nicht mitteilt. Dadurch soll der Anreiz unterdrückt werden, daß Kunden die Kulanz ausnützen und bei mangelndem Willen, einen Vertrag zu erfüllen, einfach vorgeben, Opfer einer Attacke geworden zu sein.

Eine weitere Alternative besteht darin, explizit Versicherungen gegen Attacken Trojanischer Pferde anzubieten. Mit derartigen Lösungen verbleibt jedoch das Problem, zu entscheiden, ob ein Nutzer Opfer einer Attacke geworden ist. Denn er wird Schwierigkeiten haben zu beweisen, daß er eine bestimmte Transaktion, die seine Signatur trägt, nicht signiert hat. Im Falle der Versicherungslösung wird also ein Mitarbeiter dieser dritten Partei entscheiden müssen, ob die Versicherung den Schaden zahlt. Geschäftspraxis könnte sein, dem Kunden ein- oder zweimal rechtzugeben und beim nächsten Vorfall die Geschäftsbeziehung zu beenden. Es ist jedoch unwahrscheinlich, daß eine Versicherung eine derartige Geschäftspraxis öffentlich machen würde; außerdem kann es nach wie vor passieren, daß ein Sachbearbeiter eine berechtigte Schadensausgleichsforderung zurückweist [FPW_98]. Eine Versicherungslösung mag zwar sehr oft praktikabel sein, aber es verbleibt das Risiko, daß eine Person oder ein Unternehmen Opfer werden kann. Auch wird die Lösung bei hohen Beträgen, etwa im Handel von Unternehmen untereinander, zu schwer prognostizierbaren Schadensregulierungen führen. Wenn der Signierer das Ausfallrisiko tragen kann, besteht kein großes Problem. Wird jedoch eine Transaktion signiert, die der Signierer nicht ohne weiteres abschreiben kann, so besteht ein erhebliches Restrisiko für den Signierer. Schließlich erweist sich die Praxis, Geschäftsbeziehungen zu beenden, als problematisch, wenn die Signierer für ihre täglichen Geschäfte auf dieselbe angewiesen sind.

Sollte es zu Betrug durch Insider kommen, wird die Situation noch komplizierter. Whybrow [Why_91] und Anderson [And_93] beschreiben, wie Insider von Banken und Lieferanten PIN-basierte Geldausgabeautomaten manipulierten (vgl. auch [JackC_89]). Es ist nicht auszuschließen, daß derartige Insider Trojanische Pferde programmieren, deren Existenz sie anschließend leugnen. Solange dieses Risiko von Insiderbetrug besteht, bleibt die juristische Bewertung digital signierter Dokumente unsicher, da ja Signaturschlüsselinhaber vor Gericht auch derartige Risiken verweisen können.

Aus den in diesem Abschnitt aufgeworfenen offenen Fragen lassen sich zusammenfassend einige ethische Anforderungen an die Verwendung von Signatursystemen ableiten. So sollten Nutzer über Restrisiken digitaler Signatursysteme informiert werden. Bei einer angestrebten rechtsverbindlichen Nutzung von Signaturen sollte der Gebrauch von Computern mit sicheren Betriebssystemen und sicherer Nutzereingabe und –ausgabe gefördert bzw. verlangt werden. Solange derartige Geräte nicht verfügbar sind, sollte von Nutzern offener

---

[45] Der Autor hat in mehreren Projekten zur Sicherheit mitgewirkt. In allen Projekten traten Viren auf. Wie soll eine Privatperson sich dagegen schützen, wenn technische Experten dies nicht schaffen?

Mehrzweckcomputer Rechtsverbindlichkeit nicht verlangt werden. Derartige Geräte sollten nur unter drei Bedingungen verwendet werden:

Keine Haftung des Endnutzers: In einem Signatursystem kann die Haftung des jeweiligen Nutzers ausgeschlossen werden. Die digitale Signatur würde zu einer Reduktion des Betrugs eingesetzt werden, aber die Empfänger erhielten keine juristisch verwertbaren Dokumente (mit on-line Registierung, sog. class 1- Zertifikate), ähnlich wie bei Verwendung eines Faxes.

Separater Computer: Ein Unternehmen reserviert einen Computer für den elektronischen Handel.

Haftungslimits: Es kann ein Haftungslimit eingeführt werden, ähnlich den Ausgabenlimits, die Kreditkartenorganisationen für ihre Kunden führen. Das Haftungslimit soll auch dann gelten, wenn der private Schlüssel des Nutzers kompromittiert wurde [BaZi_99]. Dadurch ließe sich Rechtssicherheit auch bei Verwendung unsicherer Geräte erzielen. Hier gibt es die Option, daß die Nutzer selbst die Höhe des Haftungslimits bestimmen und verwalten, was die Privatsphäre besser schützt und die Transparenz erhöht. Ähnlich können auch Unternehmen Ausgabenlimite für Angestellte festlegen.

Gesetzliche Regelungen oder Verträge mit Zertifizierungsstellen zum Umgang mit digitalen Signaturen sollten explizit klären, wer das jeweilige Risiko eines kompromittierten privaten Schlüssels zu tragen hat. Ein Signierer wird eher einfache Email oder SSL-Verschlüsselung nutzen, als ein unbegrenztes Risiko tragen zu müssen, zumal er sich gegen dieses Risiko nicht wirklich absichern kann (es verbleibt das Restrisiko, daß Versicherungen im Schadensfall nicht zahlen, s.o.). Ein Haftungslimit hätte auch Vorteile für die Zertifizierungsstelle, die so ihre eigenen Risiken besser kalkulieren kann.

4 Sichere Computer

Einige Unternehmen haben offensichtlich Haftungsfragen ähnlich analysiert und sind zu ähnlichen Ergebnissen gelangt. Beispielhaft seien hier Europay Frankreich (s.o.) und Bull genannt; letztere entwickelten den C-SET Kartenleser mit dem Display *Safepad*. Dieser Kartenleser ist jedoch nur für bestimmte Zahlungsvorgänge konzipiert, nicht jedoch zur Handhabung größerer Dokumente, die im Display nicht angezeigt werden können. Damit stellt sich die Frage, wie derartige sichere Geräte konstruiert werden sollen.

Es gibt einige Ansätze, Endgeräte sicher zu machen. Eine Möglichkeit besteht darin, sichere Computer mit sicheren Betriebssystemen zu verwenden [DaGr_97]. Dies mag langfristig ein sinnvoller Ansatz sein, kurzfristig werden viele Nutzer jedoch ihre bestehenden Anwendungen und Betriebssysteme nutzen wollen. Daneben existieren Betriebssystemerweiterungen. Hierzu ist jedoch noch zu zeigen, wie herkömmliche Software und Signatursoftware auf demselben Gerät sicher und bequem parallel genutzt werden können. Drittens können spezielle, sichere Computer exklusiv für sicherheitsrelevante Aufgaben eingesetzt werden, und zwar zusätzlich zu den unsicheren Geräten. Sinnvollerweise wären diese Geräte portabel. Derartige Geräte werden gelegentlich „elektronische Brieftaschen" genannt, vgl. Abbildung 2.

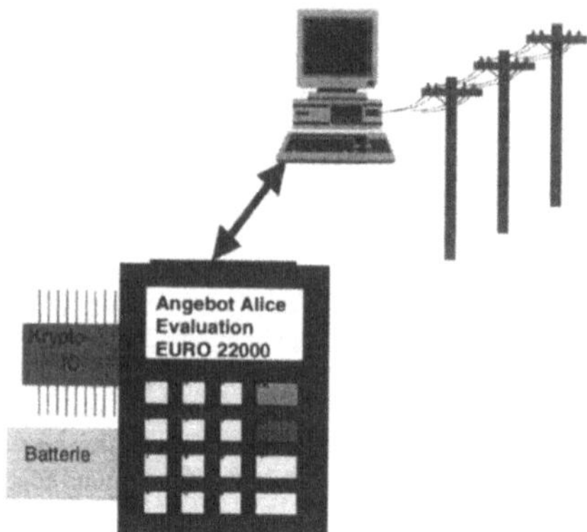

Abb 2. *Geheimer Schlüssel und Signaturfunktion bleiben in der Brieftasche. Idealerweise mit biometrischer Verifikation des Besitzers, z.B. durch Fingerabdruckleser.*

Bei einer Entscheidung für diese Option müssen Wege gefunden werden, wie eine Applikation so aufgeteilt werden kann, daß die relevanten Daten auf dem Display des Gerätes angezeigt werden können. Dazu wurde vom Projekt SEMPER das Konzept einer geteilten, vertrauenswürdigen Nutzerschnittstelle vorgestellt. Abbildung 3 stellt nur eine von vielen Möglichkeiten dar. So besteht z.B. die Möglichkeit, Allgemeine Geschäftsbedingungen oder andere Standardformulierungen durch Nummern oder Buchstaben zu visualisieren [Ete_98].

Offer	
Buyer	Bob Oilfield Ltd., 1 Dockland St., London X27 4R5; United Kingdom
Telephone	+ 44 1234 5678
Fax	+ 44 1234 5679
Email	Bob@Oilfield.uk
URL	http://www.oilfield.uk
VAT no.	9876 5432
Seller*	Alice Evaluations Satellites SA; Promenade des Anglais 1; 06000 Nice; France
Telephone	+33-492-821234
Fax	+33-492-820000
Email	Alice@Alicesat.fr
URL	http://www.alicesat.fr
Company ID	4567 9876
Transaction no. seller	1234
Transaction no. buyer	6789
Item 1 short*	Evaluation file eval01.dat
Item 1 long description	Evaluation of satellite data of North Sea in file eval01.dat
Seller's article no.	2345
Buyer's article no.	
Number of items	
Unit of items	
Price per item	20,000
Tax: VAT 10 %	2,000
Item 1 subtotal	22,000
Item 2 short *	Map of North Sea
Item 2 long description	
Seller's article no.	2345
Buyer's article no.	5678
Number of items	2
Unit of items	piece
Price per item	100
Tax VAT 10%	10
Item 2 subtotal	220
Freight & delivery	
Total*	22,200
Currency*	EURO
Delivery by	within 2 weeks after order
Means of delivery	
Shipping address	
Open field 1	Offer valid through August 31, 1998. Delivery of map subject to availability.
Open field 2	
Appended file	eval01.dat
Payment	Payment to be made within 2 weeks after delivery via electronic cheque
Comments	See you at the SEMPER day
Applicable law	France
Place of jurisdiction	Paris
Terms & conditions	Alice Evaluations Satellites SA Terms & Conditions of January 1, 1996 Legal words legal words legal words
Date*	June 4, 1998 8:39:14. Securité
Signed by*	Alice Dupont for Alice Evaluations Satellites SA
Certification authority* and fingerprint	Securité, 10000 Paris, 1 Champs Elysées, France. <A5fr 7o§g ktZm 2W4x>
Certificate validity*	Liable, valid through Dec. 31, 1999
Certificate check	Certificate valid June 5, 1998 16:15:52. signed by Securité

Abb. 3.1. *Ein geteiltes vertrauenswürdiges Nutzer Interface – Ansicht eines kompletten Dokuments im Display eines normalen Computers. Besonders wichtige Daten, mit (*) markiert, können auch auf einem speziellen, sicheren Display angezeigt werden.*

Offer
Seller: Alice Evaluations Satellites SA
Item 1: Evaluation file eval01.dat
Item 2: Map of North Sea
Total: 22,200
Currency: EURO
Date: June 4, 1998 8:39:14
Signed by: Alice Dupont
CA, validity: Securité, liable

Abb. 3.2. *Ein geteiltes vertrauenswürdiges Nutzer Interface – Ansicht des Dokuments im Display der sicheren Hardware. [HPW_96]*

Der Empfänger eines Dokumentes will wahrscheinlich erfahren, ob zur Signaturerstellung sichere Hardware verwendet wurde. Eine einfache Lösung dieser Frage besteht darin, daß der Sender bei der Registrierung angibt, sichere Geräte zu benutzen und daß diese Information in seinem Zertifikat enthalten ist. In diesem Fall wäre der Empfänger davor geschützt, daß der

Sender einer Nachricht anschließend behauptet, die Nachricht nicht gesendet zu haben und auf den Mangel an sicherer Hardware verweist.

Um zu verhindern, daß das Gerät bei Verlust oder Diebstahl mißbraucht wird, muß entweder die Eingabe langer Passwörter (Sätze) möglich sein, oder das Gerät muß über gute biometrische Verifikationsmechanismen verfügen. Der legitime Nutzer des Gerätes sollte durch eine niedrige Rate falscher Akzeptanz von z.B. 1 : 100.000 geschützt werden.

Ferner muß das Risiko betrachtet werden, daß der im Gerät gespeicherte private Schlüssel des Nutzers bei Verlust oder Diebstahl ausgelesen wird. Dies ist heute teilweise mit den technischen Möglichkeiten von Mitarbeitern eines Smart Card Labors oder sogar Studenten technischer Universitäten möglich. Hiergegen helfen Mechanismen, die physikalische Angriffe feststellen (vgl. NIST FIPS PUB 140-1 Level 4) und im Fall eines bemerkten physikalischen Angriffes den privaten Schlüssel zerstören (vgl. den IBM 4758 PCI Cryptographic Coprocessor).

Pfitzmann u.a. haben dargestellt, wie solche Geräte gebaut werden sollten ([PPSW_97]; vgl. auch [Ihm_97]). Die Prinzipien des Designs sollten öffentlich und überprüfbar sein, damit z.B. Hacker oder Studenten potentielle Sicherheitsmängel finden können. Die Geräte sollten gegen physikalische Angriffe getestet werden. Selbst bei diesen Sicherheitsvorkehrungen verbleibt ein gewisses Risiko, daß Insider Trojanische Pferde in den Geräten plazieren. Wenn jedoch nur ein kleiner Personenkreis am Design der Geräte beteiligt ist und die Komponenten anschließend von Dritten gründlich untersucht wurden, ist dieses Risiko sehr gering. Die Geräte könnten auch zertifiziert werden und z.B. durch Hologramme identifiziert werden. Der Hersteller sollte in jedem Fall überzeugt sein, daß das Gerät nicht kompromittiert werden kann, und er sollte diese Überzeugung auch ausdrücken.[46]

Vorteile von spezieller, sicherer Hardware

Sicherheit:

- Bereitstellung höchster Sicherheit, Signaturen höchster Werte möglich
- Bestmögliche Antwort bei Verbreitung Trojanischer Pferde bzw. bei plötzlichen Vertrauenskrisen seitens der Nutzer aus Angst vor Trojanischen Pferden im Internet
- Reduktion von Kosten für Mißbrauch und Versicherungen möglich
- Reduktion des Risikos negativer Berichterstattung in den Medien
- Implementation biometrischer Leseelemente möglich
- Sehr gute Erkennung physischer Angriffe mit batteriebetriebener Schlüsselspeicherung möglich [Nist_94]. Falls notwendig, können Schlüssel durch Batterieentnahme gelöscht werden.
- Sichere Unterbringung des Gerätes bei Nichtverwendung möglich
- Nutzer behalten die Kontrolle über ihr Gerät und geben es nicht aus der Hand

Mobilität und leichte Benutzbarkeit:

- Nutzung mit verschiedenen Computern (zu Hause, bei der Arbeit oder sogar an elektronischen Kassen)
- Vereinfachte Handhabung von Schlüsseln bei Vielzahl von Anwendungen bzw. Modulen mit einem Gerät

Hohe Funktionalität:

---

[46] Es wäre möglich, daß sich der Hersteller bei Betrugsfällen haftbar macht bzw. seine Haftungsbereitschaft erklärt. Damit würde er ein hohes Risiko eingehen, denn ein Haftungsbetrag von DM 100.000,-- pro Gerät wäre durchaus vorstellbar. Während ein solches Risiko für den Hersteller sicherlich hoch ist, ist es jedoch die Überwälzung auf den Endnutzer auch nicht unbedingt eine befriedigende Lösung.

- Nutzereingabe und –ausgabe möglich
- Höhere Speicherkapazität als Chipkarten, die für Dokumente und / oder Applikationen genutzt werden kann
- Transparenz der gespeicherten Informationen (Dokumente, elektronisches Geld, Paßwörter für andere Systeme)
- Kontrolle des Schutzes der Privatsphäre, z.B. bei Ver- und Entschlüsselung, beim „blinding" anonymer Münzen [Cha_89]
- Erweiterung traditioneller „Business" Technologie, wie (Mobil-) Telefone, Taschenrechner oder Organizer

Effizienz:

- Ein Endgerät mit limitierter Funktionalität kann leichter gesichert werden als ein normaler Computer.
- Es ist billiger als ein kompletter, sicherer Computer und kann billiger sein als eine evtl. notwendige Mehrzahl einzelner Sicherheitsmodule bzw. Lesegeräte.
- Es könnte eine höhere Taktrate haben als eine Chipkarte.
- Es könnte ein robustes, billiges, kontaktloses Interface haben (Infrarot, Induktion, Radio) und damit zu einer Kostensenkung bei Terminals beitragen.
- Es ist robuster als herkömmliche Chipkarten, deren Chips zudem erheblicher mechanischer Belastung in Gesäßtaschen und Kartenlesegeräten ausgesetzt sind.

5 Möglichkeiten der Diffusion sicherer Geräte

Wie kann es zu einer verbreiteten Nutzung der im letzten Abschnitt beschriebenen Geräte kommen? Entweder wären diese Geräte neuartige Artefakte, oder es würde sich um Adaptionen bereits bestehender Geräte handeln. So könnten z.B. Mobiltelefone angepaßt werden, wenn ein kleines Display ausreicht und die Anforderungen an die Eingabe alphanumerischer Zeichen nicht zu hoch sind. Geräte wie Organizer könnten zur sicheren Eingabe von Texten verwendet werden.

Wenn die Nutzer die kleinen Geräte ständig bei sich tragen, müssen sie hohen physischen Anforderungen gerecht werden. Befragungen aus dem CAFE-Projekt haben ergeben, daß sich kaum jemand auf solche elektronischen Geräte setzen würde. Günstigerweise sollten deshalb solche Gerät so dünn sein, daß man sie leicht in eine Hemden- oder Brieftasche stecken kann [FPW_98]. Ein derart dünnes Gerät kann mehrere Funktionen übernehmen, wenn es nicht die üblichen Chipkarten aufnimmt, sondern kleinere Module, wie man sie bspw. für GSM-Telefone in der Größe von 15 x 25 mm hat. Da es wünschenswert ist, das Gerät *in* eine herkömmliche Brieftasche zu stecken, sollte es eigentlich nicht „elektronische Brieftasche" genannt werden.

Zu bedenken ist ferner, daß eine Geheimnummer, die Zugang zu den Funktionen des Gerätes ermöglicht, durch den Abrieb der Tasten relativ leicht erraten werden kann, wenn das Gerät ausschließlich hierfür benutzt wird. Dagegen dürfte helfen, das Gerät auch für die Eingabe anderer Daten, wie bspw. Beträge oder Kontonummern, zu benutzen. Auch ein touch screen in Verbindung mit Multifunktionalität oder aber eine variierende Anzeige der Ziffern (Einstellung dann z.B. durch Cursortasten) sind Mittel, die Gefahr des Erratens der Geheimnummer zu reduzieren. Wieder eine andere Lösung wäre die Verwendung mehrerer Geheimnummern, etwa jeweils für riskantere und weniger riskante Geschäfte [PPSW_97]. Alternativ dürften solche Geräte zukünftig eine biometrische Erkennung des Inhabers durchführen können.

5.1 Kosten

Besonders günstig lassen sich kleine, taschenrechnerartige Geräte herstellen, die nur für die Sicherung von Signaturverfahren verwendet werden. Die Kosten für derartige Geräte belaufen sich auf unter DM 100 pro Stück bei Produktion von 10.000 (Experteninterviews). Hierbei handelt es sich um Geräte mit einem kleinen Display, einer Zehnertastatur, einer Chipkarte und einem Interface, wie einem Infrarot-Modul oder einer Leitungsschnittstelle. Bei größeren Stückzahlen könnten die Kosten auf DM 30-50 fallen. Wenn die Hardware multifunktional genutzt werden kann, etwa als Taschenrechner oder Telefon, dürften die Grenzkosten für die Signaturapplikation sogar noch geringer sein.

Natürlich wären leistungsstarke Endgeräte, die ein größeres Display hätten, noch höhere Sicherheitsanforderungen als Chipkarten erfüllen und komplexe Anwendungen erlauben, teurer. Experten gehen hier von einer Größenordnung von DM 500,-- oder mehr aus. Es wäre jedoch noch zu schätzen, was solche Geräte in Stückzahlen von einer, zehn oder evtl. hundert Millionen kosten würden.

5.2 Zahlungsbereitschaft

Zahlungsbereitschaft für digitale Signaturen kann beim Verkäufer zu finden sein, der für digital signierte Aufträge eventuell niedrigere Preise anbietet. Aus dem Rabatt könnte der Käufer seine sichere Hardware finanzieren.

Zahlungsbereitschaft könnte jedoch auch beim Signierer vorliegen, der z.B. einen eindeutigen Beleg darüber möchte, was er bestellt hat, die Kosten des Erstellens und Verschickens von Papierdokumenten reduzieren möchte, oder sich einfach nur gegen trojanische Pferde schützen will. Zahlungsbereitschaft könnte ferner für multifunktionale Geräte vorhanden sein. Nutzer könnten bereit sein, für solche Geräte genauso zu zahlen, wie sie jetzt für Brieftaschen, Mobilfunkgeräte, Organizer o.ä. zahlen. Eine solche Zahlungsbereitschaft haben Interviewpartner im Projekt CAFE für Brieftaschen mit mehreren Zahlungsmitteln erkennen lassen [FPW_98], manche waren sogar enthusiastisch:

> "Wenn ich so ein Superding in der Hand habe, würde ich es natürlich vielseitig einsetzen."
> "That's quite snazzy."
> "It's obvious that something like this is going to come eventually."
> "Could be something like a Swatch, the latest trend to have."
> "That's the future, this kind of thing."

Zahlungsbereitschaft dürfte auch im business-to-business Bereich auf dem Internet geben, wenn fünf- und mehrstellige Summen abgewickelt werden, Express-Kurier-Sendungen ersetzt werden können etc.

6 Zusammenfassung

Um Rechtssicherheit zu erreichen, sind eindeutige Haftungsregelungen für den Fall der Kompromittierung des Signaturschlüssels sinnvoll. Signierer können das Risiko, Opfer von Trojanischen Pferden bzw. des Ausspähens oder Erratens von Passwörtern zu werden, reduzieren, indem sie sichere Computer verwenden. Diese sollten die folgenden Charakteristika haben:

Es sollte praktisch kein Risiko der Penetration bestehen, so daß zu signierende Daten eindeutig angezeigt werden können [PPSW_97].

Zumindest bei höheren Werten, etwa mehr als DM 10.000 pro Monat, sollten die Schlüssel nicht auslesbar gespeichert werden [Nist_94].

Die Signierfunktion sollte so gestaltet sein, daß ein Finder oder Dieb keine praktische Chance des Mißbrauchs hat, etwa durch Verwendung langer Passwörter oder durch Biometrik oder beides.

Das Design sollte öffentlich und verifizierbar sein, die Geräte möglichst zertifiziert werden. Derartige Geräte dürften im zukünftigen globalen Electronic Commerce eine zentrale Rolle spielen. Existierende mobile Geräte, wie GSM-Telefone, sind ideale Kandidaten, kostengünstig zu Signaturgeräten ausgebaut zu werden. Solche sicheren Geräte werden die Computernutzung auf eine neue Grundlage stellen, nicht nur bei Signaturanwendungen.

7 Literatur

ABA_96	American Bar Association: *Digital Signature Guidelines*. Chicago (1996)
And_93	Anderson, R.: *Why Cryptosystems Fail*. 1st Conference on Computer & Communication Security 1993 (ACM)
BaZi_99	Baum-Waidner, B., Zihlmann, R.: *Legal Frame*work, wird 1999 im Schlußbericht von SEMPER veröffentlich werden, vgl. <http://www.semper.org/>
Cha_89	Chaum, D.: *Card-Computer Moderated Systems*. International Application Published under the Patent Cooperation Treaty (Classification H04K 1/00 No. WO 89/11762 of 30. November 1989)
DaGr_97	Dalton, C.I., Griffin, J.F.: *Applying Military Grade Security to the Internet*. Joint European Networking Conference, Edinburgh (1997)
DifHel_97	Diffie, W., Hellman, M.: *New Directions in Cryptography*. IEEE Transactions on Information Theory (1976) S. 644-654
Dif_92	Diffie, W.: *Interview on the Development of Public Key Cryptography* (1992). <http://www.iig.uni-freiburg.de/~aweber/>
Don_98	Donnerhacke, L.: <http://www.iks-jena.de/mitarb/lutz/security/>
Ete_98	ETERMS: The Proposed ETERMS Repository of the International Chamber of Commerce (1998) <http://abduction.euridis.fbk.eur.nl/~andreas/> of 13.11.98
EurFr_98	Europay France: <http://www.europayfrance.fr/us/f-outils.htm> (10.3.1998)
EK_98	Europäische Komission, *COM* (1998) 297final, 13.5.98
FoBa_97	Ford, W., Baum, M.: *Secure Electronic Commerce*. Upper Saddle River (1997)
FPW_98	Furger, F., Paul, G., Weber, A.: *CAFE Survey Results*. Institut für Sozialforschung, Frankfurt (1998) <http://www.iig.uni-freiburg.de/~aweber/>
HPW_96	Hecht, Th., Papadopoulous, I., Weber, A.: *Person-to-Person e-Commerce*, wird 1999 im Schlußbericht von SEMPER veröffentlich werden, vgl. <http://www.semper.org/>
Ihm_97	Ihmor, H.: *Architekturen von Signatur-IT*. KES 4 (1997) S. 29-34
JackC_89	Jack Committee, *Report* (Review Committee on Banking Services Law, Chairman Robert Jack). London 1989
Kab_98	Kabay, M.: Infosec: *The Year in Review*. (1998). <http://www.ncsa.com>
Leib_96	Leiberich, O.: *Bedeutung und Möglichkeiten der Kryptographie*. „Sicherheit in Netzwerken", Bad Homburg 1996
RegTP_98	Maßnahmenkatalog für technische Komponenten nach dem Signaturgesetz vom 15. Juli 1998, http://www.regtp.de
Nist_94	National Institute of Standards and Technology: *Security Requirements for Cryptographic Modules* (1994) <http://csrc.nist.gov/fips/fips1401.htm>

NAI_98   Network Associates: <http://www.nai.com/vinfo/>

Neu_95   Neumann, P.: *Computer Related Risks*. Reading u.a. (1995)

Over_98   Overill, R.E.: *Computer crime – an historical survey*. Defence Systems International (1998). <http://www.kcl.ac.uk/orgs/icsa/crime.htm>

PPSW_97   Pfitzmann, A., Pfitzmann, B., Schunter, M., Waidner, M.: *Trusting Mobile User Devices and Security Modules*. IEEE Computer (1997) S. 61-68

Pos_98   Posegga, J.: *Die Sicherheitsaspekte von Java*. Informatik Spektrum (1998) S. 16-22

Roß_94   Roßnagel, A. u.a.: *Die Simulationsstudie Rechtspflege. Eine neue Methode zur Technikgestaltung für Telekooperation*. Berlin (1994)

SchuWa_97   Schunter, M., Waidner, M.: *Architecture and Design of a Secure Electronic Marketplace*. Joint European Networking Conference, Edinburgh (1997). <http://www.semper.org>

ST_96   Sunday Times 1996: <http://www.sunday-times.co.uk/news/pages/Sunday-Times/stifgnnws01015.html>

Tho_84   Thompson, K.: *Reflections on Trusting Trust*; Communications of the ACM 27/8 (1984) S. 761-763

VerCPS_98   Verisign, *Certification Practice Statement* (1998). <http://www.verisign.com>

Web_97a   Weber, A.: *Soziale Alternativen in Zahlungsnetzen*. Frankfurt, New York (1997)

Web_97b   Weber, A.: „Zur Notwendigkeit sicherer Implementation digitaler Signaturen in offenen Systemen" in: Müller, Günter; Pfitzmann, Andreas (Hrsg.): Mehrseitige Sicherheit in der Kommunikationstechnik. Vertrauen in Technik durch Technik. Bonn 1997

Web_98   Weber, A.: „See What You Sign. Secure Implementations of Digital Signatures." in: Sebastiano Trigila, Al Mullery, Mario Campolargo, Hans Vanderstraeten, Marcel Mampaey (Hrsg.): Intelligence in Services and Networks: Technology for Ubiquitous Telecom Services. IS&N'98. LNCS 1430. Berlin 1998, S. 509-520

Why_91   Whybrow, M.: *ATM Security. Ghosts in the machine*. Banking Technology (April 1991) S. 39-43

Unterstützung

Wir bedanken uns für die inhaltliche Unterstützung und finanzielle Förderung des Workshops und dieses Buches bei

Competence Center Informatik GmbH
Lohberg 10
49716 Meppen
  Telefon: 0 59 31/805-0
  Telefax: 0 59 31/805-100
  email: info@cci.de
  Http://www.cci.de

Gesellschaft für Informatik e.V.
Ahrstraße 45
53175 Bonn
  Telefon: 02 28/302 145
  Telefax: 02 28/302 167
  email: gs@gi-ev.de
  http://www.gi-ev.de

GMD – Forschungszentrum
Informationstechnik GmbH
Institut für Sichere Telekooperation (SIT)
Rheinstraße 75
64295 Darmstadt
  Telefon: 0 61 51/869-0
  Telefax: 0 61 51/869-224
  http://sit.gmd.de/

Secorvo Security Consulting GmbH
Albert-Nestler-Straße 9
76131 Karlsruhe
  Tel. 07 21/6105-452
  Fax 07 21/6105-455
  email: info@secorvo.de
  http://www.secorvo.de

TeleTrusT Deutschland e. V.
Geschäftsstelle
Geschäftsführer Prof. Dr.-Ing. Helmut Reimer
Eichendorffstraße 16
99096 Erfurt
  Telefon: 03 61/34 60 531
  Telefax: 03 61/34 53 957
  email: teletrust@t-online.de
  http://www.teletrust.de/